JN278936

工事用
電気設備
ハンドブック

計画から設計・積算まで

工事用電気設備研究会 編

鹿島出版会

まえがき

　わが国の経済活動はグローバル化が進み，国際貢献や内需拡大の要請とともに国民生活の高度化により社会資本の充実が求められ，建設事業は増加してきた。そして労働力不足を背景に，目ざましい技術開発による機械化・省力化が進み，多種多様な機械を使用することになり，建設工事における電気の需要も増加してきた。
　この電気を供給する工事用電気設備は，工事の着工時から必要な設備であり，かつ，工事の進捗等により，配線替え，容量変更，撤去等が順次行われる。このために工事用電気設備の計画，設計，積算，申請手続き等は的確・迅速に行わなければならない。
　しかしながら，建設現場での電気専門技術者が不足し，また，工事用電気設備についての総括的かつ平易に取り扱った実務書が少ないという実態を受け，土木・建築技術者が電気技術者と連係して，工事用電気設備の設計・積算を容易に行えるような本が必要であるとの認識のもとに，建設工事の設計に携わる中央復建コンサルタンツ株式会社と，建設工事の設計から施工までを行う鹿島建設株式会社の技術者が協力して，1993年に『わかりやすい工事用電気設備の設計と積算』（鹿島出版会）を刊行した。この本は，設計と施工の両面の立場から編集・執筆されたもので，これまでに版を重ねてきた。
　前著を刊行してから9年が経過した現在，わが国の経済は低成長時代に入り，建設事業を取り巻く環境も激変しているが，建設工事における工事用電気設備の計画，設計，積算，申請手続き等は的確・迅速に行わなければならないことには変わりない。しかしながら，その間には電気設備に関わる法規や基準類の改正により，前著の内容を見直す必要性が生じてきた。
　前著の内容見直しの要点としては，
　　・電気事業法の改正
　　・電気設備技術基準の改正
　　・JISの改正
　　・電気供給約款（各電力会社）の改訂
　　・電工や材料単価の変動
などについての整合である。

本ハンドブックは，前著の内容を基にしながら，設計・積算例のデータ等を大幅に修正し，読者の利便性を考慮した仕様体裁で，書名を『工事用電気設備ハンドブック』と改めて刊行するものである。

　本ハンドブックは，当該分野における意欲的かつユニークなものであり，現場第一線の技術者の豊富な経験に基づき執筆している。いまだ不十分な点も多いと思うが，関係する多くの方々にお役に立てれば幸いである。

2002年6月

工事用電気設備研究会

目　次

まえがき

第 1 章　工事用電気設備のあらまし

1.1　工事用電気設備とは ……………………………………………………1
　1.1.1　工事には電気が必要 …………………………………………………1
　1.1.2　設備の構成 ……………………………………………………………2
1.2　計画から設計・積算まで …………………………………………………3
　1.2.1　まず計画からはじめる ………………………………………………3
　1.2.2　設計・積算の役割 ……………………………………………………4
　1.2.3　流れ図にまとめると …………………………………………………5
1.3　電気設備についてのルール ………………………………………………6
　1.3.1　電気関係の法規 ………………………………………………………6
　1.3.2　設計・積算のルール …………………………………………………7

第 2 章　電気設備計画

2.1　計画とは ……………………………………………………………………9
　2.1.1　計画の役割 ……………………………………………………………9
　2.1.2　失敗事例 ………………………………………………………………10
2.2　工事を把握 …………………………………………………………………13
　2.2.1　工事内容の確認 ………………………………………………………13
　2.2.2　現場条件の確認 ………………………………………………………14
　2.2.3　施工機械の把握 ………………………………………………………16
2.3　設備計画 ……………………………………………………………………16
　2.3.1　給電計画 ………………………………………………………………16
　2.3.2　受変電設備計画 ………………………………………………………20
　2.3.3　配電設備計画 …………………………………………………………20
　2.3.4　照明設備計画 …………………………………………………………22

2.3.5　通信設備計画 …………………………………………………25
2.4　計画のチェック …………………………………………………25

第3章　電気設備設計

3.1　設計とは ……………………………………………………………31
　3.1.1　何を設計するのか …………………………………………31
　3.1.2　負荷設備の確定 ……………………………………………34
3.2　受変電設備 …………………………………………………………34
　3.2.1　受電方式の決定 ……………………………………………34
　3.2.2　契約種別 ……………………………………………………40
　3.2.3　低圧受電設備 ………………………………………………40
　3.2.4　高圧受電設備 ………………………………………………43
3.3　配電設備 ……………………………………………………………50
　3.3.1　変電盤（キュービクル） …………………………………50
　3.3.2　分電盤 ………………………………………………………51
　3.3.3　配線および配線路の種類 …………………………………54
　3.3.4　ケーブルサイズ ……………………………………………56
3.4　照明設備 ……………………………………………………………61
3.5　通信設備 ……………………………………………………………64
3.6　資機材シート ………………………………………………………66

第4章　積　　算

4.1　積算体系 ……………………………………………………………73
4.2　仮設材料費 …………………………………………………………75
4.3　機械費 ………………………………………………………………76
4.4　労務費 ………………………………………………………………77
4.5　補充費 ………………………………………………………………79
4.6　電気業者経費 ………………………………………………………79
4.7　工事費負担金・臨時工事費 ………………………………………80
4.8　電気料金 ……………………………………………………………81
4.9　保守費 ………………………………………………………………82
4.10　その他費用 …………………………………………………………83

第 5 章　設計・積算例

- 5.1　シールド工事 ……………………………………85
  - 5.1.1　設備計画の条件 ………………………85
  - 5.1.2　設備計画 ………………………………89
  - 5.1.3　設備設計 ………………………………92
  - 5.1.4　設備積算 ………………………………109
- 5.2　ビル建築工事 ……………………………………123
  - 5.2.1　設備計画の条件 ………………………123
  - 5.2.2　設備計画 ………………………………128
  - 5.2.3　設備設計 ………………………………132
  - 5.2.4　設備積算 ………………………………148

付　　録

- 付録-1　電気術語と単位 ……………………………162
- 付録-2　電気用語 ……………………………………165
- 付録-3　シーケンス制御記号 ………………………167
- 付録-4　電圧種別 ……………………………………172
- 付録-5　電気の契約種別 ……………………………173
- 付録-6　入力換算率 …………………………………178
- 付録-7　契約電力(容量)の算定 ……………………180
- 付録-8　臨時電力(高圧)の契約電力早見表 ………182
- 付録-9　電気料金 ……………………………………185
- 付録-10　工事費の負担 ………………………………187
- 付録-11　電線の記号と許容電流 ……………………188
- 付録-12　電圧降下 ……………………………………194
- 付録-13　電動機の出力，馬力換算 …………………196
- 付録-14　建設現場の主要機器 ………………………197
- 付録-15　漏電しゃ断器 ………………………………202
- 付録-16　標準工事歩掛 ………………………………204
- 付録-17　償却率 ………………………………………212
- 付録-18　補充率 ………………………………………214
- 付録-19　工事実績 ……………………………………217
- 付録-20　標準数量 ……………………………………226

付録 - 21　官公庁等への手続き ……………………………………234

参考図書 ……………………………………………………………………235
索　引 ………………………………………………………………………236
あとがき

第1章

工事用電気設備のあらまし

1.1 工事用電気設備とは

1.1.1 工事には電気が必要　　　　　　　　*電気が主役！*

　建設現場では，いろいろな建設用機器が使用されているが，これらを動かすためには電気が必要である。また，建設工事は夜間作業やトンネル等の暗い場所での作業もあるので照明設備も備えている。このほかに，目立たないが現場事務所と作業場所および作業員相互を連絡する通信設備（構内電話・無線等）も現在の建設工事では不可欠なものになっている。

　工事用電気設備とは，建設工事の期間，電気を供給する仮設備一式をいう。この設備は，工事完了後撤去されるのが通常であるため，仮設工事の分類に入る。しかし，

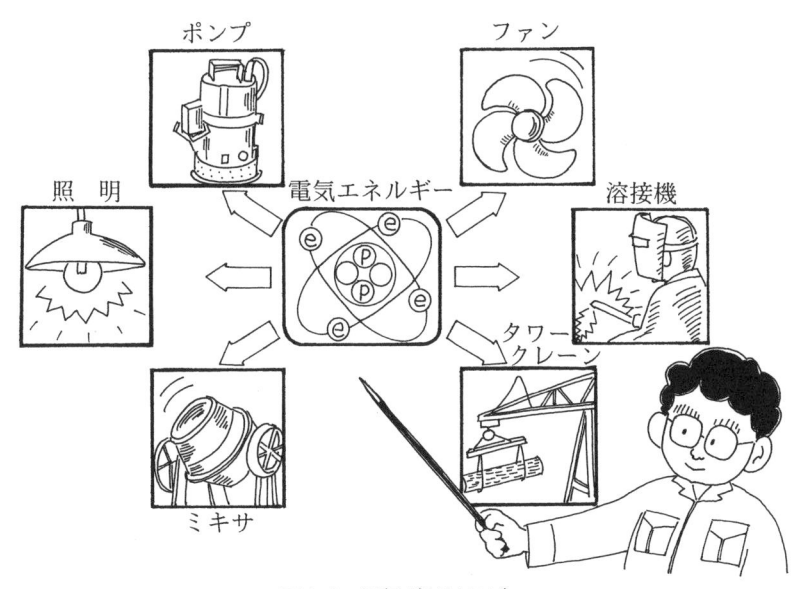

図1・1　電気がなければ…

ほとんどの建設現場では電気がなければ施工できないほど，工事用電気設備は重要な役割を担っている。また，仮設備というと軽視されやすいが，電気機器への電源供給と保安管理という意味では恒久施設（本設備）と同等に重視しなければならない。

1.1.2 設備の構成

電気は，一般に電力会社より受電し，各種工事用機器に供給される。このための電気設備は図1・2のように構成される。電気設備の現場配置例を図1・3に示す。

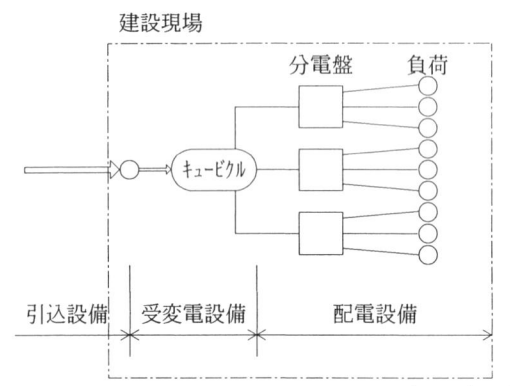

引込設備……引込柱までの設備

受変電設備……引込柱からキュービクル（または第1分電盤）までの設備

配電設備……キュービクルから負荷までの設備

その他の電気設備……照明設備，通信設備，事務所設備

図1・2　工事用電気設備の構成

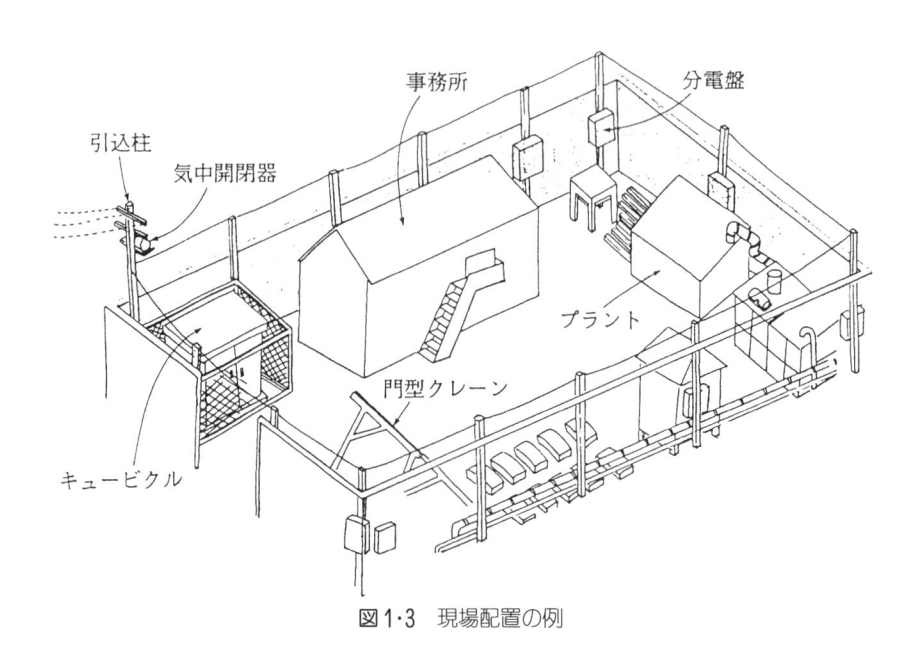

図1・3　現場配置の例

1.2 計画から設計・積算まで

1.2.1 まず計画からはじめる　　　　最初がかんじん！

　建設工事は，計画段階で目的，方針等の全体を把握しないと重大な失敗につながる。同様に，工事用電気設備も電気設備計画・設計・積算のために確認しておく事柄が不明確であると，建設工事が中断したり災害・事故につながる恐れもある。
　したがって，計画では設計条件をはっきりさせるために5W2Hが大切である。

図1・4　5W2Hが大切

表1・1　5W2Hとは

5W2H	把握する内容
Where（場所）	工事現場立地条件の把握 （受電に便利な場所か，周辺住民に配慮の必要な場所か）
When（時期）	工期，季節
Who（誰）	事業主，発注者（官公庁か，民間か）
What（対象）	工事種類（道路，トンネル，ダム，ビル）
Why（何故）	施工目的
How（方法）	工法
How much（予算）	概算工事費

1.2.2 設計・積算の役割

設備内容を具体化する！

　設計・積算の役割とは，工事用電気設備計画を具体化し，予算を把握することにあるから，設計・積算の方法を確定する必要がある。

図1・5　工事用電気設備計画は

　設計内容としては，受変電設備と配電設備の経路や容量決定が主であり，建設現場の作業が効率的に行えるようムリ・ムダ・ムラのないことがチェックポイントになる。

図1・6　ムリ・ムダ・ムラ

　積算では，積算体系と歩掛および単価の設定が明確化されてはじめて，電気設備工事費を算定することができる。類似の建設工事と比較して費用に大きな差異が見られる場合には，設計・積算のルールや作業環境への配慮について，内容の再検討を行うのも設計・積算の役割である。

1.2.3 流れ図にまとめると

計画と設計・積算の関係を**図1・7**に示す。

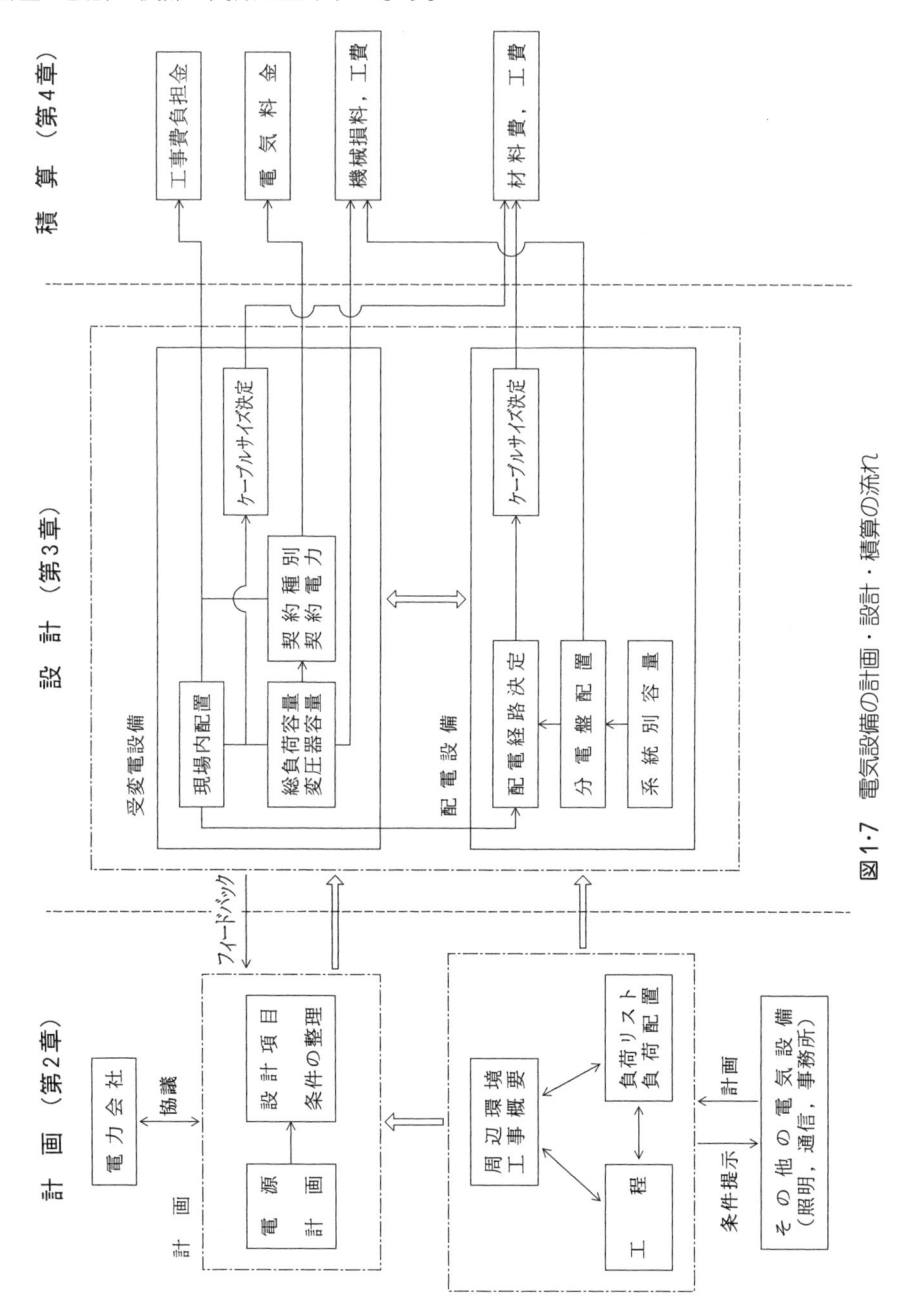

図1・7 電気設備の計画・設計・積算の流れ

1.3 電気設備についてのルール

1.3.1 電気関係の法規

工事用電気設備も一般の電気設備と同様に，関連する法律，規程等を遵守しなければならない。計画，設計の段階でこれらを考慮しておかないと，各種（設置）申請時に大幅な変更を求められることがあり，注意を要する。関連法規等を次に示す。

- 電気事業法
- 電気用品取締法
- 電気工事士法
- 電気設備に関する技術基準を定める省令（以下「電気設備技術基準」という）
- 電気設備の技術基準の解釈（以下「電気設備技術基準・解釈」という）
- 内線規程
- 高圧受電設備技術指針
- 日本工業規格（JIS）
- 日本電機工業会標準規格（JEM）
- 電気学会電気規格調査会標準規格（JEC）
- 電気供給約款

図1・8　関連法規は…

なお，電気に関係する法規のほかに次の法規等も関連する。

- 労働安全衛生法，施行令，施行規則……感電等による災害防止のための措置，漏電しゃ断器の取付け等を規定。
- 消防法……建物の誘電灯，火災警報器等を規定。変電設備の設置届。

第1章　工事用電気設備のあらまし　7

- 電波法，電気通信事業法……無線・有線の通信，電話および有線放送等を規定。
- 建設工事公衆災害防止対策要綱……保安灯，開閉器の施錠，拡声装置の設置等を規定。
- 建築基準法……非常灯，避雷針等を規定。
- 火薬類取締法……火薬庫，取扱所，火工所の電灯・避雷針・盗難警報器等を規定。
- 道路法，河川法……電線，電柱等の設置・横断を規定。

1.3.2　設計・積算のルール

　法規等の遵守事項がチェックできたら，次のステップでは，建設工事全般と同様に電気設備の設計と積算のルールを決めて実務を進めることになる。土木あるいは建築の分野では，例えば，「示方書」「基準」「設計指針」「積算要領」が学会・協会のもとで定められているように，電気設備についても類似のものがないと妥当な設計・積算の評価を得ることはできない。

　設計については1.3.1項の電気関係の法規に準拠し，積算については下記が比較的広範囲に活用されている。

- 国土交通省建築工事積算基準〔(社)公共建築協会〕
- 国土交通省建築工事積算基準の解説（設備工事編）〔(社)公共建築協会〕

図1・9　何に準拠するのか

・下水道用設計積算要領－ポンプ場,処理場施設（機械・電気設備）編－［(社)日本下水道協会］
・下水道用設計積算要領－ポンプ場,処理場施設（建築工事・建築設備工事）編－［(社)日本下水道協会］
・標準工事歩掛要覧［(財)工事歩掛研究会］
・建設工事標準歩掛［(財)建設物価調査会］
・建設機械等損料算定表［(社)日本建設機械化協会］
・建設物価［(財)建設物価調査会］
・積算資料［(財)経済調査会］

表1・2 関連する法規等の項目

関連法規	資機材	施工	安全	申請・届出
電気事業法	○	○	○	○
電気用品取締法	○	－	－	－
電気工事士法	－	○	－	－
電気設備技術基準	○	○	○	－
内線規程	－	○	○	－
JIS・JEM・JEC	○	－	－	－
電気供給約款	－	○	－	○

第2章 電気設備計画

2.1 計画とは

2.1.1 計画の役割

　工事用電気設備は，引込設備，受変電設備，配電設備，照明設備，通信設備などから構成される。これらを設計する前に，条件の整理と基本方針を決定することが電気設備計画の役割である。これをまとめると表2・1のとおりである。

表2・1　計画内容

	項　目	内　　容
条件の整理（工事を把握）	工事内容	工事場所，期間，規模 〔仕様書，特記仕様書，設計図〕 〔施工手順，工事工程表〕
	現場条件 〔自然・社会・〕 〔受電・施工条件〕	温度，湿度等 家屋等への影響
	施工機械	機械使用工程，負荷リスト
基本方針の決定	給電計画 （引込設備計画）	電気供給箇所数 発電機・買電の選定
	受変電設備計画	高圧受電・低圧受電の選定 契約期間
	配電設備計画	配電方式 布設方式
	照明設備計画	必要照度 照明器具選定
	通信設備計画	通信設備の要否 通信方式の選定

2.1.2 失敗事例

失敗は成功のもと！

電気設備計画が不十分で失敗した事例を以下に述べる。

事例1 短期使用の大型機械に合わせた過大設備

ビル建築工事において，鉄筋溶接用にスタッド溶接機（200 kVA）を加えて受電設備容量を決定した。しかし，スタッド溶接機は工事初期の延べ25日の短期使用であったため，結果的に不経済な過大設備となった。一般には，短期間の大容量機器の使用には発電機を併用することが多い。

事例2 施工条件変更による失敗

埋立地の拡張に伴い造船所のドックを増設することになった。新規埋立地のために電力会社配電線が近くになく，工事区域をブロックに分けて発電機を配置した。溶接はエンジンウエルダーを使用する計画とし，設計・積算を行った。

しかし，施工直前に既設造船所から6.6 kVで受電できることになった。現場の担当者は，既設造船所から工事基地入口までの高圧幹線工事費とキュービクル使用料・工事費・電気料金を見積もり，発電機およびエンジンウエルダーとの差額を予算から減額した。

その結果，施工の段階になって，各ブロック間の低圧幹線が設計からもれ，ブロック内低圧幹線のサイズも細いということが判明し，予算が不足になった。

これは，計画の見直しが十分でなかったためである。

図2・1 失敗は成功のもと

事例3 工期短縮で負荷設備が増大

プラント建設工事で負荷設備の大半は配管工事に使用する溶接機であった。工事着

手が延期になり，再開した時には工期が短縮されていた。工期短縮に伴い，配管溶接工を大量に増員したため，当初計画した負荷設備容量を大幅に超えた。このため変圧器を増設した。

　これは，工期短縮に伴う計画の見直しを行わなかったためである。

図2・2　変更は設備計画にも

事例4　**分電盤への電源ケーブルを焼損**
　工場新築工事において，分電盤内ブレーカのしゃ断電流より小さい許容電流のケー

図2・3　送電容量が足りない

ブルを設備した。ケーブルの許容電流以上の電流が流れても分電盤内ブレーカのしゃ断電流よりも小さい電流のためブレーカがしゃ断せず，ケーブルが発熱して焼損した。

これは，ケーブルサイズの選定を誤ったためである。

事例5　機械使用工程の不備で受電設備容量が不足

開削工法による地下鉄駅建設工事において，地下水の出水量が予想以上に多く，極めて多くの水中ポンプが必要となり，受電設備全体を増設することになった。

これは，工事場所の地下水の情報を的確に把握していなかったためである。

事例6　シールドトンネル内に普通蛍光灯を設置して失敗

シールドトンネル工事において，普通蛍光灯を設置したが，休日明けにほとんどの蛍光灯が絶縁不良になったため，防湿型に交換せざるを得なかった。

原因は，休日に坑内機器を停止したので坑内温度が下がり，点灯しているにもかかわらず器具内で結露したためである。

図2・4　施工条件が付いたよ

事例7　ビル建築現場に呼出しスピーカを設置して付近住民の苦情を受ける

商業地域でのビル建築工事において，現場内一斉呼出しスピーカを設置したところ，夜勤者が住んでいるアパート住民より苦情があり，使用中止となった。

これは，現場の社会条件（周辺の家屋・住民の状況）を十分把握しなかったためである。

2.2 工事を把握

2.2.1 工事内容の確認

まず，5W2Hを念頭において工事概要の確認を行う。

工事概要は，後で詳細に条件を整理する上での基本条件となるものであり，例を**表2・2**に示す。

表2・2 工事の概要

工事名称	○○○○トンネル工事
発注者	○○県○○土木事務所
工事場所	○○県○○郡○○町○○～○○
施工期間	○○年○月○日～○○年○月○日
用　　途	道路トンネル
工事規模	2車線×1000m
工　　法	NATM
予　　算	○○○○円

図2・5 NATM工法の概要

工事用電気設備は，工事で使用する機器類に電気を供給するための設備であるので，設計するにはまず，機器配置や建設現場の状況を明確にしておく必要がある。工事概要の確認の次の段階として，工事の範囲，規模，建設物の構造等を設計図面で把握する。

これは電気設備の配置，経路などを決定するのに必要な資料であり，設計図面としては**表2・3**に示すものが必要である。

複雑な構造の建設物については，詳細図面が必要なこともある。

表2・3　電気設備設計に必要な図面

名　　称	内　　　　容
全体平面図	地形および建設物のはいっているもの
平　面　図	各階平面図　一般平面図
縦　断　図	トンネル等の場合
横　断　図	標準断面図
機械配置図	機械の配置がわかるもの

図2・6　図面で把握する

2.2.2　現場条件の確認

建設現場およびその周辺の環境は，施工手順，設備仕様に影響を及ぼすことがあり，工事概要，設計図面を把握するとともに，建設現場の環境について，現地踏査や既存の関連資料の調査等で確認する必要がある。

確認すべき事項は以下のとおりである。

(1)　自然条件

電気設備にとって支障のある自然条件がないかを把握する。
・可燃性ガスの発生がないか（可燃性ガスの発生があれば防爆仕様も考慮する）
・塩害の恐れがないか（海岸に近ければ耐塩仕様も考慮する）
・強風地域でないか（風荷重の検討，架空配線の有無など）
・雷の多い地域ではないか（避雷器の考慮など）
・その他，温度，湿度，雨量，積雪，日照時間の多少など

(2)　社会条件

電気設備の設置に際し，下記の事項を把握する。
・引込線が第三者の土地を通過する場合，所有者の了解を得ているか
・発電機等の設置に際し，騒音，振動，排気ガスが問題となる地域か
・夜間照明が問題となる地域か（安眠妨害や通行車両への視認妨害）

(3)　受電条件

建設現場では，電力会社から電気を買う方式が多いので，周辺の配電線（電源），供給量，現場との距離等を調査確認する。
・電力会社柱はどこにあるか
・電力会社の配電線は高圧か低圧か，高圧はどこにあるか
・現場との距離は何 m か

図 2·7 引込みに支障はないか

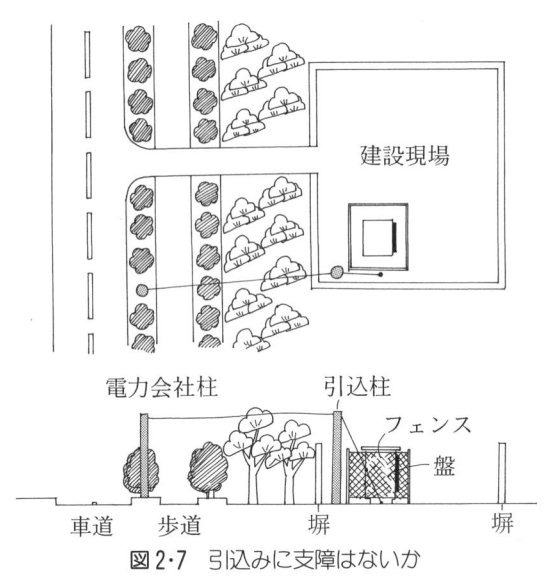

- 現場への引込みに際して支障物件はないか
- 電力会社の配電線と変電所の電力供給は十分か

(4) 施工条件

施工面の条件を確認する。
- 昼夜間作業か昼間作業のみか
- 実施工程に余裕があるか
- 施工期間中に受変電所や幹線を移設する必要があるか
- 施工中に部分竣工があるか

図 2·8 24時間施工か

2.2.3 施工機械の把握

建設工事では，同種の工事でも施工手順によって施工機械の種類，台数，使用時期などは異なる。

例えば，地盤が悪くて地盤改良しながら施工する場合には負荷設備が変更になったり，短期間の場合には施工機械を増設したりする。したがって，施工機械については，次の事項を十分に把握しなければならない。

① 機械名称
② 容　量
③ 使用電圧
④ 台　数
⑤ 使用時期，期間

施工機械の使用時期，期間の把握については，機械工程表を作成すると便利である（例は**第5章**に示す）。

2.3　設備計画

2.3.1　給電計画

給電計画とは，建設現場で電気を使用する場合に次のような内容を計画することをいう。

(1) 電力会社から電気を引き込むか，発電機を使用するか
(2) 電力会社から電気を引き込む場合に位置，箇所数をどうするか
(3) 電力会社への確認をどうするか
(4) 高圧受電か，低圧受電か

解　説

(1) **買電か発電機か**
買電と発電機のどちらが適当か？

工事用電力を必要とする場合に，電力会社から電気の供給を受ける買電方式と敷地内で発電する発電機方式とがある。また，買電方式と発電機方式との併用案もあり，採用する方式は，建設現場の施工環境，施工時期，経済性など諸条件を勘案して決定する。決定の目安を**表2・4**に示す。

買電と発電機の併用

建設機器は種々多様であり，買電の方がよい場合もあれば，発電機の方が経済的なこともある。

表2・4 買電・発電機方式の比較

内容	買電方式	発電機方式
連続運転する負荷がある	○	△
長期間使用する	○	△
移動しながら使用する	△	○
騒音，振動	○	△
簡便性	△	○
迅速性	△	○
維持管理	○	△

○ …… 望ましい　　△ …… 望ましくない

　例えば，24時間稼動する水替ポンプは維持管理面で買電の方が有利であり，作業量の少ない溶接機またはバイブロハンマ杭打機のような短期間使用の大容量機器は発電機を使用した方が経済的に有利である。
　したがって，同一建設現場においても買電方式または発電機方式に限定せず，現場環境，施工手順等により両者併用も検討すべきである。

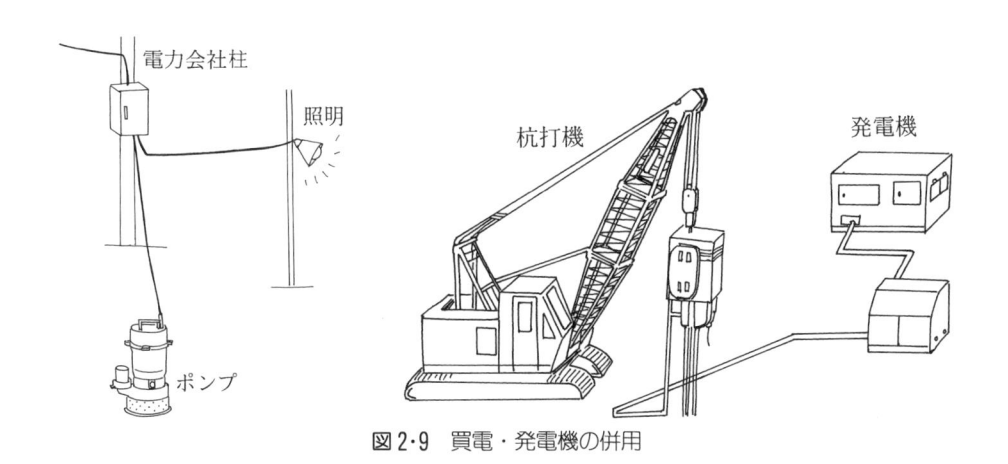

図2・9　買電・発電機の併用

(2) 電源の位置と箇所数
受電位置は？
　電力会社から電気の供給を受ける場合は，電力会社柱に近い位置に引込柱を建て1か所から引き込むのが一般的である。
　同一敷地内に複数の同一契約種別を引き込めない（電気供給約款による）ので同一敷地内では1か所の引込みとなる。

工事範囲と受電箇所数

工事範囲によって受電場所，受電箇所数は異なる。
(a) 1か所受電
　　工事が1つの敷地内で行われるもの
　　　　例　建築工事

図2・10　1か所受電

(b) 複数箇所受電
・工事範囲が分散する場合
　　敷地外へ電気を送ることはできない（電気事業法による）ので敷地が異なれば，別個の受電が必要となる。
　　　例　推進工事，シールド工事，開削工事の延長の長いもの

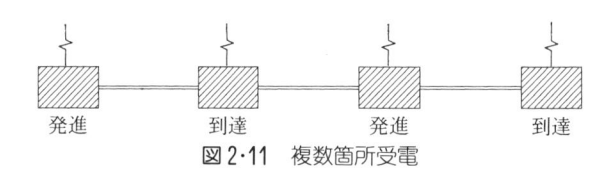

図2・11　複数箇所受電

・工事が移動する場合
　　下水道，ガスの開削工事のように線状に工事範囲がある場合は，工事範囲の中央で受電するのが経済的である。また，施工距離が数百mになる場合には，工事範囲を分割して，個別に受電するのが一般的である。

(3) 電力会社への確認

電力会社から電気を引き込むことに決定した後，電力会社に次の事項を確認しなければならない。
① 配電線に供給の余裕があるか
② 希望時期に受電できるか
③ 工事費は必要か
④ 高圧受電の場合の短絡電流はいくらか
⑤ 気中開閉器の仕様

供給量と供給時期

電力会社の配電線のサイズは，多少の電力増加があっても配電線の張替えをしなくてもよいように余裕がある。しかし，場所，必要電力によっては，需要者が要求している電力を送れないこともある。供給量が不足している場合には，配電線の張替え等の電力会社側の作業が必要となり，電気の引込みに半年以上かかることもあるので，早めの事前協議が必要となる。

工事費の負担

引込点の接続までは，電力会社施工となっており，1年以上の工事では需要者負担

はほとんどないが，前項のように既設配電線張替え等の場合には，工事費負担金が必要な場合がある。

1年未満の場合には，電力会社側施工の工事費を臨時工事費として支払わなければならない。

短絡電流と気中開閉器

高圧受電の場合，短絡事故が発生すると，変電所からの距離等によって短絡電流が異なる。このために，受電点での短絡電流を電力会社に確認し，しゃ断器容量とケーブルサイズを決定する必要がある。

また，海岸に近い場合には，潮風により塩分が付着し，絶縁破壊を起こすこともあるので，気中開閉器の仕様も確認する。

(4) 高圧受電か低圧受電か

高圧受電にするか低圧受電にするか？

高圧受電にするか低圧受電にするかは電力会社との協議で決定されることであるが，一般的には契約電力が50kW以上は高圧受電となる。

- 契約電力50kW未満の場合

  低圧受電となり受電設備工事費用は軽微（安価）。

- 契約電力50kW以上の場合

  高圧受電となり受変電設備工事費用は低圧受電に比べて桁違いに大きくなる。

低圧と高圧を併用するか？

電力会社との需給契約は，電気供給約款で次のように規定されている。

- 1需要場所について1契約種別
- 臨時電灯とこれ以外の1契約種別
- 臨時電力とこれ以外の1契約種別
- 定額電灯と低圧電力，または従量電灯と低圧電力

したがって，臨時電力（高圧）と低圧電力または従量電灯を受電できるが，不経済となることが多いので，一般的には行わない。ただし，OA機器用に別途受電することもある。

用語解説

契約電力……電力会社の電気供給約款に基づいて算定する契約上使用できる最大電力。

需要場所……電気供給約款細則では，次のように定義されている。

原則として，1構内をなすものは1構内を1需要場所として取り扱う。「1構内をなすもの」とは，柵，塀等によって区切られ，公衆が自由に出入りできない区域であって，原則として区域内の各建物が同一会計体に属するものをいう。

2.3.2　受変電設備計画

　低圧受電の場合には受電設備計画が簡易であるが，高圧受電の場合には受変電設備計画を十分に検討しなければならない。

契約電力

　契約電力（容量）とは，電力会社と契約した負荷設備容量（または受電設備容量）に対する最大使用可能電力（容量）であり，基本料金の算定根拠となる。

　低圧電力の場合は，負荷契約となるが，高圧電力の場合は，デマンド契約となる。

変圧器の選定

　変圧器の容量は，必要電力を供給できなければならないが，必ずしも1台で供給しなくてもよい。例えば160 kVAの電力が必要であれば，200 kVA×1台の変圧器でもよいが，将来の需要が少なくなる場合には，100 kVA×1台，75 kVA×1台の2台として，需要が少なくなったときに1台を撤去することが考えられる。

変圧器の種類

　変圧器は，構造から三相，単相に区分され，また絶縁方式から油入，乾式，モールド式等に区分される。三相変圧器は，主に動力用として6 kVから3 kV，400 V，200 Vに変換して使用される。単相変圧器は，主に照明，電動工具用等として6 kVから200 V，100 Vに変換して使用される。また，単相変圧器2台もしくは3台を結線して三相変圧器として使用する場合もある。

引込柱とキュービクル

　低圧受電の場合は，引込柱に受電盤を取り付けることが多く，高圧受電の場合は，引込柱の近くにキュービクルを設置することが多い。

　低圧受電，高圧受電とも受電盤，キュービクルの周辺には点検スペースが必要である。

2.3.3　配電設備計画

　配電設備計画は，受電設備から負荷までの設備計画であり，具体的には次の事項である。
　　① 分電盤の設置位置と数量
　　② 電線の種類
　　③ 電線の布設経路と方法

分電盤の設置位置と個数

　工事用分電盤は，ケーブルを一度接続すれば工事終了まで取り外さないというものではなく，工事の途中でケーブルの接続替え，増設，撤去が行われる。したがって，分電盤は工事や維持点検の容易な場所とする必要がある。また，工事の進捗によって

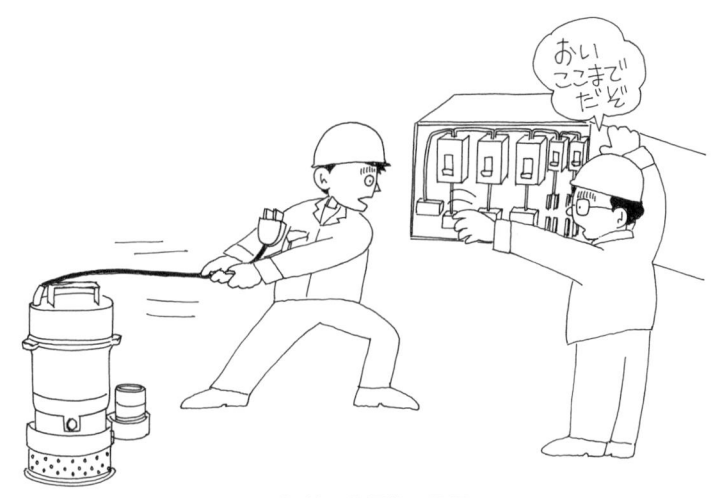

図 2・12　分電盤の設置

設置位置を極力変更しないような場所とすることが望ましい。
　また，建設用電気機器には一般にケーブルが付属している場合が多く，そのケーブル長以内に電源を供給する分電盤を設置しなければならない。

電線の種類
　建設現場において電線は，露出で布設されることが多く，電線の保護も必ずしも十分とはいえない。また，工事の進捗に伴い布設替えも行われる。このような環境においては，電線の表皮が傷つくことが多いので，絶縁電線に被覆を施したケーブルの使用を原則とする（3.3.3項参照）。

電圧別に配電
　電気機器には，機器ごとに必要とする電圧が定められているために，分電盤には電圧ごとに配電しなければならない。そのために配電計画にあたっては電圧別に機器の配置，使用電力を整理する必要がある。

用語解説

負荷契約……使用する全負荷設備の容量を基に契約電力を算出する。
デマンド契約……電力会社が設置する30分最大需要電力計の計量値で過去1年間の最大値を契約電力とする。
付属ケーブル……水位制御するポンプ，門型クレーンなどのように，操作する機器には制御盤があるので，分電盤から制御盤までのケーブルは積算しなければならない。また照明器具のように付属ケーブルのない場合も積算する必要がある。

電線の布設経路と方法

　電線の布設経路は極力短いことが望ましいが，建設現場であるために長尺物の材料，矢板・杭の打設，クレーンの旋回などにより断線することもある。したがって，工事の支障になりにくい仮囲い，壁沿いに布設するのが一般的である。

　布設方法としては，大別して架空，埋設，転がしの3方式があり，下記のように使い分ける。

①架　空……車両の通行，作業等の支障にならないように，高い場所，人の直接触れない場所に布設する。

②埋　設……車両等の通行に支障がある場合に土中に布設する。

③転がし……車両の通行，作業等に支障にならない場合，地表，床，ケーブルラックなどの上に直接布設する。

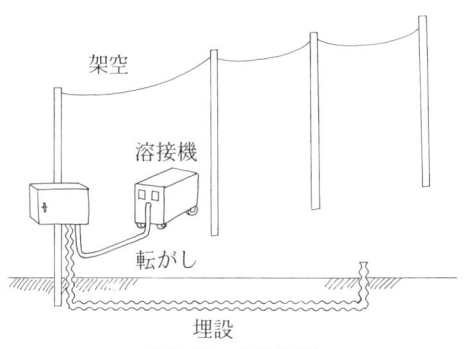

図2・13　布設経路

高圧配電とすることもある

　長距離を低圧で配電すると，許容電圧降下以内とするためにケーブルサイズが著しく大きくなり，不経済となる場合がある。このような場合は，高圧で配電して機器使用場所付近に変圧器を設置し，使用電圧に変換して利用することが多い。

　低圧配電とするか高圧配電とするかは，経済比較によって決めるが，おおむね200m以上の配電線には高圧配電の検討を要する。

2.3.4　照明設備計画

必要照度は？

　照明する場所を設計図等で確認した後，場所に応じた必要照度を決定する。必要照度は表2・5を参考にする。

照明器具の選定

　照明する場所の状況によって照明器具を使い分ける。

表2·5 必要照度

場　所		必　要　照　度	出　典
一 般 環 境		精密な作業　　300ℓx 以上 普通の作業　　150ℓx 以上 粗 な 作 業　　 70ℓx 以上 （坑内の作業場，その他特殊な作業を行う作業場については，この限りでない。）	労働安全衛生規則　　第604条
特殊環境	圧気場所	減圧の気閘室　　20ℓx 以上	高気圧作業安全衛生規則　第20条
	トンネル坑内	坑内の作業場　　70ℓx 以上 その他の場所　　20ℓx 程度以上	トンネル標準示方書（シールド編） ・同解説　第167条 　　　　　（社）土木学会
		作業箇所の平均照度　70ℓx 以上 通路の最暗部照度　　10ℓx 以上	トンネル工事における照明設備に関する技術基準報告書 　　　　第3章§2 （社）日本トンネル技術協会
	シールド坑内	坑内照明 作業場　　　　　　　70ℓx 以上 通路面及びロック内　20ℓx 以上 （作業場は安衛則，通路面は高圧則）	シールド工事の安全施工基準の研究報告書　第3章§2(3)1. （社）日本トンネル技術協会

　一般に用いられているのは，白熱電球，蛍光ランプ，水銀ランプであるが，各々の特徴は以下のとおりである。
- 白熱電球……安価で取扱いが容易であるが，発熱量が大きいのが欠点である。局部照明で点滅が多い場合は蛍光ランプに比べ有利であるが，光量が少ないために灯数が多くなり，広範囲の照明には適さない。
- 蛍光ランプ……屋内用として最も一般的に用いられる。点滅が多いと寿命が著しく短くなるため，局部照明には適さない。
- 水銀ランプ……大きな光量が得られるので，広範囲の照明，高照度を得るのに適している。

上記以外にハロゲンランプ，高圧ナトリウムランプ等があり，表2·6に光源の種類と特性を示す。

こんなことに注意を！
① 防滴・防雨型
　　シールド工事，トンネル工事などの地下で施工する工事においては，湿度が高く，また地下水等による漏水がある場合が多いので，器具を防滴または防雨型とする必要がある。

表2·6 光源の種類と特性

光源種類	容量 (W)	効率 (ℓm/W)	安定器	平均寿命 (hr)	特徴	用途
白熱電球	～1000	16～20	不要	1,000～2,000	安価・取扱い簡単・小型・演色性が良い	一般の場所保安用局部照明
ハロゲンランプ	100～1500	20	不要	2,000	小形・高効率・演色性が良い・寿命中の光束低下なし	投光照明高天上照明
蛍光ランプ	～220	40～90	要	6,000	高効率・低輝度・演色性が比較的良い	屋内全般
水銀ランプ	40～3000	30～60	要※(不要)	12,000	高効率・長寿命・光束大	屋内・屋外全般
高圧ナトリウムランプ	250～1000	92～115	要	12,000	高効率・長寿命・光束大・比較的誘虫作用がない	屋内・屋外全般

※ バラストレスには安定器不要

② 非常灯

　地下工事，トンネル工事，シールド工事などの坑内において停電になった場合に，退避できなかったり，器物破損，事故などの二次災害の可能性がある。これを防ぐために，バッテリを内蔵した非常灯の設置が必要である。

図2·14　非常灯の設置

③ ガード付き

　建設現場においては，鋼材，配管などの長尺物が多く，搬入・取付け時にランプを破損し感電の恐れがある。したがって，感電防止のためにもランプに直接当たらないようなガード付器具が必要である。また，ガードの代わりにポリカーボネイト管で保護した器具も利用されている。

④ 周辺環境

　夜間作業で必要以上に広範囲な照明を行うと，住民の生活や動植物等に影響の出る場合があるため，必要最小限の照明とする。

2.3.5　通信設備計画

通信設備は必要か？

　建設工事をより安全，迅速，効率的に施工するために近年通信設備を採用するケースが多い。

　しかし，通信設備も工事期間だけ使用するものであり，設置するか否かは次の事項を考慮して決定する。

- 法的規則……法的に必要か
- 工　　期……工期が短ければ十分に活用できないこともある
- 必要場所……どことどこを通信するのか
- 周囲条件……無線，有線ともに通信区間に障害となるものはないか
- 経 済 性……採用しても十分な効果があるか

通信設備の選定

　通信設備として何を選定するかは，何を期待するかによる。

- 通信対象……音声か，映像か
- 通信方式……個別か，一斉か
- 通信方向……一方向か，両方向か

2.4　計画のチェック

　工事用電気設備の計画についての考え方を前項までに述べたが，次章以降の設計・積算を含めて表2・7にチェックポイントを示す。

表2・7 計画のチェックポイント

No.	項目	内容	考え方	備考
1 -1	設計条件 工事名称	・工事名称は		
-2	事業主	・発注者は ・官公庁か民間か		
-3	工事概要	・施工目的と用途	・工事用電気設備に引続き、本設備でも同容量程度の電力需要がある場合は、工事費負担金の軽減もありうる	電力支給
-4	工期	・1年以上か ・季節は ・急速施工か	・1年以上と1年未満とでは電力会社との契約種別が異なる ・屋外照明の必要性 ・電力量料金が異なる	
-5	工法	・工法は ・24時間体制か	・工法により設備容量、設備内容が異なる ・夜間照明の有無	
-6	概算工事費	・概算工事費は	・全体工事費に対する工事用電気設備費は工種により目安がある	付録-19参照
-7	施工環境	・地元に対する配慮 ・電気の引込みが容易か ・所轄電力会社の確認	・電気機器の搬出入、据付撤去に伴う制限 ・騒音に関する規制 ・山間部、埋立地のように近くに電気がない場所か、または近くに人家等があり電気の引込みが容易な場所か ・協議すべき電力会社の営業所はどこか	・発電機、騒音、振動、照明に対する制限 ・付近見取図、住所（電力会社と協議）
-8	自然環境	・特殊環境ではないか ・温度…40℃以上か ・湿度…RH60%以上か ・結露…結露するか	・温度…高いと電線の許容電流値が小さくなる ・湿度…照明器具等機器の構造・仕様 ・結露…地下の場合、結露しやすくなる	

表 2・7　計画のチェックポイント（つづき）

No.	項　目	内　容	考え方	備　考
		・可燃性ガス、有害ガス…有無	・可燃性ガス、有害ガス…換気の必要性。メタンガス等の可燃性ガスが出れば防爆形機器の採用を考慮	
		・塩害…海岸線から1km程度以上離れているか	・塩害…海岸に近ければ耐塩形機器の採用を考慮	
		・寒冷地、積雪…架線上に氷雪が付着するか	・寒冷地、積雪、強風…架線方式では、架線に余分に荷重がかかる	
		・強風…台風の上陸日数が多いか 台風の通り道ではないか		
		・高地、土質…岩か砂質か	・高地、土質…岩、砂質の場所では接地抵抗値が高い	
		・雷…多いか	・雷…避雷器の取付け	
-9	平面、断面図	・工事範囲の平面、断面の把握	・構造物、負荷配置等を把握する	・平面図 断面図
2	負　荷			
-1	負　荷	・負荷名称と使用方法 ・使用場所と使用期間 ・使用台数と容量 ・電気方式、電圧	・いつ、どんな機器を使用するか ・三相か単相か 200Vか100Vか	・工程ごとの負荷リスト 詳細は3.1.2参照
3 -1	引込設備 電力会社柱	・最寄りの電力会社柱はどこにあるか ・その電力会社柱の電柱番号は？ ・その電力会社柱から架空（または地中）で引き込むのに障害となる事項はないか ①構造物がある ②樹木がある ③池がある ④高架橋、鉄道を横切る ⑤道路を横切る	・需要者が希望する電力会社柱から引込めるか	・電力会社柱の管理番号 （電力会社と協議） ・周辺の詳細図

表2・7 計画のチェックポイント（つづき）

No.	項目	内容	考え方	備考
-2	短絡容量	・受電点の短絡容量は	・しゃ断器の仕様、ケーブルサイズに影響する	・短絡容量計算書（電力会社と協議）
-3	引込み位置	・引込柱、受変電設備の設置、点検スペースが確保できているか	・引込柱、受変電設備の設置・撤去および点検に必要なスペースがあるか また、受電容量の変更等に伴う受変電設備の増設等にも支障ないか	
-4	受電容量	・現況の配電線（電力会社）で容量が足りるのか	・容量が足らない場合は配電線の布設替えによる時間的な問題や臨時工事費のアップがある	
4 -1	受変電設備 設置位置・スペース	・キュービクル・引込柱の設置位置、設置スペース、点検スペースの確保		
-2	需要率	・負荷の使用状況から需要率を決定する	・変圧器容量の決定のため	
-3	変圧器容量	・負荷設備と需要率から必要な変圧器容量を決定する	・受電容量を確定する	
-4	キュービクル	・キュービクルの仕様決定		
-5	契約種別・契約電力	・電力会社との契約	・高圧受電か低圧受電かを決定	
-6	ケーブルの線種・サイズ	・線種の決定 ・ケーブルサイズの決定	・配電方法、経路に応じた線種とする ・将来計画を考慮したサイズとする	
5 -1	配電設備 負荷位置	・使用する電気の種類と位置を決定する	・分電盤配置を決める資料とする	

表2・7 計画のチェックポイント（つづき）

No.	項目	内容	考え方	備考
-2	分電盤配置	・分電盤の設置位置と個数を決定	・分電盤から負荷までの距離を20m程度以内になるような分電盤の配置とする	
-3	配電経路	・配電経路、方法の決定	・通路、搬出入経路の支障にならない経路、方法とする	
-4	ケーブルの線種・サイズ	・線種の決定 ・ケーブルサイズの決定	・配電方法、経路に応じた線種とする ・将来計画を見越したサイズとする ・電圧降下によっては高圧で送ることも検討する	
6 -1	積算 材料費	・電柱、ケーブル等の材料	・損料または償却金額より算出する	
-2	機械費	・キュービクル、変圧器、分電盤等の損料	・損料と供用期間より算出する	
-3	労務費	・工事に必要な工事費	・労務者単価は、実勢単価とする	
-4	電力会社工事費	・工事費負担金 ・臨時工事費	・1年未満の工事では電力会社へ臨時工事費を支払う	
-5	電気料金	・基本料金の算定 ・電力量料金の算出		

第3章

電気設備設計

3.1 設計とは

3.1.1 何を設計するのか

計画での基本方針を受けて，工事用電気設備を実施に移すための業務である。設計では，施工に移すために各機器，資材の仕様決定，配置および設計数量算出を行うことが主である。その項目は表3·1のとおりである。

設計の流れを図3·1に，系統図を図3·2に示す。

表3·1 設備設計の内容

設備の種類	① 仕様を決定する項目	② 設計数量を算出する項目
受変電設備	契約電力 変圧器容量 需要率 契約種別 引込柱と配置 気中開閉器，避雷器 引込みケーブルの線種，サイズ キュービクルと配置 接地工事	引込柱 気中開閉器，避雷器 引込みケーブル キュービクル，基礎，フェンス 接地
配電設備	変電盤（キュービクル）と配置 分電盤と配置 配線方法 電柱と配置 電線サイズ	変電盤（キュービクル） 分電盤 電線，配管，ラック等 電柱 ケーブル 端末処理材・直線接続材
照明設備	必要照度 照明器具	照明器具
通信設備	通信方式	通信機器

図 3・1 設計の流れ

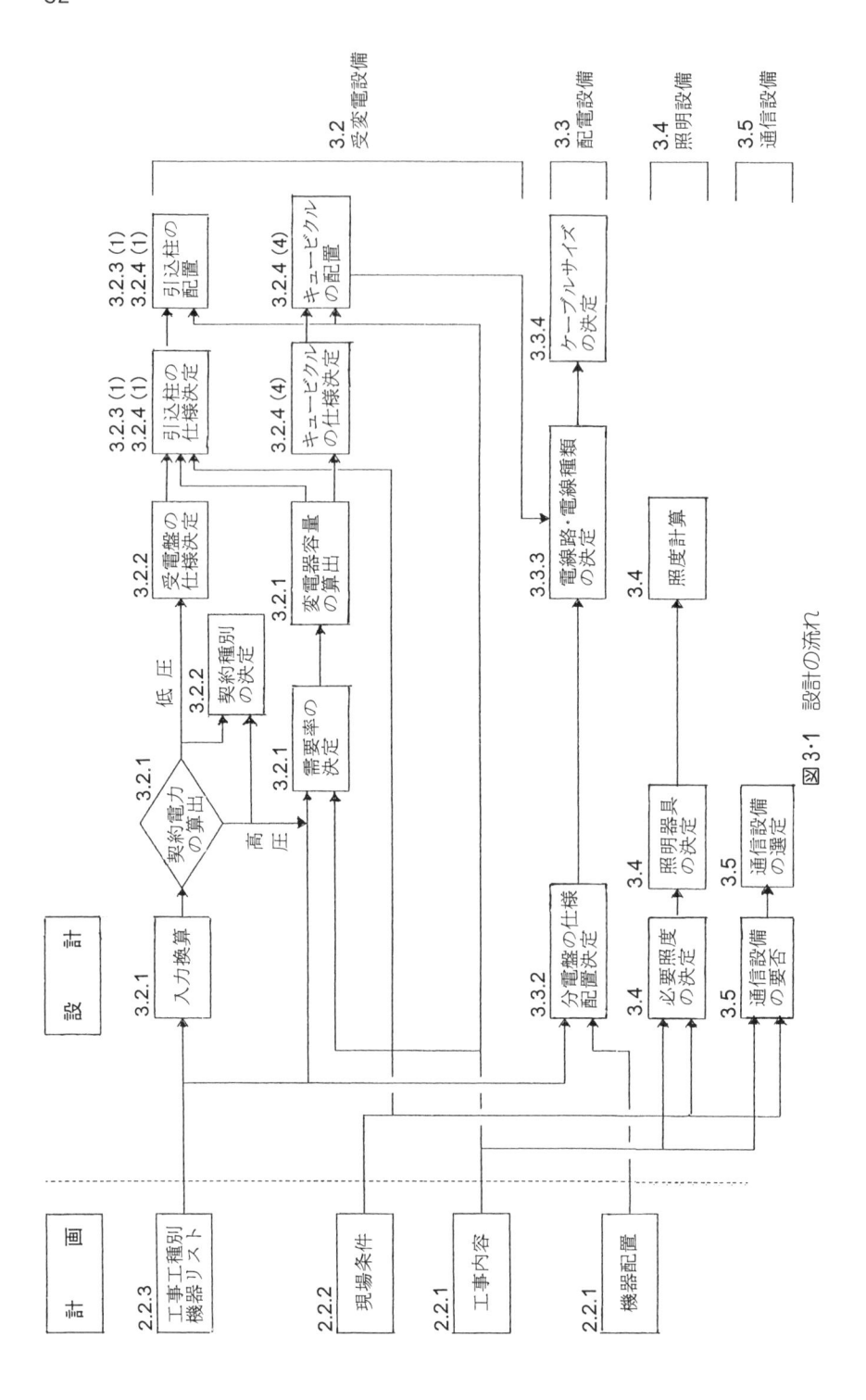

第3章 電気設備設計　33

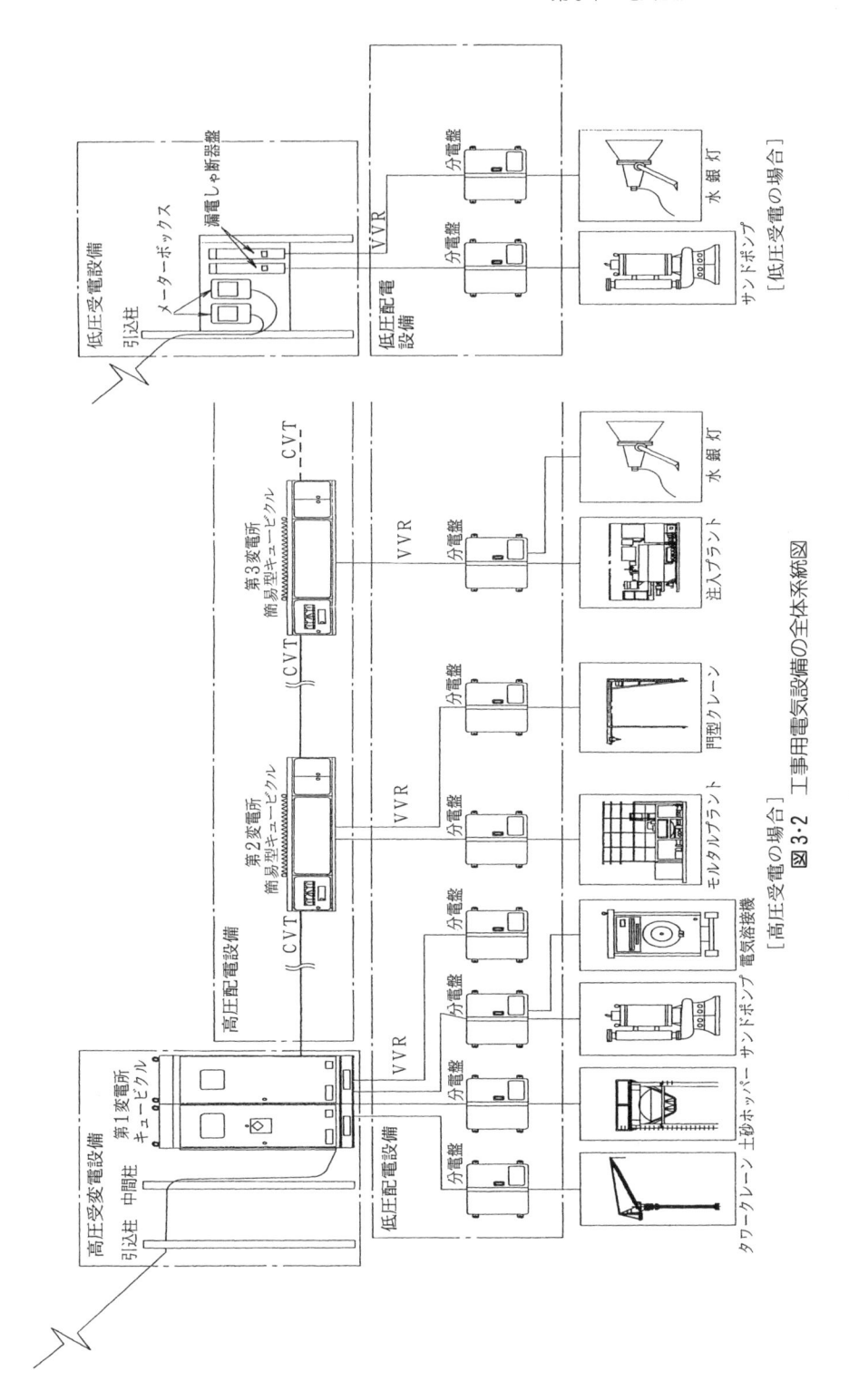

図3・2 工事用電気設備の全体系統図

3.1.2 負荷設備の確定

　工事用電気設備は，負荷設備へ電力を供給するものであり，負荷設備により受変電設備，配電設備が異なる。したがって，負荷設備が確定しないことには設計が進まない。工事によっては，負荷設備が把握できないこともあるので，この場合には負荷設備を推定することもある。

　負荷設備は，月ごとに負荷設備容量が把握しやすいよう工程表にまとめる（**表3·2**参照）。

図3·3　負荷設備の確定

3.2 受変電設備

3.2.1 受電方式の決定

　受電方式は契約電力によって異なり，契約電力が50kW未満（電灯のみの場合は契約容量が50kVA未満）の場合には低圧受電，50kW以上の場合は高圧受電となる。

解説

(1) 契約電力の算出

　受電電圧が，低圧となるか高圧となるかは契約電力によって決定されるので，まず，契約電力を算出する。契約電力の算出方法を次に示す（電灯需要のみの場合は**付録-7**参照）。

第3章 電気設備設計

表3・2 負荷設備工程表

使用機械名	電圧(V)	容量(kW)	合数(台)	1月	2月	3月	4月	5月	6月	7月	8月	9月	10月	11月	12月	13月	14月	15月	16月
シールドマシン	400	270.0	1	270.0	270.0	270.0	270.0	270.0	270.0	270.0	270.0								
動力設備 送風機	200	15.0	1	15.0	15.0	15.0	15.0	15.0	15.0	15.0	15.0								
トラバーサ	200	2.2	1	2.2	2.2	2.2	2.2	2.2	2.2	2.2	2.2								
排水ベキューム	200	30.0	1	30.0	30.0	30.0	30.0	30.0	30.0	30.0	30.0	30.0	30.0						
排水サンドポンプ	200	11.0	2	22.0		22.0	22.0	22.0	22.0	22.0	22.0	22.0	22.0						
バッテリー充電器	200	3.7	1		3.7	3.7	3.7	3.7	3.7	3.7	3.7								
加泥注入プラント	200	11.0	1		11.0	11.0	11.0	11.0	11.0	11.0	11.0								
裏込注入プラント	200	45.0	1		45.0	45.0	45.0	45.0	45.0	45.0	45.0								
門型クレーン	200	15.0	1	15.0	15.0	15.0	15.0	15.0	15.0	15.0	15.0	15.0	15.0						
給水ポンプ	200	5.5	1	5.5	5.5	5.5	5.5	5.5	5.5	5.5	5.5	5.5	5.5	5.5	5.5	5.5	5.5		
濁水処理プラント	200	15.0	1	15.0	15.0	15.0	15.0	15.0	15.0	15.0	15.0	15.0	15.0	15.0	15.0	15.0	15.0	15.0	
土砂ホッパー	200	11.0	1		11.0	11.0	11.0	11.0	11.0	11.0	11.0								
超高圧洗浄機	200	3.7	1	3.7	3.7	3.7	3.7	3.7	3.7	3.7	3.7	3.7	3.7	3.7	3.7	3.7	3.7		
電気溶接機	200	14.0	2	28.0	28.0	28.0	28.0	28.0	28.0	28.0	28.0	14.0	14.0	14.0	14.0	14.0	14.0	14.0	
水中ポンプ	200	2.2	3	6.6	6.6	6.6	6.6	6.6	6.6	6.6	6.6	6.6	6.6	6.6	6.6	6.6	6.6	6.6	
セントルウィンチ	200	15.0	1									15.0	15.0	15.0	15.0	15.0	15.0		
電灯設備 水銀灯		1.0	4	4.0	4.0	4.0	4.0	4.0	4.0	4.0	4.0	4.0	4.0	4.0	4.0	4.0	4.0	4.0	
蛍光灯		0.02	250				1.0	2.0	3.0	4.0	5.0	5.0	5.0	5.0	5.0	5.0	5.0	5.0	
水銀灯(立坑)		1.0	2				2.0	2.0	2.0	2.0	2.0	2.0	2.0	2.0	2.0	2.0	2.0	2.0	
白熱灯(投光器)		0.5	17	8.5	8.5	8.5	8.5	8.5	8.5	8.5	8.5	8.5	8.5	8.5	8.5	8.5	8.5	8.5	
動力設備容量計(kW) 400V	A			270	270	270	270	270	270	270	270								
200V	B			143	214	214	214	214	214	214	214	112	127	60	60	60	60	36	
電灯設備容量計(kW)	C			15	15	16	17	18	19	20	20	20	20	20	20	20	20	20	
負荷設備容量合計(kW)	D=A+B+C			428	499	500	501	502	503	504	504	132	147	80	80	80	80	56	

① 低圧電力の場合
　各機器の入力（入力換算値）のうち　（入力換算は次項参照）
　　（最大のものから1番目の入力値＋2番目の入力値）×1.00＝(イ)kW
　　（最大のものから3番目の入力値＋4番目の入力値）×0.95＝(ロ)kW
　　（上記以外の入力値の合計）×0.90　　　　　　　　　＝(ハ)kW
　　　　(イ)＋(ロ)＋(ハ)　　　　　　　　　　　　　　　＝(ニ)kW
　　(ニ)kW のうち 6 kW まで×1.00　　　　　　　　　　＝(a)kW
　　{(ニ)kW－ 6 kW} のうち 14 kW まで×0.90　　　　　 ＝(b)kW
　　{(ニ)kW－20 kW} のうち 30 kW まで×0.80　　　　　 ＝(c)kW
　　{(ニ)kW－50 kW}×0.70　　　　　　　　　　　　　　 ＝(d)kW
　　　　(a)＋(b)＋(c)＋(d)　　　　　　　　　　　　　　＝(e)kW
　　(e)kW＜50 kW ならば低圧受電
　　(e)kW≧50 kW ならば高圧受電となる。
　　なお，高圧受電の契約電力の算出方法は次による。

② 高圧電力の場合
　通常はデマンド契約となり，最大需要電力の実績で契約電力が決まる。そこで設計の段階では，次の臨時高圧電力の契約電力算出方法を採用する。
　各機器の入力（入力換算値）のうち
　　（最大のものから1番目の入力値＋2番目の入力値）×1.00＝(イ)kW
　　（最大のものから3番目の入力値＋4番目の入力値）×0.95＝(ロ)kW
　　（上記以外の入力値の合計）×0.90　　　　　　　　　＝(ハ)kW
　　　　(イ)＋(ロ)＋(ハ)　　　　　　　　　　　　　　　＝(ニ)kW
　　(ニ)kW のうち 6 kW まで×1.00　　　　　　　　　　＝(a)kW
　　{(ニ)kW－ 6 kW} のうち 14 kW まで×0.90　　　　　 ＝(b)kW
　　{(ニ)kW－20 kW} のうち 30 kW まで×0.80　　　　　 ＝(c)kW
　　{(ニ)kW－50 kW} のうち 100 kW まで×0.70　　　　　＝(d)kW
　　{(ニ)kW－150 kW} のうち 150 kW まで×0.60　　　　 ＝(e)kW
　　{(ニ)kW－300 kW} のうち 200 kW まで×0.50　　　　 ＝(f)kW
　　{(ニ)kW－500 kW}×0.30　　　　　　　　　　　　　　＝(g)kW
　　　　(a)＋(b)＋(c)＋(d)＋(e)＋(f)＋(g)＝(h)kW　…………………(1)
　変圧器容量の合計と受電電圧で直接利用する機器の総入力との総合計のうち
　　総合計のうち 50 kW まで×0.80　　　　　　　　　　＝(A)kW
　　{総合計－50 kW} のうち 50 kW まで×0.70　　　　　 ＝(B)kW
　　{総合計－100 kW} のうち 200 kW まで×0.60　　　　 ＝(C)kW
　　{総合計－300 kW} のうち 300 kW まで×0.50　　　　 ＝(D)kW

$$\text{総合計のうち 600 kW を超えるもの} \times 0.40 = (E)\,\text{kW}$$
$$(A)+(B)+(C)+(D)+(E)=(F)\,\text{kW} \quad \cdots\cdots\cdots\cdots\cdots\cdots\cdots\cdots\cdots\cdots(2)$$

契約電力は式(1), (2)によって得た値(h)kW, (F)kWのうち, いずれか小さい方となる。しかしながら, 建設工事においてはすべての負荷を特定できない場合が多く, 式(2)の値が契約電力となる。

(2) 入力換算

機器の容量は一般に出力で表示されている。機器には電気的, 機械的にロスが生じるので所定の出力を出すためには, ロスを含めた電力を供給しなければならない。契約電力, 変圧器容量を算出するには, 入力で計算しなければならない。

図3・4 入力と出力の関係

入力への換算率は機器メーカー・形式などにより異なるが, 電力会社では機器の入力換算率を統一している (**付録-6参照**)。

(3) 変圧器の容量

高圧受電の場合, 各機器の使用電圧に変圧するために変圧器が必要となる。各機器の使用電圧はすべて同一ではないので, 使用電圧が異なればそれぞれに変圧器が必要となる。動力負荷の使用電圧が400Vと200V, そして電灯負荷があれば, 変圧器としては動力用に2台, 電灯用に1台設置することになる。

変圧器の容量としては, その使用電圧で利用する機器が同時に使用する電力の最大値が必要である。変圧器が電力を供給する全負荷容量と同時に使用する最大容量との比を需要率といい, 必要とする変圧器容量は次式で表される。

$$\text{変圧器容量 (kVA)} \geq \text{全負荷容量[入力換算値] (kVA)} \times \text{需要率}$$

変圧器容量の定格は**表3・3**に示すとおりであり, 計算で算出した必要変圧器容量と

は必ずしも一致しない。したがって，必要な変圧器は，計算値の直近上位の容量となる。

例えば，負荷の入力値合計が110 kVA，需要率が70％の場合に必要となる変圧器容量は77 kVA以上となるが，77 kVAの変圧器がないので，直近上位の100 kVAの変圧器が必要となる。

一般には，動力用として三相変圧器，電灯・電動工具用として単相変圧器が使用されている。三相変圧器の代わりに，単相変圧器を組み合わせて使用することもある。

表3·3 変圧器の標準容量（kVA）

	15	150
	20	200
3	30	300
5	50	500
7.5	75	750
10	100	1,000

（JEC-204より）

(4) 需要率

設置する機器は，必ずしも全部を一斉に使用するものではなく，各作業に合わせて使用するものである。

例えば，一般家庭にはクーラー，ヒーターがあるが，暑い時はクーラー，寒い時はヒーターを使用し，同時には使用しない。また，玄関灯などの屋外照明は昼間には点灯せず夜間のみ点灯する。このように，負荷として電源に接続していても同時に使用しない負荷もある。

需要率は全負荷容量に対する同時使用最大容量の比から求められるが，工事に使用する負荷全体を把握するのは困難であるため需要率は確定しにくい。特に建築工事においては，工種が多く，工事現場に持ち込む機器（負荷）の仕様，数量など正確に把握できない。また，工程の進捗状況によっても機器の仕様，数量が異なることがある。

図3·5 需要率って何？

表3·4 変圧器容量の選定例

使用電圧 (V)	機器名称	出力 (kW)	入力 (kVA)	数量 (台)	入力計 (kVA)	需要率 (%)	計算値 (kVA)	変圧器 容量 (kVA)
400	換気ブロワ	45	62.5	1	62.5	100	62.5	75
200	水中ポンプ	1.5	2.1	1	41.9	68	28.5	30
	油圧装置	15	20.9*	1				
	門型クレーン	2.2	3.1	1				
	同上電動ホイスト	5.4	7.5*	1				
	グラウトミキサ	2.2	3.1	1				
	グラウトポンプ	3.7	5.2	1				
200/100	坑外照明	0.02	0.023	10	4.53	100	4.53	5
	坑内照明	0.02	0.023	100				
	立坑照明	0.5	0.5	4				

注) 1. 動力機器は，力率を0.8 効率を0.9 とし，照明はメーカー資料によるため，電力供給規程の入力換算率とは異なる。
   2. 200V機器の需要率は＊印の機器を同時使用するので68%とした。ただし，負荷が1台の場合，照明のように全点灯の場合は，需要率を 100%とした。
   3. 各計算値は，切上げ処理とする。

　大規模工事における総負荷容量は大型機器がその大部分を占め，特定できない機器は比較的小容量の場合が多い。このため，需要率は主要機器によってほぼ決定され，工種によって需要率も異なる。工種別の需要率（参考値）を**付録-19**に示す。

　ただし，対象とする設置台数が1台の場合，または，照明のように全台数点灯する場合は，需要率を100％とする。変圧器容量の選定例を**表3·4**に示す。

　選定例では，動力用変圧器として400V用，200V用の2台，電灯用変圧器として1台設置する。

(5) 契約電力の変更

　工事の進捗状況によって必要となる受電容量は異なるが，契約電力を毎月変更するのは，変更工事ならびに変更手続きなどが煩雑であり，変更工事のために停電となるので作業も中断する。

　したがって，契約電力の変更は，受電または変更時点から短くとも3か月以上の期間をとるのが一般的である。

3.2.2 契約種別

契約種別は電力会社の電気供給約款による。

解説

(1) 契約種別

電力会社から電気の供給を受けるには，電力会社と契約する必要がある。建設工事でよく使用される契約種別は契約電力によって異なり，**表3·5**のとおりであるが，原則として同一構内では，同じ契約種別を複数引き込めない。

表3·5 工事でよく使用する契約種別

期間	契約種別		契約電力（容量）	主な工事
1年以上	従量電灯	A	400VA超過6kVA未満	保安灯など照明使用のみの工事
	〃	B	6kVA以上50kW未満	
	低圧電力		50kW未満	開削工事, 薬液注入工事
	高圧電力	A	50kW以上500kW未満	中規模以上の土木, 建築工事
	〃	B	500kW以上2000kW未満	
1年未満	臨時電灯	A	3kVA以下	舗装工事等の保安灯使用のみの工事
	〃	B	3kVA超過6kVA未満	
	〃	C	6kVA以上50kW未満	
	臨時電力		低圧電力、高圧電力に準じる。	薬液注入工事, 開削工事, 推進工事
───	定額電灯		400VA以下	保安灯など

3.2.3 低圧受電設備

(1) 引込柱

電力会社より電気の供給を受ける場合は，最寄りの電力会社柱から電気を引き込むために，建設現場構内に引込柱を建てる（地中引込みの場合は不要）。

(1) 引込柱は，架空線の最低地表高さを確保できる長さとする。
(2) 引込柱の転倒防止用に支線または支柱を設ける。

解説

(1) 電源の引込みは，原則として架空引込みとなっている。架空線は地表最低高さが電気設備技術基準・解釈で，道路横断部は6m，道路に沿うような場所では5mとなっている。この地表高さを確保するためには，さらに架線のたるみも考慮する必要がある。

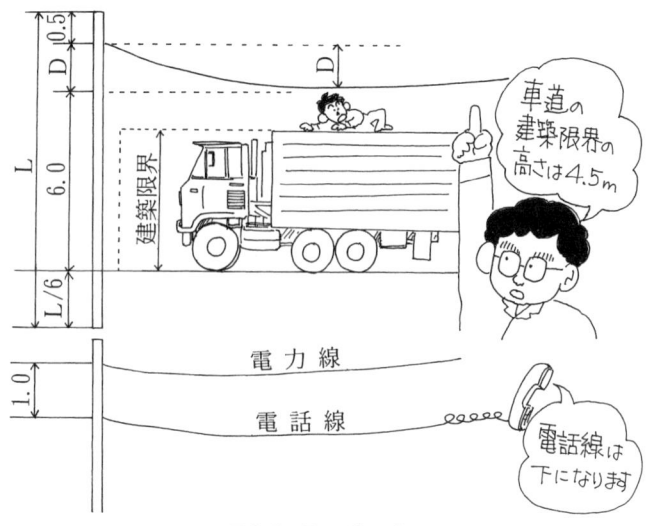

図3・6 引込柱の高さ

　たるみを小さくするには電線に張力を加えればよいが，あまり高い張力をかけると電柱，支線に影響を与えるので，一般には0.5～1.0 m のたるみをもたす。
　また，根入れ部は電気設備技術基準・解釈で，全長の1/6以上（全長が15 m 以上の場合は2.5 m 以上）埋め込むことになっている。また，引き留める位置を考えると，引込柱の長さは低い場合で8 m，道路横断する場合には9 m となる。さらに，電話線も引き込む場合には1 m 長くする。
　低圧受電の場合には，10 m 柱を使用するのが一般的である。
(2)　電柱は架線すると電線の張力で引っ張られる。等間隔で連続している場合には，

図3・7　支線，支柱の取付け

両端の張力で力が相殺されるが，末端または曲部においては，電柱を倒す力が働く。このように張力が片側や不均衡に働く場合には，張力に対応する支線を架線と反対側に取り付ける必要がある。

支線は，機能上，架線と反対側となるため，支線の設置スペースがない場合には，架線と同じ側に支柱を設けて支線に替えることもできる。

また，強風地域では，架線と直角方向に転倒することも考えられるので，2本に1本程度の割合で支線を架線と直角方向に交互に取り付ける必要がある。

(2) 受電盤

低圧受電の受電盤とは，引込柱より供給された電気を受けて，回路を開閉するしゃ断器を収納したものである。

解説

(1) 受電盤の構成

電力会社から電源を引き込む場合に，引込点から6m以内に開閉器を設けなければならないので，一般にはしゃ断器を箱体に収納して設置する。また，積算電力量計は電力会社が取り付ける。

(2) 接地（アース）

低圧受電では，受電盤にD種接地工事を施す。D種接地工事は，接地抵抗値が100Ω以下であり，接地棒（$\phi 16 \times 1500$）にて施工することが多い。

図3・8 低圧の引込み

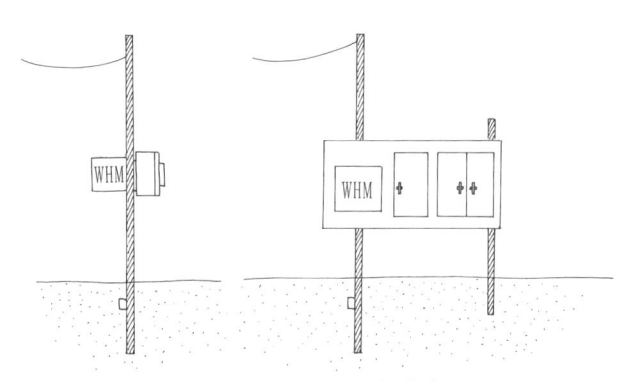

図3・9 受電盤の取付方法

(3) 引込みケーブル

低圧受電の引込みケーブルは，負荷に応じたものとする。

解 説

低圧受電では，受電盤は引込柱に取り付けることが多く，引込みケーブルとは，受電点（引込柱の上部）から受電盤までをいう。引込みケーブルは需要者施工となり，一般的には，VVケーブル，またはCVケーブルを用いる。ケーブルサイズは電力会社と事前協議をする。

3.2.4 高圧受電設備

(1) 引込柱・中間柱

高圧受電の引込柱と中間柱は下記を考慮する。
(1) 引込柱の長さは，架空線の最低地表高さと設置機器を考慮して決定する。
(2) 中間柱の設置間隔は，架空線の最低地表高さを考慮して決定する。

解 説

高圧受電の引込柱は，基本的には低圧受電の引込柱と同様である。

(1) 引込柱の長さ

高圧受電の場合，気中開閉器や避雷器等を設置し，高圧ケーブルの端末処理を行

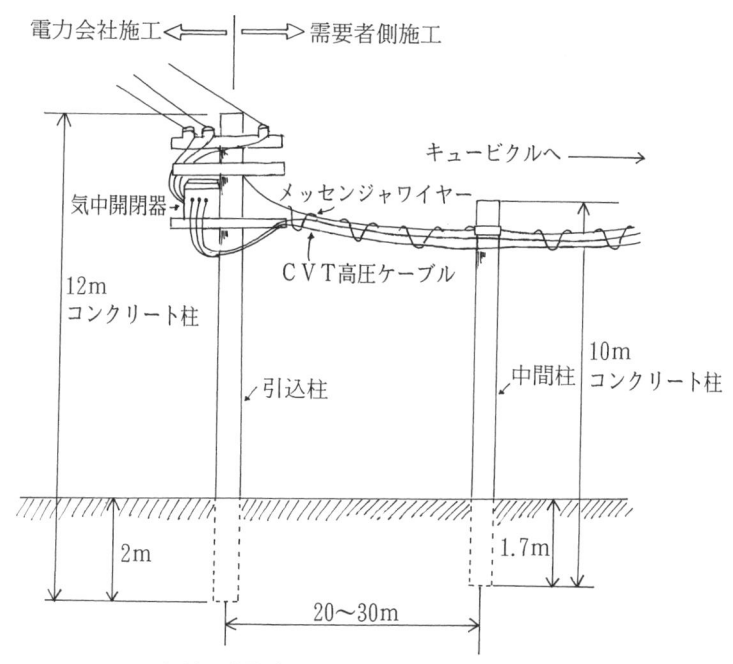

図3・10 中間柱の設置間隔と支線・支柱の取付け

う。このため，引込柱の長さは架空線の最低地表高さと，これらの設置スペース，処理スペースを考慮して決定しなければならない。一般的に高圧受電の引込柱は 12 m 柱を採用している。

また，電力会社と需要者の施工区分は気中開閉器の一次側で区分されている。

(2) 出迎え工事

最寄りの電力会社柱から建設現場までの距離が離れている場合（例えば，海岸の埋立地，ダムなど），電力会社の配電線を現場付近まで延伸する工事を電力会社に依頼していたのでは長期間（数か月以上）かかることがあり，需要者側で最寄りの電力会社柱までの配線を行うことがある。また，緊急の場合にも同様の工事を行うことがある。これを出迎え工事と称するが，この場合には，引込柱とキュービクルとの間に中間柱を建てなければならない。中間柱の設置間隔は直線部分では 20～30 m が一般的であり，コーナー部では電線の張力に対応する支線または支柱を設ける。また，架線の布設方向と直角の風圧に対して，中間柱にも支線または支柱を設ける場合もある。

(2) 気中開閉器・避雷器

気中開閉器・避雷器は次のとおりとする。

(1) 気中開閉器は，受電設備容量，塩害の有無等を考慮して決定する。
(2) 雷による事故防止のために避雷器を設置する。

解 説

気中開閉器・避雷器は，引込柱の上部に取り付けられ，気中開閉器の電源側接続点を電力会社との財産分界点，責任分界点とすることが多い。

気中開閉器は，受電設備に適した容量とし，短絡電流にも対応できなければならない。また，塩害の程度により一般形，耐塩形，重耐塩形がある。定格電流は負荷の増加等を考慮して余裕のあるものとする。

表3・6 定格電流の目安

	受電設備容量（kVA）		
	500	1000	1500
気中開閉器の定格電流	100A	200A	300A

表3・7 塩害による種類の目安

	海岸線からの距離	
	1 km以内	1 kmを超過
気中開閉器の耐塩汚損性能	重耐塩形または耐塩形	一般形

（地域により差があるので，電力会社に問合せのこと）

受電電力が 500 kW 以上の場合には受電点に避雷器の設置が義務づけられているが，500 kW 未満でも雷による事故防止のために設置するのが望ましい。避雷器には単独に A 種接地工事を施す。

(3) 引込みケーブル

引込みケーブルの線種・サイズは，負荷電流，電圧降下，短絡容量を考慮して決定する。

解 説

(1) 線 種

高圧受電の引込線は 6.6 kV CV 3 心または CVT（CV のトリプレックスタイプ）ケーブルが一般的に使用されている。

(2) ケーブルサイズ

ケーブルサイズは，負荷電流，電圧降下，短絡容量を考慮して決定するが，高圧回路では電圧降下はほとんど問題とならず，負荷電流と短絡容量との検討で決定することが多い。

図 3・11　3 心ケーブルとトリプレックス

用語解説

受電設備容量……受電電圧で使用する変圧器，電動機等の合計容量（kVA）
なお，高圧電動機は，定格出力（kW）をもって機器容量とし，高圧進相コンデンサは受電設備容量には含めない。
短絡容量……短絡した場合のエネルギー量であり，短絡容量を電圧で除した値が短絡電流となる。

表3·8 変圧器容量によるケーブルサイズの目安（6.6 kV CVT）

変圧器容量（kVA）	700以下	900以下	1,200 以下	1,600 以下
ケーブルサイズ（mm²）	22	38	60	100
許容電流値（A）	90	120	155	205

　受電点の短絡容量は，所轄の電力会社に問い合わせなければわからない。電力会社では，短絡電流からケーブルを保護する目的で引込みケーブルの最小サイズを指定する。最小サイズは 22 mm²以上を指定することが多い。

(3) 端末処理材・直線接続材

　ケーブルは絶縁物で絶縁されているが，ケーブルを機器等に接続する場合やケーブル相互を接続する場合，絶縁物を剥離し図 3·12 または図 3·13 のような処理を施す。低圧回路の場合は絶縁テープ等で簡易に行うことが多い。

　また，原則として引込みケーブルの途中接続は認められないが，出迎え工事等でケーブル延長が長くなると，ケーブルとケーブルとを接続する直線接続材が必要となる。6.6 kV CVT では 1 ドラムの標準長が 300 m なので，300 m を超えるごとに直線接続を行う。

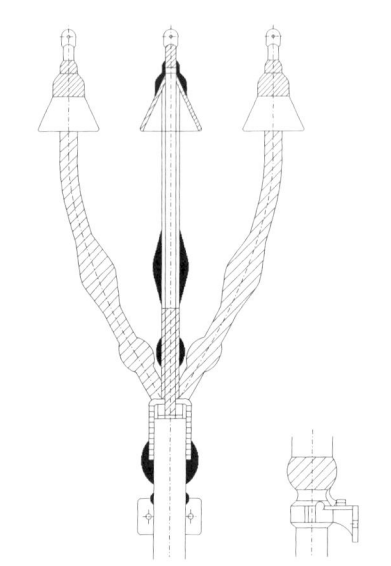

図 3·12　端末処理材（高圧・屋外の場合）

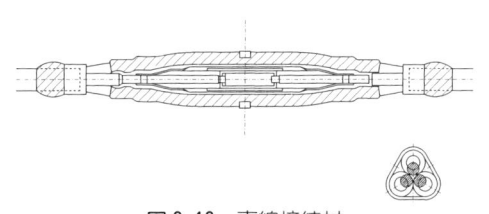

図 3·13　直線接続材

(4) 受変電所

　受変電所は，下記により構成される。

　(1) キュービクル

　(2) キュービクル基礎

　(3) フェンス

解説

(1) キュービクル

キュービクルとは，高圧の受変電設備として使用する機器一式を金属箱内に納めたものをいい，2,000 kVA 以下までは JIS C 4620 に仕様が規定されている。

キュービクルの内部には，取引用積算電力量計，変圧器，しゃ断器，進相コンデンサ，電圧計，電流計等が収納されている。キュービクルは，主しゃ断装置により分類され，JIS C 4620 では，キュービクルの使用範囲は**表 3·9** のように規定されている。

表 3·9 キュービクルの形式

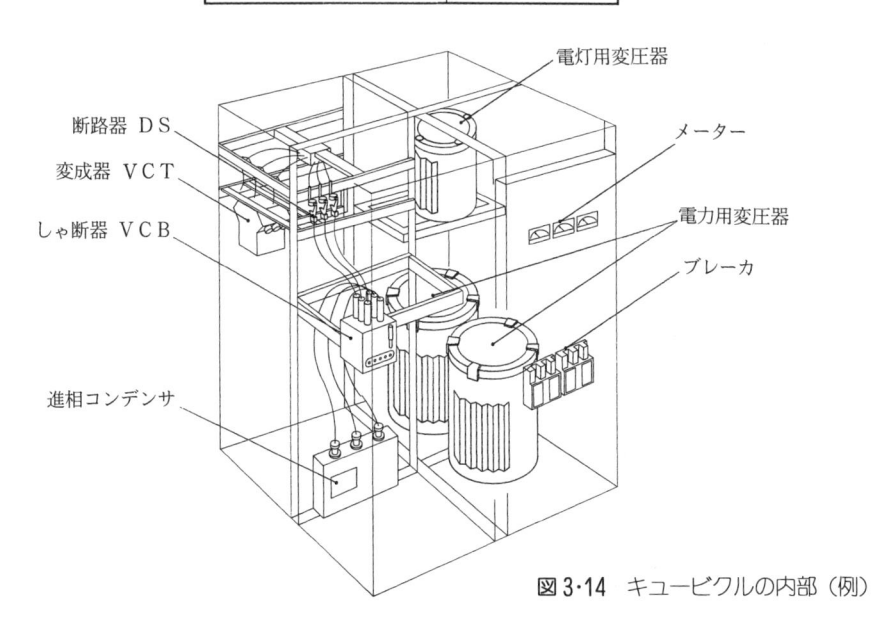

受電設備容量（kVA）	形　式
300 以下	PF-S 形
300 を超過	CB 形

図 3·14 キュービクルの内部（例）

また，負荷は電動機が主体で遅れ力率となる場合が多いので，一般的には受電設備容量，すなわち変圧器容量の 1/4〜1/6 の容量の進相コンデンサを設置する。

(2) キュービクル基礎

キュービクルは，電力供給の中心的設備であり，堅固に設置しなければならない。したがって，キュービクルを設置する場所は地耐力のある地盤とする。また，水気を切るため，およびケーブルの引込みを容易にするために，地盤（または床面）より少し上げて設置するのが一般的である。

図 3·15　キュービクルの基礎

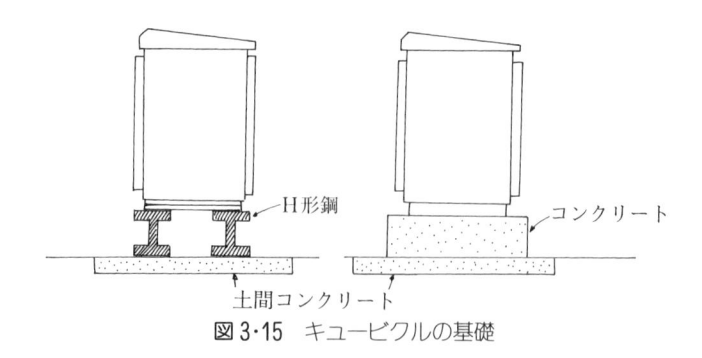

　建設現場では，土間コンクリートを打ち，H形鋼やコンクリートで基礎とすることが多い。土間コンクリートは，土中からの湿気を防ぐとともに草が生えてキュービクル内に入り込まないようにするためである。また，地震等でキュービクルが動かないようにアンカーボルト等での固定や，ケーブル引出口には小動物の侵入を防止する対策も必要である。

(3) フェンス

　キュービクルの周囲には，点検通路用に 1.2 m のスペースを確保する必要がある。このため，周囲にはフェンスを設けるのが一般的である。

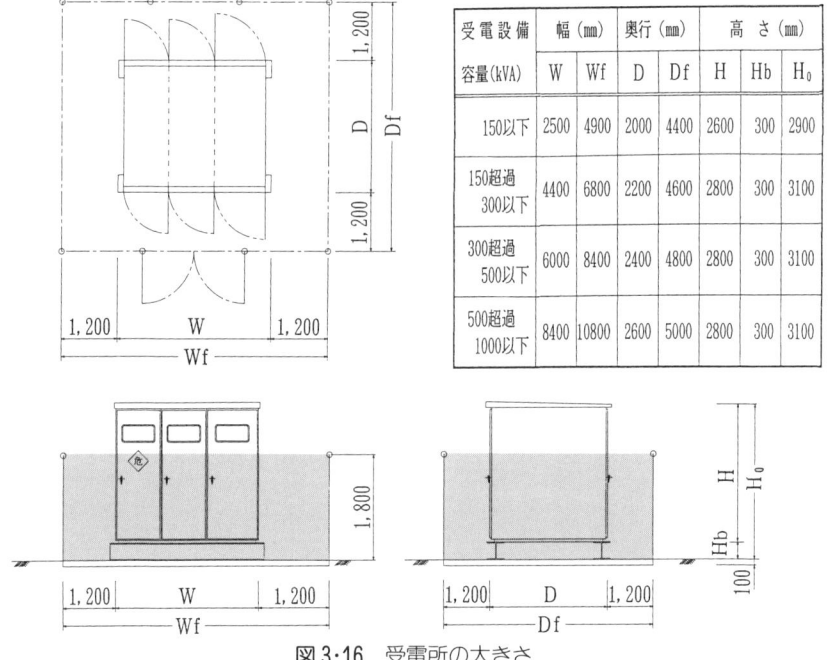

受電設備	幅 (mm)		奥行 (mm)		高さ (mm)		
容量 (kVA)	W	Wf	D	Df	H	Hb	H_0
150以下	2500	4900	2000	4400	2600	300	2900
150超過 300以下	4400	6800	2200	4600	2800	300	3100
300超過 500以下	6000	8400	2400	4800	2800	300	3100
500超過 1000以下	8400	10800	2600	5000	2800	300	3100

図 3·16　受電所の大きさ

(4) 接地（アース）

　接地は，人，機器，システムの保護のために設ける。接地の種類としてはA種接地工事，B種接地工事，C種接地工事，D種接地工事があるが，受変電所では，避雷器用を除いてその他の接地工事を共用し，A種接地工事（接地抵抗10Ω以下）を施すことが多い。

　砂質土，岩盤などでは接地抵抗が高いので，接地抵抗値を下げるために木炭や市販の低減剤等を入れる場合もある。

　避雷器用の接地は，他の接地場所から離して単独接地する必要がある。

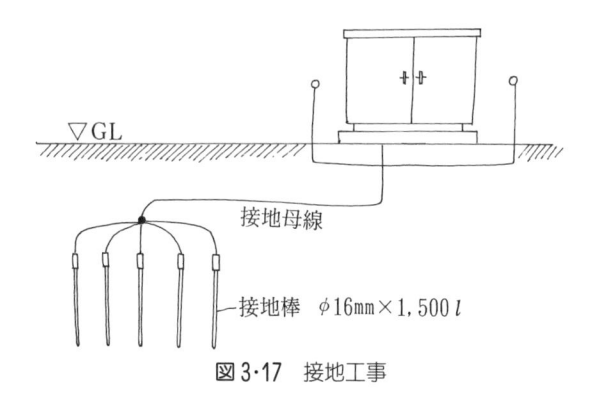

図3・17　接地工事

用語解説

キュービクルの形式……CB形：しゃ断装置として，しゃ断器（CB）を用いる形式のもの。
PF-S形：主しゃ断装置として，高圧限流ヒューズ（PF）と高圧交流負荷開閉器（S）とを組み合わせて用いる形式のもの。
力　率……電流と電圧との積で表される電気エネルギーに対する有効利用できる電力の比率。
接　地……A種接地工事は高圧機器に，B種接地工事は変圧器二次側の中性点に，C種接地工事は300Vを超える機器に，D種接地工事は300V以下の機器，電線管などに施す。

3.3 配電設備

3.3.1 変電盤（キュービクル）

変電盤は，下記による。
(1) 変電盤は負荷に適したものとする。
(2) 変電盤は，機器までの距離が長く，電圧降下が問題になる場合に使用する。
(3) 変電盤は，負荷・分電盤に近く，点検の容易な場所に設置する。
(4) 変電盤（高圧の場合）にはＡ種接地工事（共用）を施す。

解説

(1) **変電盤**
変電盤は変圧器を内蔵し電圧の変換を行うキュービクルであり，変圧器容量は負荷設備に対応した容量が必要である。変圧器容量の選定は **3.2.1** 項と同様とする。

(2) **変電盤の設置**
受変電盤から分電盤までの距離が長い場合や，大容量の負荷設備を使用する場合に電圧降下が大きくなる。電圧降下が大きい場合は，起動できない機器や制御が困難になる機器もある。コンピュータを搭載している場合，コンピュータは電圧変動に弱いので注意を要する。

図3・18　動かないヨ〜

一般的に次のような場合は，高圧配電して機械の近傍に変電盤を設置する。
① シールド工事のシールドマシン
② トンネル工事の切羽で使用する機械
③ 建築工事の大型タワークレーン

高圧配電の目安は，**3.3.3項**の解説(2)のとおりである。

(3) 変電盤の設置位置

変電盤の設置位置は，変電盤二次側の電圧降下を小さくするために，負荷・分電盤の近くとする。また，変電盤は内部に変圧器を収納しているので，受変電盤と同様に周囲に点検や放熱のためのスペースを考慮する必要がある。

(4) 接地工事

変電盤は，受変電盤と同様の接地工事を施さなければならない。接地工事の種類は，A種接地を共用接地することが多い。

3.3.2 分電盤

分電盤は，下記による。

(1) 分電盤は負荷に適したものとする。
(2) 分電盤は維持点検の容易な場所とし，各機器から20m程度以内に設置することが望ましく，不特定機器用の動力電灯兼用分電盤は，工種に応じて設置する。
(3) 分電盤は，原則として1面当りの合計機器容量が動力用で50kW程度以下，電灯用で10kW程度以下とする。
(4) 分電盤には，D種接地工事（400V系の電源がある場合は，C種接地工事）を施す。
(5) 広範囲にわたって作業場所が移動する作業用として，移動用分電盤を設置する。この場合，接地線入りのケーブルを使用するか，別に接地線をケーブルに沿わせて布設する。

【解　説】

(1) 分電盤

分電盤は，負荷に電力を分配する機器であり，内部には，ケーブルや人を保護するために漏電しゃ断器を設ける。漏電しゃ断器は，内線規程，労働安全衛生規則等で設置が義務づけられており，容量の目安は**表3・10**のとおりである。

表3・10　漏電しゃ断器容量の目安（三相3線式200Vの場合）

負荷設備容量（kW）	90	55	22	11
定格電流（A）	400	225	100	50

分電盤は，負荷設備ごとに対応する容量の漏電しゃ断器を収納して使用するのが普通である。しかし，建設現場では負荷設備の容量や台数が工程により変動するので，通常数種類の標準分電盤の中から選択して使用する場合が多い。

本書では，次の4種類を組み合わせて使用する。その概要を**図3・19**に示す。

① 動力分電盤　　　　　② 電灯分電盤
③ 動力電灯兼用分電盤　④ 漏電しゃ断器単体盤

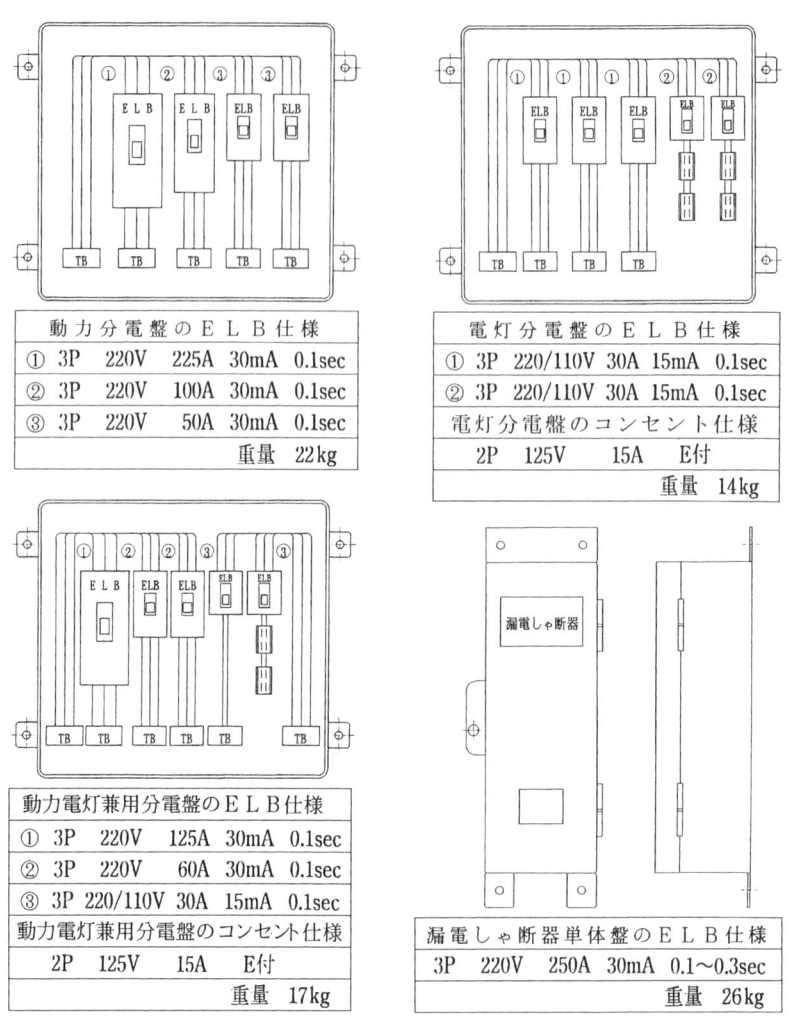

動力分電盤のELB仕様
① 3P　220V　225A　30mA　0.1sec
② 3P　220V　100A　30mA　0.1sec
③ 3P　220V　50A　30mA　0.1sec
重量　22kg

電灯分電盤のELB仕様
① 3P　220/110V　30A　15mA　0.1sec
② 3P　220/110V　30A　15mA　0.1sec
電灯分電盤のコンセント仕様
2P　125V　15A　E付
重量　14kg

動力電灯兼用分電盤のELB仕様
① 3P　220V　125A　30mA　0.1sec
② 3P　220V　60A　30mA　0.1sec
③ 3P　220/110V　30A　15mA　0.1sec
動力電灯兼用分電盤のコンセント仕様
2P　125V　15A　E付
重量　17kg

漏電しゃ断器単体盤のELB仕様
3P　220V　250A　30mA　0.1〜0.3sec
重量　26kg

図3・19　分電盤の例

(2) **分電盤の設置**

　電気機器には機器本体とケーブルが一体となったものがあり，これらの機器に付属するケーブルの長さは数mのものが多い。また，分電盤はケーブルの接続替え，電源の入切等を頻繁に行うので，そのための操作，点検スペースも必要である。分電盤の構造としては壁掛型が標準的で，電柱や壁面に取り付けることが多い。

　以上を考慮して，分電盤の設置位置としては，機器から20m程度以内とし，操作・点検の容易な電柱，仮囲い，階段などが望ましい。

　しかし，建設用電気機器がすべて特定できる工事は少なく，作業の進捗による雑作

表3·11 動力電灯兼用分電盤設置の目安

工　種	設　置　規　模
トンネル・シールド	100mに1台
建　築　工　事	800m²に1台

図3·20 分電盤は近くに

業のために電気を使用することも少なくない。土木工事においては施工してみなければわからない面もあり，急に水が出る場合もある。仮設用の支持材取付けのために溶接したりもする。また，建築工事においては，通路，天井裏も作業場所となり，電動工具，局部照明などにも電源が必要となるので，不特定機器用として動力電灯兼用分電盤を現場規模に応じて設置する。

(3) 分電盤の容量

工事用の分電盤は，特殊な場合を想定して製作されていないので，盤内に引き込むケーブルサイズがあまり大きいと工事が困難となり，設置できなくなる。一般的に1つの分電盤で使用できる負荷の合計容量は50 kW程度以下であり，機器単体で45 kWを超える場合は，単独の漏電しゃ断器単体盤を設ける。

(4) 接地工事

電気機器は，感電防止や機器の保護のために接地しなければならず，変電盤・分電盤も当然のことながら接地しなければならない。キュービクル（または受電盤）から接地線を延長する方法（共用接地）もあるが，分電盤を地上に設置する場合には，各設置場所で接地するのが経済的であり一般的である。しかし，トンネル内，建築工事の上部階，地質が岩で接地抵抗が規定値以下にならない場所などは共用接地とすることがある。

(5) 移動用分電盤

ダムのように作業場所が広範囲でかつ負荷が移動する場合には，分電盤の二次側に移動用分電盤を設けることがある。移動用分電盤は固定された分電盤からの距離が離れた場所で作業する場合にも用いられる。移動用分電盤は，工種や規模に応じて設置するものとする。

3.3.3 配線および配線路の種類

キュービクル（低圧受電の場合は受電盤）から分電盤への配線は下記とする。
(1) 原則として幹線はVVケーブル，分電盤二次側はキャブタイヤケーブルとする。
(2) ケーブルサイズは100 mm²以下とするのが望ましい。
(3) 布設方法は，施工性，経済性を考慮して決定する。

解 説

(1) **絶縁電線とケーブル**

電線には絶縁電線とケーブルがある。絶縁電線は導体をビニル等で絶縁しただけのものであり，ケーブルはこの上にシース（被覆）を施している。

したがって，ケーブルでは少々の傷が入ってもシースが傷つく程度であり，電気的性能には影響ないが，このシースのない絶縁電線ではそうはいかない。建設現場では電線に対して完全な防護を行いにくいので，近年ではケーブルを使用するのが一般的である。

図3・21　絶縁電線とケーブル

幹線は，施工性のよいVVケーブルとし，分電盤二次側のケーブルは，移動することが前提となるので可とう性のよい第2種キャブタイヤケーブルまたは同等品以上とする。

(2) **電線サイズ**

電線は，サイズが大きくなると重くて曲げにくいため，分電盤内のケーブル処理，ケーブル布設作業が困難であり作業性が悪い。また，サイズの大きいケーブルは，あまり使用されないので転用も難しい。したがって，ケーブルサイズは100 mm²以下とすることが望ましい。

大容量機器のためケーブルサイズが大きくなったり，電圧降下のためにサイズが大きくなる場合には，高圧配電を考慮する必要がある。高圧配電の目安を**図3・22**に示す。

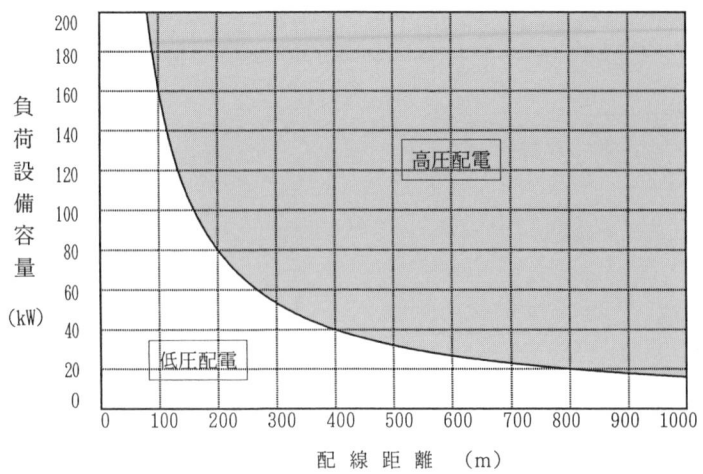

図 3・22　高圧配電の目安（200 V 負荷の場合）

(3) 配線工事

　工事用電気設備に使用するケーブルは，永久設備ではなく，工事完了後撤去しなければならない。したがって，布設や撤去の方法は施工性，経済性を考慮して決定する。

　通常，建設現場では周囲に仮囲いを設置する。仮囲いは，移動，変更がほとんどないので，ケーブルを仮囲いに添架する方法がよく採用される。添架するケーブル本数が多くなったり，ケーブルの張替え・追加が予想される場合は，ケーブルラックを取り付け，それに布設する方法もある。また，移設，変更を考慮して，電柱・ハンドホール等ではケーブルに 1 巻程度（数 m）の余裕を持たせるのが一般的である。

　添架する仮囲いなどがない場合や通路を横断する場合は，電柱を建て架空配線とする。架空配線の場合には，工事の支障にならない位置の確保，支線のスペース確保が必要となる。

　しかし，クレーン等を使用する範囲，車両が通行する場所では，架空線が工事の支障になったり，架線を切るおそれがあるので，地中埋設配線（保護管を埋設し，その中に配線する）とする。

　布設距離が短く，作業の支障にならない場所では，転がし配線もよく行われる。

　また，ケーブルは一般に 1 本 300 m 単位（線種により異なる）でドラムに巻かれているので，延長の長い場合にはケーブルとケーブルとを直接接続する必要がある。この場合は，直線接続材を用いて確実に接続を行う。

3.3.4 ケーブルサイズ

負荷へ電力を供給するケーブルは，次の事項を考慮して決定する。
(1) 負荷電流を連続して流せること。
(2) 電圧降下が許容値以内であること。
(3) 他現場への転用性がよいこと。

解説

(1) **負荷電流によるケーブルサイズの算定**

ケーブルに電流を流すと導体抵抗により発熱し，ケーブルの温度が上昇する。連続許容電流とは，導体を絶縁している絶縁物（VVRケーブルであればビニル）が許容できる温度まで流せる電流をいう。

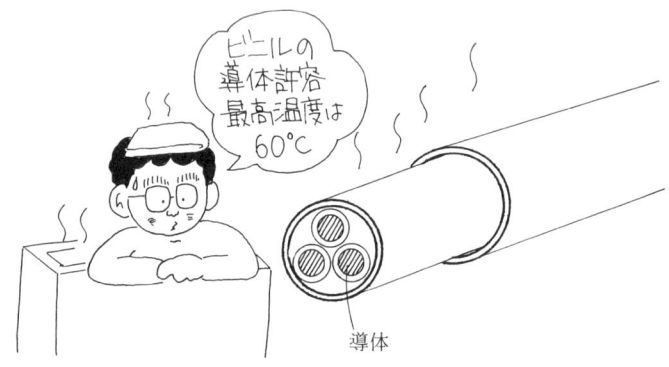

図3・23 ケーブルの絶縁

例えば，VVRケーブルの気中布設では，周囲温度40℃からビニルの許容温度60℃になるまでの電流値をいう。したがって，周囲温度が高かったり，熱放散が悪い場合には，許容できる電流値は小さくなる。

負荷電流は次式で表される。

$$\text{負荷電流}\quad I(\text{A}) = \frac{P \times 10^3}{K \times E \times \eta \times \cos\theta}$$

ここで，P：モーター容量（kW）
　　　　K：定数　動力（$\sqrt{3}$），電灯（1）
　　　　E：電圧（V）
　　　　η：効率（0.9）
　　　　$\cos\theta$：力率（0.8）

200V動力負荷（効率90％，力率80％）の場合，下記の簡易式で表される。

$$I(\text{A}) = 4.0 \times P$$

屋内低圧電線路では，負荷電流が50A以下であれば負荷電流の1.25倍，50A超

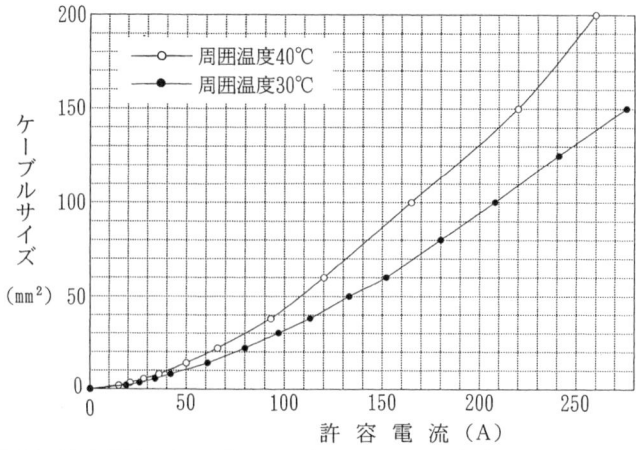

図3・24 許容電流−ケーブルサイズ（VVR 3C）気中または暗きょ布設

過であれば負荷電流の1.1倍の電流を流せるケーブルサイズにする必要がある。

(2) **電圧降下によるケーブルサイズの算定**

① 電圧降下

電圧降下は水の流れによく似ている。水槽AからB点に流れ出る水は，配管径Dが小さく，距離Lが長く，流量Qが大きくなると摩擦損失も大きくなる。電気において，摩擦損失に相当するものが電圧降下である。水位差Hが電圧Eであり，流量Qが電流Iである。

機器に加わる電圧は，電源電圧から電圧降下を差し引いた値となる。

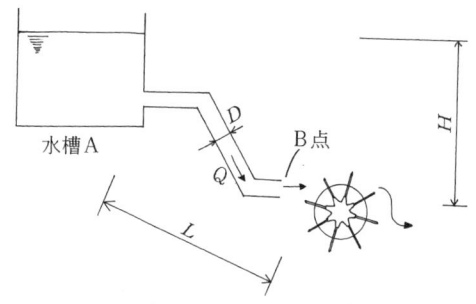

図3・25 電圧降下の概念

② 許容電圧降下

電圧降下が大きくなると，機器に加わる電圧は小さくなる。JISでは，機器に対して±10％の電圧変動があっても運転できるように規定している。

また，内線規程では，電源側（電力会社側）の電圧変動，機器の起動電流による一時的電圧変動等を考慮して**表3・12**のように規定している。

表3·12 許容電圧降下（内線規程）

供給変圧器の二次側端子または引込線取付点から最遠隔の負荷に至る間の電線のこう長（m）	電圧降下　（％）	
	電気使用場所内に設けた変圧器から供給する場合	電気事業者から低圧で電気の供給を受けている場合
60 以下	3 以下	2 以下
120 以下	5 以下	4 以下
200 以下	6 以下	5 以下
200 超過	7 以下	6 以下

電圧降下によるケーブルサイズは次の簡易式で求められる。

$$S = \frac{K \times L \times I}{1,000 \times e}$$

ここで，S：ケーブルサイズ（mm²）

　　　　L：距離（m）

　　　　I：電流（A）

　　　　K：定数　動力 30.8（三相 3 線式），電灯 17.8（単相 3 線式），
　　　　　　35.6（単相 2 線式）

　　　　e：電圧降下（V）

　　　　e＝定格電圧×許容電圧降下率

工事用電気設備の設計では，表 3·12 で設計するとケーブルサイズが大きくなるので，すべての電圧降下率を 10 ％で計算することが多い。

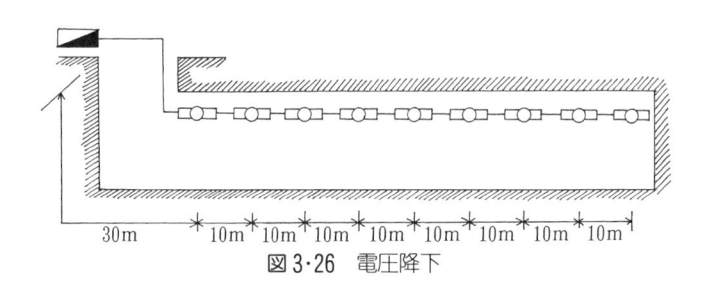

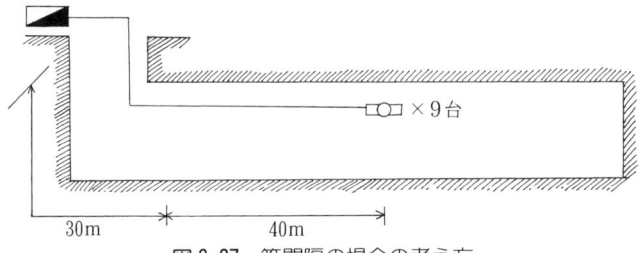

図3·26　電圧降下

図3·27　等間隔の場合の考え方

なお，同一負荷を等間隔で設置する場合は，簡易な計算方法がある。例えば，トンネル工事では照明器具を**図3·26**のように等間隔に設置している。

この場合，**図3·27**のように照明器具が中央に9台集中していると考えて計算する。すなわち，電圧降下の計算は距離70 mで行うが，実際の配線延長は110 mとなる。

建設現場では，回路途中で計画以外の負荷を追加することが多いので，回路途中の負荷も回路末端に集中するものとして計算する場合もある。

(3) 転用性によるケーブルサイズの選定

ケーブルは，転用使用することが多く，転用を考慮してサイズを選定する必要がある。高圧ケーブルでは14 mm²もしくは22 mm²以上，低圧ケーブルでは施工性，機械的強度を考慮して，5.5 mm²から150 mm²のサイズを使用することが多い。

図3·28 配置の例

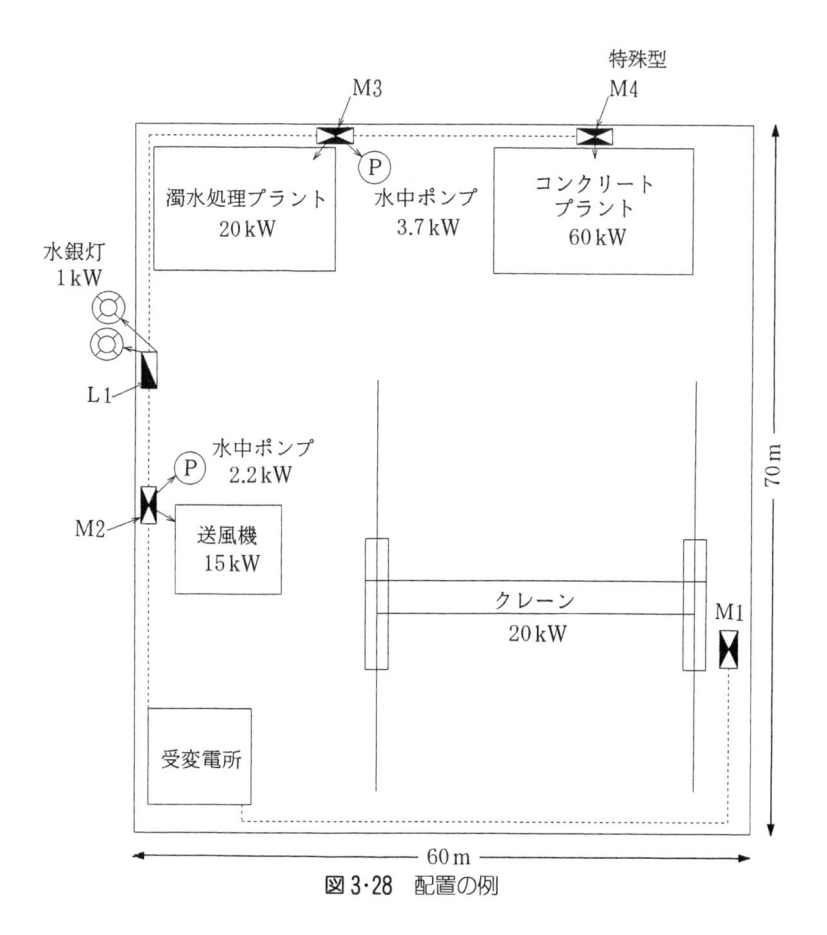

ケーブルサイズの選定例

図3·28の配置におけるケーブルサイズの選定例を**表3·13**に示す。

表 3·13 低圧幹線一覧表

分電盤	電圧 V	設備名	出力 kW	電流 A	台数	設備容量によるケーブルサイズ 総電流 A	設備容量によるケーブルサイズ 最小ケーブル mm²	電圧降下によるケーブルサイズ 幹線距離 m	電圧降下によるケーブルサイズ 最小ケーブル mm²	必要なケーブルサイズ mm²	配線ケーブル
M1	200	門型クレーン	20.0	80	1	80	22	80	9.9	22	VVR22-3^C
M2	200	送風機	15.0	60	1	68.8 (163.6A)	100	40	10.1	100	VVR100-3^C (M3と兼用)
		水中ポンプ	2.2	8.8	1						
M3	200	濁水処理プラント	20.0	80	1	94.8	38	60	8.8	38	VVR38-3^C
		水中ポンプ	3.7	14.8	1						
L1	200	水銀灯	1.0	8.33	2	16.7	2	60	1.8	2	VVR2-3^C
M4	200	コンクリートプラント	60.0	240	1	240	150	120	44.4	150	VVR150-3^C
						① グラフにより求める		② 計算により求める		③ ①②の大きい方の数値	④ 施工を考慮した配線ケーブル

〈配線系統〉

VVR22-3^C 80^m
VVR100-3^C 40^m
VVR38-3^C 60^m
VVR38-3^C 60^m
VVR150-3^C 120^m

受変電所

注)水銀灯(低力率型)の電流は、力率を60%として計算
$1×1000/(200×0.6) = 8.33(A)$

3.4 照明設備

照明設備は，使用目的，必要照度，作業環境などを考慮する。

解説

(1) **照明設備の要否**

照明設備は，建設工事に必要な場合に設置するものとする。

下水道，ガス工事などの開削工事では特に照明は不要である。しかし，冬季であれば，夕方には暗くなるので必要な場合もある。また，交通量の多い場所では夜間工事となったり，工事場所によっては保安灯を設置する必要がある。

(2) **照明設備の種類**

照明設備は，使用目的に応じて次のように区分し設計する。

① 全体照明（通路，資材置場等）
② 坑内照明（トンネル，シールド工事の坑内）
③ 局部照明（作業箇所）

(3) **全体照明**

全体照明は，人の通路，資機材の搬出入路，資材置場などを全般的に照明し，安全な通行などを確保するものである（**表3·14**参照）。作業のためのものではないので，人や物の通行時に影ができたりする。

照明器具の必要数量Nは次式にて計算する。

$$N = \frac{E \times A \times D}{F \times U}$$

ここで，N：必要数量（台）
E：必要照度（ℓx）
A：照明対象面積（m²）
D：減光補償率（$D=1.4$）
F：ランプ1台の光束（ℓm）
U：利用率　屋外 0.5，屋内 0.8

(4) **坑内照明**

坑内照明も全体照明と考え方は同じである（**表3·15**参照）。坑内照明については，100 m に1台のバッテリ内蔵型照明（非常灯）を設けるものとする。

(5) **局部照明**

全体照明・坑内照明では，照度が低い，影になるなど，作業を行ううえで支障がある場合に，補助的に行う照明を局部照明として設置する。

したがって，局部照明は作業場所の特定ができないので，現場規模により数量を算出する。使用照明器具としては，可搬型投光器（白熱灯 500 W-7,750ℓm）とする。

表3·14 全体照明の目安

工種	主要照明器具	光束 (ℓm)	必要照度 (ℓx)	備考
ダム工事	水銀灯（1kW）	52,000	20	広域現場（5000m^{2}未満が目安）
シールド・トンネル基礎工事建築周辺部			50	一般地上基地内の照明（5000m^{2}以下が目安）
開削地下工事	蛍光灯（40W）	2,610	50	覆工下（高さ4m未満）
	セルフバラスト水銀灯（300W）	6,600		覆工下（高さ4m以上）
建築建屋内工事	蛍光灯（40W）	2,610	60	高さ4m未満の広い部分
	白熱灯（100W）	1,600		ケーブルスペース，ダクトスペース，トイレ，ロッカー等の比較的狭い部屋など
	セルフバラスト水銀灯（300W）	6,600		高さ4m以上の広い部分

表3·15 坑内照明設置の目安

種類	照明器具名	設置方法	設置例
シールド 外径2.5m以下	20W蛍光灯	坑内の片側に設置 4mに1灯	
シールド 外径2.5m〜5m	40W蛍光灯	坑内の片側に設置 5mに1灯	
シールド 外径5m以上	40W蛍光灯	坑内の両側に設置 5mに1灯	
トンネル	40W蛍光灯	坑内の片側に設置 5mに2灯	
工種共通 立坑	1kW水銀灯	立坑体積 300空m^{3}に1灯	

(6) 照明器具と使用電圧

　建設現場で使用される主な照明器具には，蛍光灯と投光器（白熱灯，水銀灯等）とがある。建設工事では，屋内でも清掃水がかかったり，坑内では漏水，高湿度，結露などの悪条件であるので，屋外使用の照明器具を選定することが望ましい。

　また，作業中に停電した場合を考慮して，屋内・坑内には蓄電池内蔵の照明器具を設置する必要がある。

表3・16 局部照明設置の目安

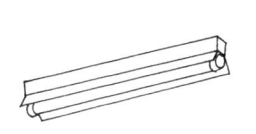

工種		現場規模による数量（台）	最小数量（台）	備考
ダム工事		敷地面積500m²に1台	20	
トンネル工事		敷地面積200m²に1台 坑長100mに1台	10	セミシールド工法, シールド工法を含む
基礎 工事	連続壁	敷地面積200m²に1台	5	共同溝, 地下駐車場
	ケーソン	敷地面積100m²に1台	5	比較的 小規模な現場
開削工事		敷地面積300m²に1台	5	
推進工事 薬液注入工事 その他土木		敷地面積100m²に1台	5	
建築工事		地上床面積1000m²に1台 地下床面積200m²に1台	10	

蛍光灯　　投光器（据付形）　　投光器（可搬形）

図3・29 照明器具の種類

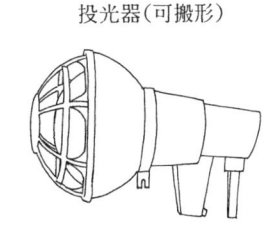

表3・17 非常照明設置の目安

場所	設置場所
トンネル シールド｝の坑内	100mごとに設置
工種共通の立坑	300空m³ごとに設置
その他の地下工事 建築工事	600m²ごとに設置

　非常照明の設置は**表3・17**のとおりとする。
　使用電圧は，主に100Vまたは200Vが使用されている。

(7) **分電盤二次側配線**

　照明回路は，照明用電源と小型電動工具用電源とを兼ねる場合が多い。ほとんどの照明器具には付属ケーブルが付いていないために，分電盤から各照明器具までの配線を設計しなければならない。また，小型電動工具には付属ケーブルがあるが，短いの

で近くまで電源を（コンセント等で）もっていく必要がある。

(8) **躯体埋込みコンセント**

建築工事においては，局部照明，小型電動工具などの電源としてスラブコンクリート内にVVFケーブルを埋め込み，その先にコンセントを接続して利用することが多い。このコンセントの設置目安としては，床面積100 m^2に1個である。

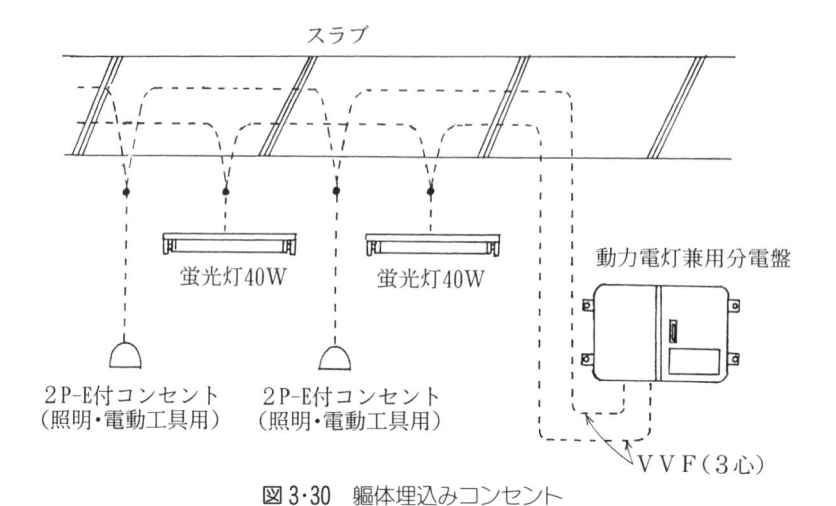

図3・30 躯体埋込みコンセント

3.5 通信設備

通信設備は，工事の安全性，作業効率，工事面積などを考慮して決定する。

解 説

(1) **設置の要否**

坑内においては，労働安全衛生規則で通信設備の設置が義務づけられている。

また，就労人数が多い場合や建設現場が見通せない場所では，管理・作業効率を高めるため通信設備を設けるべきである。設置する目安は次のとおりとする。

① 土木工事……敷地面積500 m^2以上，または敷地全域の見通しがきかない現場。
② 建築工事……4階以上の建築物，または延べ床面積1,000 m^2以上の現場。

(2) **通信設備の種類と設置目安**

通信設備には多種多様なものがあるが，大きくは次の3種類に区分できる。

① 通話設備……相互伝達のできる設備
② 監視設備……映像で一方向のみの伝達ができる設備
③ 放送設備……一方向のみの伝達ができる設備

表3·18　通信設備設置の目安

工事	通話設備	監視設備	放送設備
シールド工事	事務所　　　　　1台 詰　所　　　　　1台 切　羽　　　　　1台 立坑上　　　　　1台 立坑下　　　　　1台 各プラント　　　1台 坑内200m毎　1台ずつ	カメラ　切　羽　　1台 　　　　プラント　1台 モニター　マシン運転席　1台 　　　　事務所　　1台	スピーカー（10W） 　　敷地500m²に1台 スピーカー（5W） 　　坑内100mに1台 アンプ　スピーカー数×出力 　　　　　以上の容量 ページング装置　　1台
トンネル工事	事務所　　　　　1台 詰　所　　　　　1台 切　羽　　　　　1台 坑内変電所　1台ずつ 各プラント　1台ずつ セントル　　　　1台 坑内200m毎　1台ずつ	カメラ　切　羽　　　1台 　　　バッチャープラント　1台 モニター　事務所　　2台	スピーカー（10W） 　　敷地500m²に1台 スピーカー（5W） 　　坑内100mに1台 アンプ　スピーカー数×出力 　　　　　以上の容量 ページング装置　　1台
ダム工事	事務所　　　　　1台 詰　所　　　　　1台 各プラント　1台ずつ 左　岸　　　2台ずつ 右　岸　　　2台ずつ	カメラ　堤　部　　　1台 　　　バッチャープラント　1台 モニター　事務所　　2台	スピーカー（30W） 　　敷地3000m²に1台 アンプ　スピーカー数×出力 　　　　　以上の容量 ページング装置　　1台
ビル建築工事	事務所　　　　　1台 詰　所　　　　　1台 各　階　　　1台ずつ 出入口　　　1台ずつ	カメラ　出入口　　1台 モニター　事務所　1台	スピーカー（5W） 　　各階に1台ずつ アンプ　スピーカー数×出力 　　　　　以上の容量 ページング装置　　1台

(3) **通信線**

通信線の線種は図3·31のとおりである。

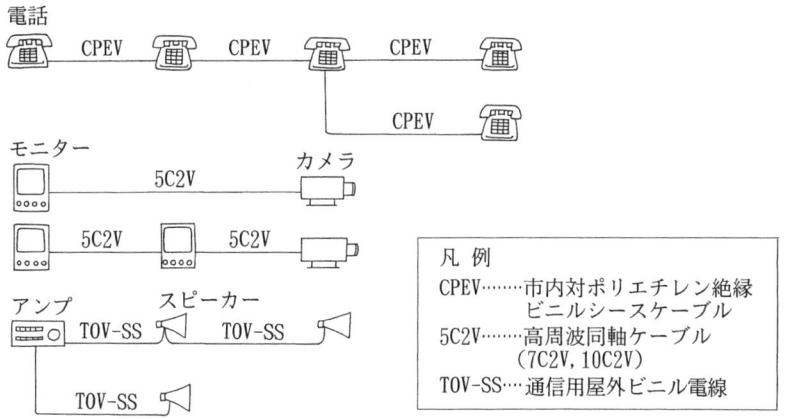

凡例
CPEV……市内対ポリエチレン絶縁
　　　　　ビニルシースケーブル
5C2V……高周波同軸ケーブル
　　　　　（7C2V, 10C2V）
TOV-SS……通信用屋外ビニル電線

図3·31　通信設備の配線

3.6　資機材シート

　第3章で工事用電気設備の設計を行い，積算に移る前に，機器・材料などの数量を算出しなければならない。数量の算出を行うには，設備ごとに算出する方が誤りが少ない。本節では，高圧受変電設備，低圧受電設備，高圧配電設備，低圧配電設備，照明設備，通信設備について，標準的によく使用される材料を資機材シートにまとめたので以下に説明する。

(1)　高圧受変電設備

　高圧の電源について引込み点から受変電キュービクルまでの設備である。
　・受電柱からキュービクルまでの距離が短い場合は，中継柱は不要となる。したがって，受電柱1本となる。
　・引込みケーブルは，受電柱からキュービクルまでのケーブルであり，受電点側とキュービクル側には，端末処理材を使用する。
　・受変電所は，容量によって決定され，キュービクルの受電設備容量によって，基礎やフェンスの大きさを決定する。
　・そのほかに申請・試験が必要である。

(2)　低圧受電設備

　低圧の電源について引込み点から受電盤までの設備である。
　・受電柱の建柱，受電盤取付，接地，引込みケーブル布設である。

(3)　高圧配電設備

　キュービクル（または受電盤）から負荷周辺の簡易キュービクルまでの高圧ケーブルなどの配線路である。
　・電線路には，架空・埋設・転がしの方式がある。

(4)　低圧配電設備

　キュービクル（または第2変電所）から負荷周辺の分電盤および各負荷までの低圧ケーブルなどの配線路である。
　・電線路には，架空・埋設・転がしの方式がある。

(5)　照明設備

　・照明設備は，全体照明，坑内照明，局部照明に分かれている。
　・設置数は，設置の目安に準ずる。

(6)　通信設備

　・通信設備の設置数は，設置の目安に準ずる。

資機材シート

高圧受変電設備

分類	小分類	項目名	単位	数量	備考
引込柱	受電柱	コンクリート柱 (12m)	本		受電柱1か所当り1本
		装柱材料A	式		受電柱1か所当り1式 (付図20・1参照)
		支線材料	式		受電柱1か所当り1式
		避雷器 (8.4kV)	個		受電柱1か所当り3個
		接地材料 (E_A)	か所		避雷器用・受電柱1か所当り1か所
	気中開閉器	一般型 (　) A	台		設置地域により判断する
		耐塩型 (　) A	台		容量は100, 200, 300 A
	中間柱	コンクリート柱 (10m)	本		中間柱1か所当り1本
		装柱材料B	式		中間柱1か所当り1式 (付図20・6参照)
		支線材料	式		基本的にかど部、終端部の電柱に取付ける
		メッセンジャー (ハンガー含む)	m		受電柱から変電所までの水平距離×1.1
引込ケーブル	高圧ケーブル	CVT 22 mm²	m		受電容量、その他によりケーブルを決める
		CVT 38 mm²	m		(図面上の長さ)×(補完率1.1)
		CVT (　) mm²	m		(1本の延長が300m以上の場合1.05) 電力会社の指定を受ける場合がある
	端末処理材	22 mm²用・屋外	組		ケーブルの両端部に屋内、屋外それぞれ1組ずつ必要
		22 mm²用・屋内	組		
		38 mm²用・屋外	組		
		38 mm²用・屋内	組		
		(　) mm²用・屋外	組		
		(　) mm²用・屋内	組		
	保護材	波付硬質ポリエチレン管	m		FEP φ80 mm・受電所1か所当り10 m
受変電所	キュービクル	PF-S型キュービクル	台		変圧器容量100 kVA以下 / 全変電所の合計変圧器容量が300 kVA以下の場合PF-S型
		PF-S型キュービクル	台		〃 100〜200 kVA以下
		PF-S型キュービクル	台		〃 200〜300 kVA以下
		CB型キュービクル	台		〃 100 kVA以下 / 全変電所の合計変圧器容量が300 kVA超過の場合CB型
		CB型キュービクル	台		〃 100〜200 kVA以下
		CB型キュービクル	台		〃 200〜300 kVA以下
		CB型キュービクル	台		〃 300〜400 kVA以下
		CB型キュービクル	台		〃 400〜500 kVA以下
		接地材料 (E_A)	か所		受変電装置用
受変電所	基礎	基礎コンクリート	m³		体積計算が必要
		H型鋼 (H-300)	m		キュービクルかさ上げ用
	フェンス	受変電所フェンス	m		防護用・出入口1か所、H=1800
その他					

資機材シート

低圧受電設備

分類	小分類	項目名	単位	数量	備考
引込柱	受電柱	コンクリート柱 (10m)	本		受電柱1か所当り1本
		装柱材料 C	式		受電柱1か所当り1式 (付図20・2参照)
		支線材料	式		受電柱1か所当り1式
引込ケーブル	ケーブル	VVR 5.5 mm^2-3C	m		受電容量、その他によりケーブルを決める
		VVR 14 mm^2-3C	m		(図面上の長さ)×(補完率1.1)
		VVR 22 mm^2-3C	m		(1本の延長が300m以上の場合1.05)
		VVR 38 mm^2-3C	m		電力会社の指定を受ける場合がある
		VVR 60 mm^2-3C	m		
		VVR 100 mm^2-3C	m		
	保護材	波付硬質ポリエチレン管	m		FEPϕ 50 mm・受電所1か所当り10m
受電盤	受電盤	メーターボックス	函		動力、電灯それぞれ1函ずつ必要
		漏電しゃ断器盤 50A	台		受電容量により選択する
		漏電しゃ断器盤 100A	台		メインスイッチとして使用
		漏電しゃ断器盤 225A	台		
		接地材料 (E_D)	か所		受電柱1本当り1か所必要
その他					

第3章 電気設備設計

資機材シート

高圧配電設備

分類	小分類	項目名	単位	数量	備考	
配電ケーブル	高圧ケーブル	CVT 22mm^2	m		変圧器容量、その他によりケーブルを決める (図面上の長さ)×(補完率 1.1) (1本の延長が 300m 以上の場合 1.05)	
		CVT 38mm^2	m			
		CVT (　) mm^2	m			
	端末処理材	22mm^{2}用・屋内	組		ケーブル1本に対し両端に2組必要	
		38mm^{2}用・屋内	組			
		(　) mm^{2}用・屋内	組			
	直線接続材	22mm^{2}用・屋外	組		ケーブル長 300m を超える場合 (直線部での中間ジョイントに必要)	
		38mm^{2}用・屋外	組			
		(　) mm^{2}用・屋外	組			
配電方法	架空	コンクリート柱 (10m)	本		配電柱1か所当り1本	
		装柱材料 B	式		配電柱1か所当り1式 (付図20・6参照)	
		支線材料	式		基本的にかど部、末端部の電柱に取付ける	
		メッセンジャー (ハンガー含む)	m		架空送電距離 (水平距離)× 1.1	
	ケーブルラック	400mm 直線型	m		図面上の長さ×補完率 1.05 低圧と兼用も可	
		200mm 直線型	m			
	保護材	波付硬質ポリエチレン管	m		FEPφ 80mm・図面上の長さ×補完率 1.05	
	埋設	厚鋼電線管φ70mm	m		図面上の長さ×補完率 1.05	
第2変電所	キュービクル	PF-S型キュービクル	台		変圧器容量100kVA 以下	変電所の変圧器容量が 300kVA 以下の場合PF-S型 300 kVA 超過の場合CB型を使用
		PF-S型キュービクル	台		〃　100～200kVA 以下	
		PF-S型キュービクル	台		〃　200～300kVA 以下	
		CB型キュービクル	台		〃　300～400kVA 以下	
		CB型キュービクル	台		〃　400～500kVA 以下	
		簡易キュービクル 100 kVA	台		100kVA 以下	コンパクトタイプ 坑内・建築建屋内など狭い場所で使用する動灯両用変圧器内蔵型もあり
		簡易キュービクル 200 kVA	台		〃　100～200kVA 以下	
		簡易キュービクル 300 kVA	台		〃　200～300kVA 以下	
		簡易キュービクル 400 kVA	台		〃　300～400kVA 以下	
		簡易キュービクル 500 kVA	台		〃　400～500kVA 以下	
	接地	接地材料 (E_A)	か所		キュービクル用	
		接地線 (IV60)	m		変電所間の距離×補完率 1.1 (または1.05)	
	基礎	基礎コンクリート	m^3		体積計算が必要	
		H型鋼 (H-300)	m		キュービクルかさ上げ用	
	フェンス	受変電所フェンス	m		防護用・出入口1か所、H=1800	
その他						

資機材シート

低圧配電設備

分類	小分類	項目名	単位	数量	備考
分電盤	分電盤	動力分電盤	面		低圧幹線一覧表に準ずる
		電灯分電盤	面		分電盤配置図面より数量を計上する
		動灯兼用分電盤	面		
		漏電しゃ断器盤 100A	面		
		漏電しゃ断器盤 225A	面		
		漏電しゃ断器盤 400A	面		
		接地材料（E_D）	か所		分電盤の総数と同数必要
配電ケーブル	ケーブル	VVR 5.5 mm^2-3C	m		幹線用（変電所～分電盤）はVVRを使用
		VVR 8 mm^2-3C	m		（低圧幹線一覧表参照）
		VVR 14 mm^2-3C	m		（図面上の長さ）×（補完率 1.1）
		VVR 22 mm^2-3C	m		（1本の延長が300m以上の場合 1.05）
		VVR 38 mm^2-3C	m		
		VVR 60 mm^2-3C	m		
		VVR 100 mm^2-3C	m		
		VVR 150 mm^2-3C	m		
配電方法	架空	コンクリート柱（10m）	本		配電柱1か所当り1本
		装柱材料 C	式		配電柱1か所当り1式（付図20・6参照）
		支線材料	式		基本的にかど部、末端部の電柱に取付ける
		メッセンジャー（ハンガー含む）	m		架空送電距離（水平距離）×1.1
	ケーブルラック	400㎜ 直線型	m		図面上の長さ×補完率 1.05
		200㎜ 直線型	m		セパレータを入れて高圧と兼用も可
	保護材	波付硬質ポリエチレン管 φ50	m		図面上の長さ×補完率 1.05
	埋設	厚鋼電線管 φ70㎜	m		図面上の長さ×補完率 1.05
その他					

資機材シート

照明設備

分類	小分類	項　目　名	単位	数量	備　　考
全体照明	器　具	水銀灯 1kW（安定器付）	台		表3・14 参照
		水銀灯 300W（セルフバラスト）	台		
		白熱灯 100W	台		
		蛍光灯 40W	台		
	ケーブルその他	2CT 2.0mm²-3C	m		水銀灯（1kW）1台当り 30m
		2CT 2.0mm²-3C	m		土木・投光器（1kW）1台当り 20m
		VVF 2.0mm -3C	m		建築・水銀灯（300W）1台当り 20m
		VVF 1.6mm -3C	m		建築・蛍光灯、白熱灯1台当り 20m
		自動点滅器	台		水銀灯設置箇所と同数
坑内照明	器　具	水銀灯 1kW（安定器付）	台		表3・15 参照
		蛍光灯 40W	台		
		蛍光灯 20W	台		
		非常蛍光灯（40W）	台		坑内延長 100m 当り 1台
		非常蛍光灯（20W）	台		
	ケーブルその他	分岐ケーブル 3.5mm²-3C	本		坑内照明（延長）÷30m コネクタ（2P+E）ボディ付
		コネクタ（2P+E）プラグ	個		蛍光灯電源用・坑内蛍光灯器具数と同数
		2CT 2.0mm²-3C	m		器具1台当り 5m
局部照明		白熱灯 500W（投光器）	台		表3・16 参照
		2CT 2.0mm²-3C	m		器具1台当り 20m
		コネクタ（2P+E）プラグ	個		投光器と同数
		コネクタ（2P+E）ボディ	個		建築建屋内コンセント　3.4節(8) 参照
		VVF 2.0mm -3C	m		コネクタ（ボディ）1個当り 20m
その他					

資機材シート

通信設備

分 類	小分類	項 目 名	単位	数 量	備 考
通話設備	電話機	事務所インターホン	台		各工種共通
		詰所インターホン	台		各工種共通
		プラント類インターホン	台		各工種共通
		受変電所インターホン	台		各工種共通
		右岸左岸用インターホン	台		ダム工事
		切羽インターホン	台		トンネル・シールド工事
		坑内インターホン	台		トンネル・シールド工事
		立坑上下インターホン	台		土木工事
		出入口用インターホン	台		各工種共通
		エレベータ内インターホン	台		各工種共通
		各フロアー用インターホン	台		建築工事
		その他設置インターホン	台		シールド機運転席、中間・到達立坑
	ケーブルその他	インターホンケーブル	m		(図面上の配線距離)×(補完率1.1)
		電源アダプター	台		
監視設備	カメラ	出入口監視カメラ	台		各工種共通
		プラント監視カメラ	台		各工種共通
		切羽監視カメラ	台		トンネル・シールド工事
		現場全域監視カメラ	台		特にダム工事設置基準参照
		その他設置カメラ	台		上記の場所以外に設置するカメラ
	モニターテレビ	事務所用テレビ	台		各工種共通
		詰所用テレビ	台		各工種共通
		運転席用テレビ	台		特にシールド工事
		その他設置テレビ	台		上記の場所以外に設置するテレビ
	ケーブルその他	同軸ケーブル(5C2V)	m		(図面上の配線距離)×(補完率1.1)
		ブースター	台		ケーブル長1000mに1台
放送設備	アンプ	アンプ(30W)	台		スピーカーの合計容量を超える容量のもの
		アンプ(60W)	台		
		アンプ(120W)	台		
	スピーカー	スピーカー(10W)	台		(放送面積)÷500m²
		スピーカー(5W)	台		(坑長)÷100m
		スピーカー(5W)	台		各フロアーに1台ずつ
	ケーブルその他	TOV-SS 0.8mm-2こより	m		(図面上の配線距離)×(補完率1.1)
		ページング装置	台		通常1台
その他					

第4章

積　算

4.1　積算体系

　積算とは，設計された工事用電気設備を施工するために必要な費用を算出することをいう。

　工事用電気設備の積算は，本体工事に対する仮設工事であり，間接工事費あるいは仮設工事費として計上される。

　国土交通省土木工事の積算体系と施工業者独自の積算体系（一例）を図4·2，図4·3に示す。また，本書の積算体系は図4·4のとおりとする。

図4·1　積算とは

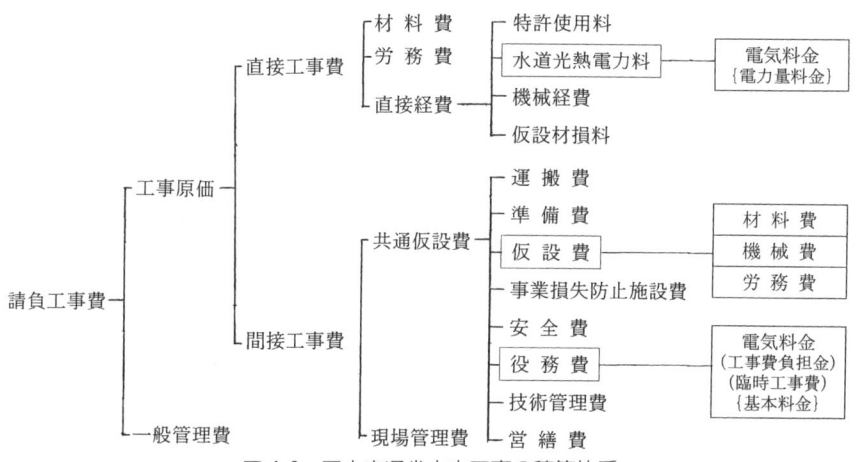

（えーっと／これも積んでください／材料費／機械費／労務費／引込料／電気料金）

請負工事費 ─┬─ 工事原価 ─┬─ 直接工事費 ─┬─ 材料費
　　　　　　│　　　　　　│　　　　　　　├─ 労務費
　　　　　　│　　　　　　│　　　　　　　└─ 直接経費 ─┬─ 特許使用料
　　　　　　│　　　　　　│　　　　　　　　　　　　　　├─ 水道光熱電力料 ─ 電気料金｛電力量料金｝
　　　　　　│　　　　　　│　　　　　　　　　　　　　　├─ 機械経費
　　　　　　│　　　　　　│　　　　　　　　　　　　　　└─ 仮設材損料
　　　　　　│　　　　　　└─ 間接工事費 ─┬─ 共通仮設費 ─┬─ 運搬費
　　　　　　│　　　　　　　　　　　　　　│　　　　　　　├─ 準備費
　　　　　　│　　　　　　　　　　　　　　│　　　　　　　├─ 仮設費 ─┬─ 材料費
　　　　　　│　　　　　　　　　　　　　　│　　　　　　　│　　　　　├─ 機械費
　　　　　　│　　　　　　　　　　　　　　│　　　　　　　│　　　　　└─ 労務費
　　　　　　│　　　　　　　　　　　　　　│　　　　　　　├─ 事業損失防止施設費
　　　　　　│　　　　　　　　　　　　　　│　　　　　　　├─ 安全費
　　　　　　│　　　　　　　　　　　　　　│　　　　　　　├─ 役務費 ─ 電気料金（工事費負担金）（臨時工事費）｛基本料金｝
　　　　　　│　　　　　　　　　　　　　　│　　　　　　　└─ 技術管理費
　　　　　　│　　　　　　　　　　　　　　└─ 現場管理費 ─ 営繕費
　　　　　　└─ 一般管理費

図4·2　国土交通省土木工事の積算体系

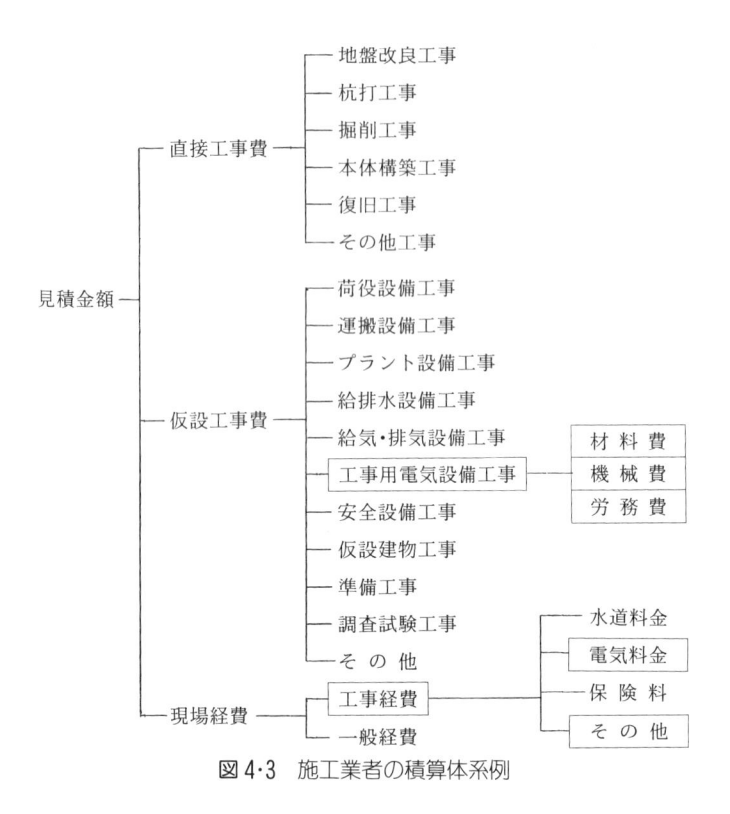

```
                          ┌─ 地盤改良工事
                          ├─ 杭打工事
                  ┌─直接工事費─┼─ 掘削工事
                  │          ├─ 本体構築工事
                  │          ├─ 復旧工事
                  │          └─ その他工事
                  │
                  │          ┌─ 荷役設備工事
                  │          ├─ 運搬設備工事
                  │          ├─ プラント設備工事
                  │          ├─ 給排水設備工事                ┌─ 材料費
見積金額 ─┼─仮設工事費 ─┼─ 給気・排気設備工事 ─┼─ 機械費
                  │          ├─ 工事用電気設備工事 ─┤
                  │          ├─ 安全設備工事                 └─ 労務費
                  │          ├─ 仮設建物工事
                  │          ├─ 準備工事
                  │          ├─ 調査試験工事           ┌─ 水道料金
                  │          └─ その他                 ├─ 電気料金
                  │                                    ├─ 保険料
                  └─現場経費 ─┬─ 工事経費 ─────┤
                             └─ 一般経費              └─ その他
```

図4·3 施工業者の積算体系例

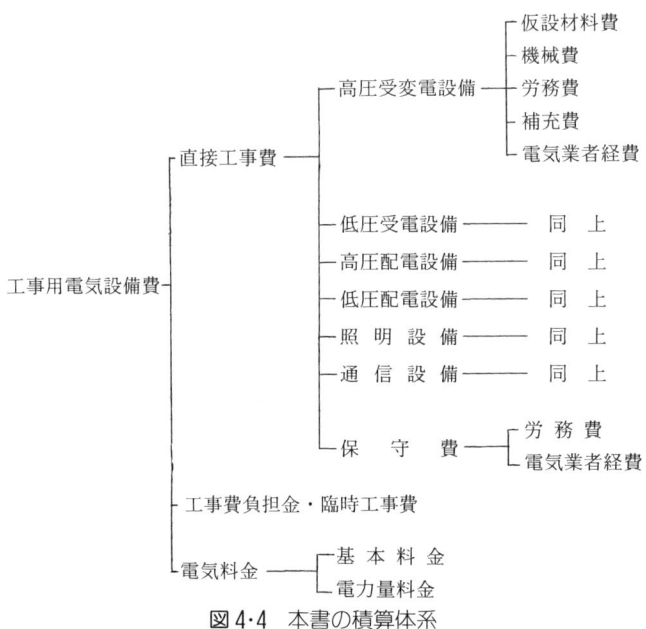

```
                                          ┌─ 仮設材料費
                                          ├─ 機械費
                          ┌─ 高圧受変電設備 ─┼─ 労務費
                          │                ├─ 補充費
                          │                └─ 電気業者経費
                          │
                          ├─ 低圧受電設備 ──── 同  上
                          ├─ 高圧配電設備 ──── 同  上
              ┌─直接工事費 ─┼─ 低圧配電設備 ──── 同  上
              │           ├─ 照 明 設 備 ──── 同  上
              │           ├─ 通 信 設 備 ──── 同  上
工事用電気設備費 ─┤           │                  ┌─ 労務費
              │           └─ 保  守  費 ─┤
              │                          └─ 電気業者経費
              │
              ├─工事費負担金・臨時工事費
              │
              └─電気料金 ─┬─ 基 本 料 金
                         └─ 電力量料金
```

図4·4 本書の積算体系

4.2 仮設材料費

　仮設材料費は，工事の施工に必要な仮設材料の費用をいい，積算数量と材料単価により決定される。

解　説

(1) **設計数量**

　設計数量は，設計図面から拾い出した数量をいう。

(2) **積算数量**

　積算数量は，施工に必要な数量をいい，設計数量に，施工上のやむを得ないロス等を含んだ数量である。これらのロス等は，材料ごとに**表4・1**のように材料補完率により算出することができる。

表4・1　材料補完率

材　料　名	単位	補完率
ケーブル類	m	0.10 (0.05)
電線類	m	0.10
電線管類	m	0.10
ワイヤリングダクト，ケーブルラック類	m	0.05

　　　（積算数量）＝（設計数量）×（1＋材料補完率）

　ケーブル類の（0.05）を適用するのは，1条当り300 m以上の下記ケーブルとする。

① 単心60 mm²（公称断面積）以上の低圧ケーブル
② 多心38 mm²（公称断面積）以上の低圧ケーブル
③ 高圧ケーブル

(3) **材料単価**

　材料単価は，材料の購入価格に償却率を乗じたものとする。

図4・5　材料補完率

引込柱，ケーブル，電線等の仮設材料は一現場のみの使用だけではなく，他の現場にも転用する場合や売却するなどの処置をとることが多い。償却費は，購入費用から転売した価格を差し引いた金額となり，償却費を購入価格で除した値が償却率となる。

付録‐17 に，製品の価格，耐用年数，維持修理，保管の容易性，再利用の回数等を考慮した償却率を示す。

4.3 機械費

機械費は，工事の施工に必要な機械の費用であり，積算数量と損料により決定される。

解 説

(1) **積算数量**

機械は材料と異なり，切り無駄，処理無駄，その他施工上のロス等がほとんどないため，機械の積算に用いる数量は，設計図から算出される設計数量とする。

(2) **損 料**

工事用電気設備に用いる機械は，本設の電気設備と異なって工事期間のみの使用となり，その期間のみリースすることが多い。これらは材料の償却率とは異なり，供用期間によって計算される。供用期間の単位は1日単位が多く，これに供用日数を乗じた値が損料となる。公的な損料としては，『建設機械等損料算定表』［(社)日本建設機械化協会編］がある。

　　　損料＝1日当りの損料単価×供用日数

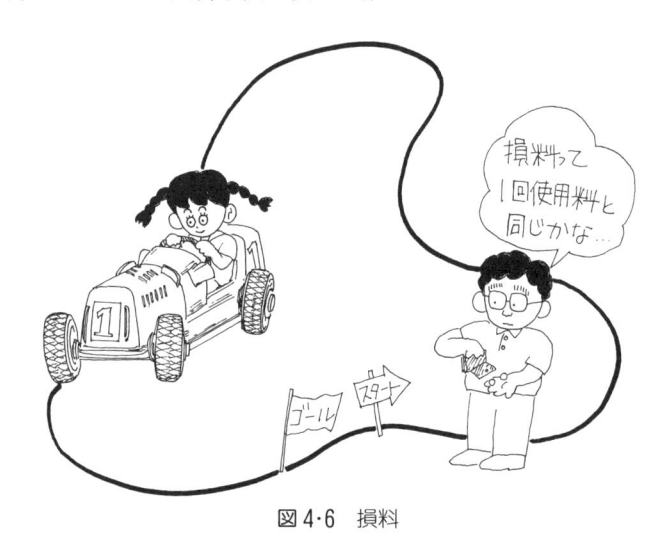

図4・6　損料

表4·2 損料で計上する主な資機材

	資 機 材
受変電設備	キュービクル 変圧器 気中開閉器 進相コンデンサ
配電設備	分電盤 漏電しゃ断器盤
その他設備	高圧キャブタイヤケーブル 水底ケーブル

4.4 労務費

労務費は，施工に必要な技術者，作業員の費用であり，歩掛と労務単価により決定される。

解 説

(1) 歩 掛

歩掛とは，ある作業の単位量の仕事をするのに必要な人工数であり，1人工は，専門職の作業員が1日8時間の実労働をして完成する仕事量である。例えば，ケーブル100 m を布設するのに作業員が3人で1日かかった場合，このケーブル布設作業の歩掛は，3 （人工）÷100 （m）＝0.03 （人工/m）となる。この歩掛により，材料の数量から作業労務人工を算出することができる。

(2) 撤去歩掛

撤去歩掛は，設置歩掛に**表4·3**の係数を乗じた値とする。

表4·3 撤去歩掛の係数

区 分	係 数
再 利 用 す る も の	0.6
再 利 用 し な い も の	0.4

（出典：下水道用設計積算要領）

(3) 補正歩掛

工事場所の立地条件，作業制約，施工条件および他作業と錯綜する作業の場合には，補正する必要がある。補正歩掛は，次式により算出して得られた値とする。

補正歩掛＝（標準歩掛）×（1＋補正率）

なお，補正率は**表4·4**により，作業種別に応じた補正率を適用し，工事場所における作業種別が複数該当する場合は，その該当する種別の補正率を加算することができ

表4·4 補正率

区　分	作　業　種　別	補正率	適　用　基　準
1　危険作業	高圧充電部に接近して行う作業	0.4	高圧充電部との離隔距離が2m以内の場所
	低圧充電部に接近して行う作業	0.2	低圧充電部との離隔距離が1m以内の場所
	悪環境における作業	0.2	毒性ガスの発生するおそれがある場所及び危険物、劇毒物を保管している場所又は施工に作業性の悪い場所
	高所又は地下における作業	0.1	地表又は床面より5m以上又は地下2m以上の場所
2　作業工程上制約がある作業	複雑な制約がある作業	0.4	次の制約条件がある場合 (1)　競　合 (2)　停電等による作業能率低下
	単純な制約がある作業	0.2	
3　錯綜場所	錯綜があるところでの作業	0.3	機器まわり、管廊等で特に錯綜する場所
4　積雪場所	積雪があるところでの作業		
5　深夜間	夜間作業		
	深夜作業		

（出典：下水道用設計積算要領）

る。

(4) **労務単価**

　労務単価は、職種、地域、時期などによって異なるので、実勢に応じた単価によって積算することが望ましい。国土交通省、農林水産省の二省協定の労務単価は『建設物価』『積算資料』に掲載されているが、実勢単価との差があるので留意する必要がある。

図4·7　労務単価

4.5 補充費

各材料・機械の補修，取替えに要する費用は補充費として計上する。

解説

各材料・機械は，使用期間が長期間になると，損傷したり寿命をこえたりして補修や取替えの必要が生じる。工事期間中に電球が切れて交換するのが一例である。また，シールド工事，トンネル工事のように湿気の多い建設現場や風雨にさらされる場所では，材料・機械の補修，取替えの頻度が多くなる。

補充は，補修，取替えに要する材料，部品だけでなく，作業も必要となる。本書では，補充に要する資機材，労務費を仮設材料費，機械費，労務費に対する率（補充率）として取り扱った。**表 4·5** に補充率の目安を示す（**付録-18** 参照）。

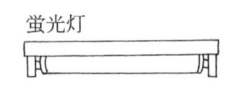

蛍光灯
20W　6,000 時間
40W　8,000 時間

白熱灯
100W　1,000 時間
500W　1,500 時間
1,000W　1,500 時間

ランプにも寿命があるんだ

図 4·8 ランプの寿命

表 4·5　補充率　　　　　　　　（単位：％）

工　種	高圧受変電設備	低圧受電設備	高圧配電設備	低圧配電設備	照明設備	通信設備
シールド工事	2	4	2	3	5	5
トンネル工事	2	4	3	7	10	8
ダム工事	2	4	3	5	5	3
開削工事	2	4	2	5	7	5
建築工事	2	4	2	5	7	5

4.6 電気業者経費

協力会社の仮設費，現場経費，一般管理費等を電気業者経費として計上する。

解説

仮設費は，各工事で使用する仮設に要する費用であり，現場経費は，現場の管理運営上の諸費用である。また，一般管理費等は，一般管理費と営業利益からなり，会社を管理運営し，維持発展させるために本社，支社などが必要とする経費である。

4.7 工事費負担金・臨時工事費

電力会社柱から引込柱までの電源引込みは，電力会社が設計・施工するが，その費用を需要者が負担する場合は工事費負担金または臨時工事費として計上する。

解説

引込料は，契約期間が1年未満を臨時工事費，1年以上を工事費負担金と称し，その費用は電力会社が積算する。条件により費用の差異があるので，詳しくは電力会社に問い合わせする必要がある。次に一例として，関西電力の場合を示す。

(1) **臨時工事費**

臨時工事費は，新たに設置する供給設備の工事費に，その設備を撤去する場合の諸工費を加えた額（次に算定式を示す）に消費税相当額を加えた額となる（**付録‐10** 参照）。

$$新設材料費（変圧器，開閉器等の機器を除く）×50\%$$
$$+新設工費+撤去工費+変圧器損耗料$$

（関西電力(株)電気供給約款取扱細則）

(2) **工事費負担金**

新設される配電設備の工事こう長が架空の場合は1,000 m，地中の場合は150 mを超える場合は，その超過こう長に次の金額に乗じてえた金額に，消費税相当額を加えた金額が工事費負担金となる（**付録‐10** 参照）。

表4·6 工事費負担金算出基準

区　　分	単　　位	金　額
架空配電設備の場合	超過こう長1mにつき	3,100円
地中配電設備の場合	超過こう長1mにつき	24,400円

（出典：関西電力(株) 電気供給約款）

図4·9 引込料

4.8　電気料金

電気料金は，その所轄電力会社の供給約款により計上する。
(1)　電気料金は，従量制と定額制に区分される。
(2)　従量制は，基本料金と電力量料金で構成されている。
(3)　基本料金は，契約電力（または契約容量）に対応した料金である。
(4)　電力量料金は，使用した電力量に応じた料金である。単価は，使用する季節によって異なる。

解　説

(1)　料金体系

建設工事でよく利用される低圧電力，高圧電力，臨時電力などの契約種別の電気料金は，基本料金と電力量料金とを加えた従量制である。しかし，夜間照明などに使用される小容量の電灯は，定額制で算出方法が異なる。

電力量料金の単価は，7月から9月までの使用電力量の多い夏季とその他の季節とでは異なる。ただし，北海道電力では季節料金はない。

また，力率や契約期間についての割引・割増制度もある。

(2)　**基本料金**

基本料金は，契約電力（または契約容量）に対応した料金であり，使用した電力量の多少によって異なるものではない。その料金は，契約種別による単価（**付録-7参照**）に契約電力（または契約容量）を掛けた値となる。

$$基本料金（円）＝契約電力（kW）×単価（円/kW・月）×（1+\alpha）\times M$$

ここで，α：係数　供用期間1年以上は0，1年未満は0.2
　　　　　M：供用月数

臨時電力の場合，契約電力が5 kW以下のときは定額制となる。

(3)　**電力量料金**

電力量料金は，使用した電力量に対して支払う料金であり，積算電力量計の計測値で算出される。

$$電力量料金＝使用電力量（kWh）×単価（円/kWh）×（1+\alpha）$$

ここで，α：係数　供用期間1年以上は0，1年未満は0.2

計算上の使用電力量の算定は，機器の定格出力，設備利用率および供用延べ時間を乗じて求める。

$$使用電力量（kWh）＝機器定格出力（kW）×設備利用率×供用延べ時間（h）$$

設備利用率は，工種，施工期間，施工条件によって異なるが，工種ごとの実績を**付録-19**に示す。

(4) 力率割引（割増）

　力率85％を基準にして，力率の計測値がこれを上回る場合は，その上回る1％につき基本料金が1％割引される。また，85％を下回る場合はその下回る1％につき基本料金が1％割り増しされる。

　したがって，進相コンデンサを設置して，力率を高く維持するように留意すべきである。

(5) 臨時割増

　契約期間が1年未満の場合は臨時契約となり，20％の割増が基本料金，電力量料金双方に掛かる。また，引込料についても臨時契約の場合，工事費が全額負担となる。

4.9　保守費

　工事用電気設備に必要な試験，点検は，保守費で計上する。

解　説

　工事用電気設備も本設の電気設備と同様に維持，管理するにあたり，試験，点検が必要である。

(1) 試　験

　高圧受電設備で，契約電力1,000 kW以上の場合，設備の施工が完了して使用を開始する前に，所轄経済産業局の検査官による試験が行われる。試験の内容は主に以下のようなものである。

　契約電力が1,000 kW未満の場合は，1,000 kW以上の場合とほぼ同様に，⑥負荷試験を除いた試験を設置者が行う。

① 目視点検：計画書と照合し，機器の取付け，配線状況などを目視により点検する。
② 導通試験：電線の結線状態などをテスターなどの計測器等を用いて検査する。
③ 接地抵抗測定：接地抵抗値を測定し，基準値内になっているかを確認する。
④ 絶縁抵抗測定：回路の絶縁抵抗値を測定し，基準値内になっているかを確認する。
⑤ 絶縁耐力試験：高圧回路と大地間に使用最大電圧の1.5倍の電圧を10分間かけて，絶縁破壊を起こさないことを確認する。
⑥ 負荷試験：連続運転したときの温度上昇を確認する。
⑦ 保護継電器試験：地絡継電器や過電流継電器等の保護継電器が仕様どおりの機能と性能を有するか検査する。
⑧ 動作試験：受電設備全体がシーケンスどおりに作動することを確認する。

(2) 電気設備の点検

設備の保安維持のため，主として目視により点検を行う。高圧受電は，保安規程に従い各種点検を行う。また，低圧受電は，これに準じた点検を行う必要がある。
① 月例点検：すべての設備の外観検査と簡易な計器による点検を行う。
② 年次点検：受変電設備について，設置時に準じた項目の試験を年1回実施する。
③ 持込機器の点検：施工業者や作業員が持ち込む電気機器や，レンタル業者から借りる電気機器について不良機器を排除し，安全を確保するために受入検査を実施する。

図4・10 機器の点検

4.10 その他費用

工事用電気設備を設置・廃止する場合，所轄官庁等に届出・申請などが必要であり，この費用は労務費で計上する。

解　説

工事用電気設備の設置・廃止にあたり，必要な届出・申請などは**表4・7**のとおりである。これに必要な諸費用を見込む必要がある。

表4・7　必要な届出・申請等

区　分	電力会社	経 産 局	消 防 署
高圧受電	○	○	○
低圧受電	○	—	—

(1) 電力会社に関する手続き

　受電する場合，電気工事会社から電力会社に申込書を早めに提出する。廃止する場合は，事前に廃止予定日を連絡する。

(2) 経済産業局に関する手続き

　高圧受電の場合は，電気主任技術者選任届，保安規程，工事計画書，需要設備の最大電力変更報告書，自家用電気工作物廃止報告書等，一連の書類手続きが必要である。場合により経済産業大臣が指定した法人等に管理を委託して手続きを行うこともある。

(3) 消防署に関する手続き

　受変電設備を設置する場合，所轄の消防署に設置届を提出する必要がある。

第5章

設計・積算例

5.1 シールド工事

5.1.1 設備計画の条件

本節で示す設計・積算例の設備計画の条件を整理すると表5・1のとおりである。

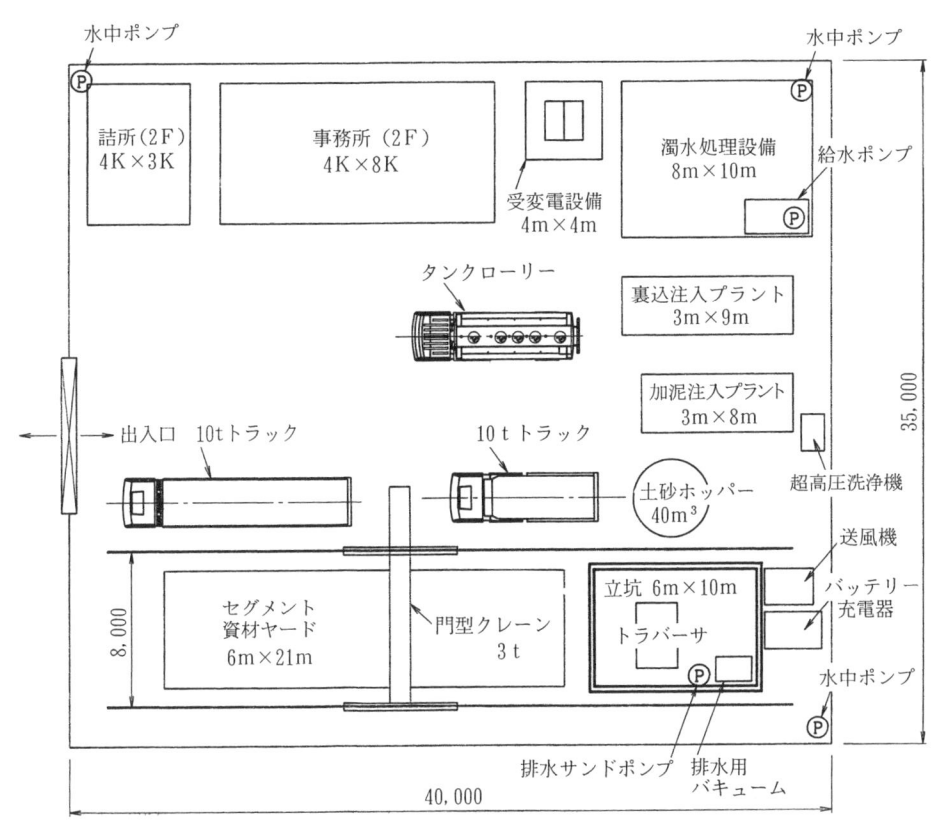

図5・1 発進基地配置図

表5・1 設備計画の条件

項　目		内　　容	計画に反映すべき事項
工事内容の確認	工事概要	工事名称　〇〇下水道管渠築造工事	
		発注者　〇〇市下水道局	・発注者は官公庁
		工事場所　〇〇市〇〇	
		施工期間　〇〇年11月1日から19か月	・工期1年以上
		用　途　下水道幹線	
		工事規模　仕上がり内径： 　　　　　　1,350 mm×延長 986 m 　　　　　マシン外径：2,140 mm 　　　　　セグメント内径：1,800 mm 　　　　　発進、中間、到達立坑：各1基 　　　　　鋼矢板土留め： 　　　　　　10 m×6 m×深 11 m	・受電箇所数：3か所 ・坑内は主要機器が長距離移動するので高圧配電とする。 ・照明、通信設備の規模
		工　法　泥土圧式シールド	
		総工費　〇〇円	・工事規模の推定
	図　面	発進基地の配置は図5・1のとおり	・受電位置、配線経路
現場条件の確認	自然条件	・海岸から1 km以内。市街地の周辺。 ・積雪、強風はほとんどなし。 ・可燃性ガスの発生なし。 ・土質は砂・粘土であり、地下水の噴出の危険性は少ない。	・海が近いので耐塩仕様を考慮。 ・その他特に考慮すべき事項なし。
	社会条件	・道路に面した建設現場。 ・郊外に位置し、若干の住宅地あり。	・搬出入作業への支障なし。 ・照明、通信において特に付近住民に考慮すべき事項なし。
	受電条件	・電力会社柱は建設現場の入口付近。高圧・低圧あり。 ・電力会社柱から建設現場との間には、引込みに際しての支障物なし。 ・所轄電力会社は関西電力。	・受電の難易度（受電までの期間、工事費負担金等） ・事務所・詰所は別途受電か。
	施工条件	・シールド掘進は昼夜、その他は昼のみ作業。 ・実施工程は休日、雨天時の休業等を考慮した工程。	・負荷設備の稼動時間 ・電源切替えは少なくする。

第5章 設計・積算例

表5・1 設備計画の条件（つづき）

項　目		内　　容	計画に反映すべき事項
施工機械の把握	負荷リスト・使用機械工程	・使用する施工機械は**表5・3**のとおり。	・分電盤の設置位置と数量 ・配電電圧の決定 ・初期掘進及び段取替時の設備配置も考慮。
	使用方法	・シールド掘削機 　カッタの回転により土砂を掘削し、セグメントを組むための機械。 ・プラント設備 　　（裏込注入、加泥注入プラント） 　シールド掘削に必要な裏込剤等を混合、注入するための設備。 ・荷役設備（門型クレーン） 　セグメント、掘削土砂を揚重するための設備。 ・セントルウインチ 　セントルを移動させる。	

表5・2 概略工事工程表　　　　　　　　　　（一目盛：1か月）

	工事内容	1	2	3	4	5	6	7	8	9	10	11	12	13	14	15	16	17	18	19	20
発進基地	準備工	○―○																			
	発進立坑工		○―	―	―○																
	発進立坑設備工				○○																
	シールド設備工				○―	―○															
	初期掘進工（50m）					○―	―○														
	段取替工						○○														
	本掘進工（936m）					○	―	―	―	―	―	―	○								
	坑内整備工											○―	―○								
	二次覆工												○―	―	―○						
	復旧工																	○―○			
中間立坑	中間立坑工					○―	―○														
	中間立坑設備工						○○														
到達立坑	到達立坑工						○―	―○													
	到達立坑設備工								○○												

設計・積算例

表 5·3 主要機械工程表

(一日盛：1か月)

場所	使用機械名称	容量(kW)	電圧(V)	台数(台)	1	2	3	4	5	6	7	8	9	10	11	12	13	14	15	16	17	18	19	20	備考
発進基地	〈 発 進 立 坑 〉																								
	杭打機			1	○─○																				
	油圧ショベル 0.7m³			1		○─○																			
	油圧ショベル 0.1m³			1		○─○																			
	トラッククレーン 15t			1		○─○																			
	ダンプトラック 11t			2		○─2─○																			
	電気溶接機	14.0	200	2	○──────2──────○									○─────1─────○										
	送風機	5.5	200	1		○───────────○																			
	水中ポンプ	2.2	200	2	○──────────2──────────○																				
	〈 発 進 基 地 設 備 〉																								
	送風機	15.0	200	1					○─────────○				○─────○											
	トラバーサ	2.2	200	1					○─────────○															
	排水バキュームポンプ	30.0	200	1					○─────────────────○															
	排水サンドポンプ	11.0	200	2					○───────2───────○															
	バッテリー充電器	3.7	200	1					○─────────○															
	加泥注入プラント	11.0	200	1					○─────────○															
	裏込注入プラント	45.0	200	1					○─────────○															
	門型クレーン	15.0	200	1					○──────────────○															
	給水ポンプ	5.5	200	1					○──────────────────○															
	濁水処理プラント	15.0	200	1					○─────────○															
	土砂ホッパー	11.0	200	1					○─────────○															
	超高圧洗浄機	3.7	200	1					○─────────○															
	〈 シ ー ル ド 工 事 〉																								
	シールドマシン	90.0	400	1					○─────────○															
	坑内ベルコン	3.7	200	1					○─────────○															
	電気溶接機	14.0	200	1					○─────────○															
	坑内ブロア	5.5	200	1					○─────────○															
	〈 二 次 覆 工 〉																								
	セントルウインチ	15.0	200	1									○──────○											
中間立坑	〈 中 間 立 坑 〉																								
	杭打機			1						○─○															
	油圧ショベル 0.7m³			1						○─○															
	油圧ショベル 0.1m³			1						○─○															
	トラッククレーン 15t			1						○─○															
	ダンプトラック 11t			2						○─2─○															
	エンジンウェルダー			2						○─2─○															
	水中ポンプ	3.7	200	2						○───2───○															
	送風機	2.2	200	1						○─○															
到達立坑	〈 到 達 立 坑 〉																								
	杭打機			1								○─○													
	油圧ショベル 0.7m³			1								○─○													
	油圧ショベル 0.1m³			1								○─○													
	トラッククレーン 15t			1								○─○													
	ダンプトラック 11t			2								○─2─○													
	エンジンウェルダー			2								○─2─○													
	水中ポンプ	3.7	200	2								○───2───○													
	送風機	2.2	200	1								○─○													

5.1.2 設備計画

設計条件に基づき，表 5・4 のように設備計画を立案する。

表 5・4 設備計画（基本計画）

項　目		内　容	設計に反映すべき事項
給電計画	工事範囲	・発進基地と坑内を 1 構内とする。 ・中間、到達をそれぞれ 1 構内とする。	・高圧受電（高圧電力） 　……1 か所（発進基地） ・低圧受電（動力、電灯） 　……2 か所 　　（中間、到達立坑） ・工事費負担金・臨時工事費 　……発進基地は工事費負担金、臨時工事費とも不要。中間、到達立坑は臨時工事費が必要。 ・引込みケーブル 　……6.6 kV CVT 　　　　38 mm² 以上 ・気中開閉器 　……耐塩型×1 台
	工事期間	・電気供給期間は、主要機械工程表より 15 か月。	
	発電機・買電	・立坑施工時は、杭打機が大容量で短期間のため発電機を使用する。それ以降は買電とする。	
	高圧・低圧	・総負荷設備が約 400 kW となるので高圧受電となる。 ・中間、到達立坑は負荷設備が少ないので、低圧電力と電灯で受電する。 ・使用期間が 1 年未満の場合は臨時となる。	
	受電位置	・発進基地、中間立坑、および到達立坑の各入口付近に引込柱を建柱。最寄りの電力会社柱から発進基地は 1 回線、中間立坑・到達立坑は動力・電灯の 2 回線を引き込む。	
	電力会社への確認	・高圧に関する事前協議で確定した事項 ・短絡電流によるケーブルサイズは、38 mm² 以上。 ・工事位置が海岸線に近いので気中開閉器は耐塩型。 ・引込みは、架線引込み。	
受変電設備計画	キュービクルの設置位置	・維持管理の容易な事務所隣とする。	・キュービクル、引込柱の仕様決定
	キュービクルの種類	・総変圧器容量が 300 kVA を超えるため、CB 型キュービクルとする。	
配電設備計画	電圧区分	・シールドマシンは容量が大きく、かつ最長時には 1 km を超えるので高圧配電とする。	・簡易キュービクルの仕様、ケーブルサイズ等の決定と数量積算
	高圧	線種	・原則として CVT ケーブルを使用する。	
		電線路	・ケーブルの保護材として、波付硬質ポリエチレン管を使用する。	
		配電電圧	・高圧配電する場合の配電電圧は 6.6 kV	

表5・4 設備計画（基本計画）（つづき）

項目			内容	設計に反映すべき事項
配電設備計画	低圧	線種	・原則としてケーブルを使用する。 　幹線　　　　　　VVRケーブル 　分電盤二次側　　2CTケーブル	
		電線路	・仮囲いにケーブルラックを設置しケーブルを布設する。坑内は側壁に添架する。	
		配電電圧	・機器使用電圧ごとに配電する。 　動力　400,200 V（三相3線式） 　電灯　200/100 V（単相3線式）	
	使用環境に応じた機材		・坑内は狭隘部分となるのでシールドマシン用電源として簡易キュービクルを採用。	
	分電盤の設置		基本的には次の条件により設置する。 ・動力分電盤…使用機器に応じて設置する。 ・照明分電盤…敷地面積に応じて設置する。 ・兼用分電盤…管渠延長に応じて設置する。	
照明設備計画	必要照度と必要器具		・全体照明…… 　水銀灯1kWを使用する。 　（平均照度：50 ℓx） ・立坑照明…… 　水銀灯1kWを使用する。 ・坑内照明…… 　蛍光灯20Wを使用する。 　（停電対策として非常用蛍光灯20Wも使用する。） ・局部照明…… 　白熱灯500W（投光器）を使用する。 ・使用電圧…… 　200V（単相3線式）	・照明器具の仕様決定と数量積算 ・安衛法では作業場所は70ℓx以上。
通信設備計画	設置箇所と設備		・構内電話 　事務所、詰所、プラント設備、立坑上、立坑下、シールド運転席、切羽、坑内200mごとに設置する。 ・放送設備 　坑内、地上部にスピーカーを設置する。 ・警報設備 　火災や異常出水等の緊急時に警報を鳴らすための非常ベルを切羽、坑内200mごと、地上、事務所に設置する。 ・監視設備 　切羽にカメラ、運転席・事務所にモニターテレビを設置。	・通信機器、ケーブルの数量積算

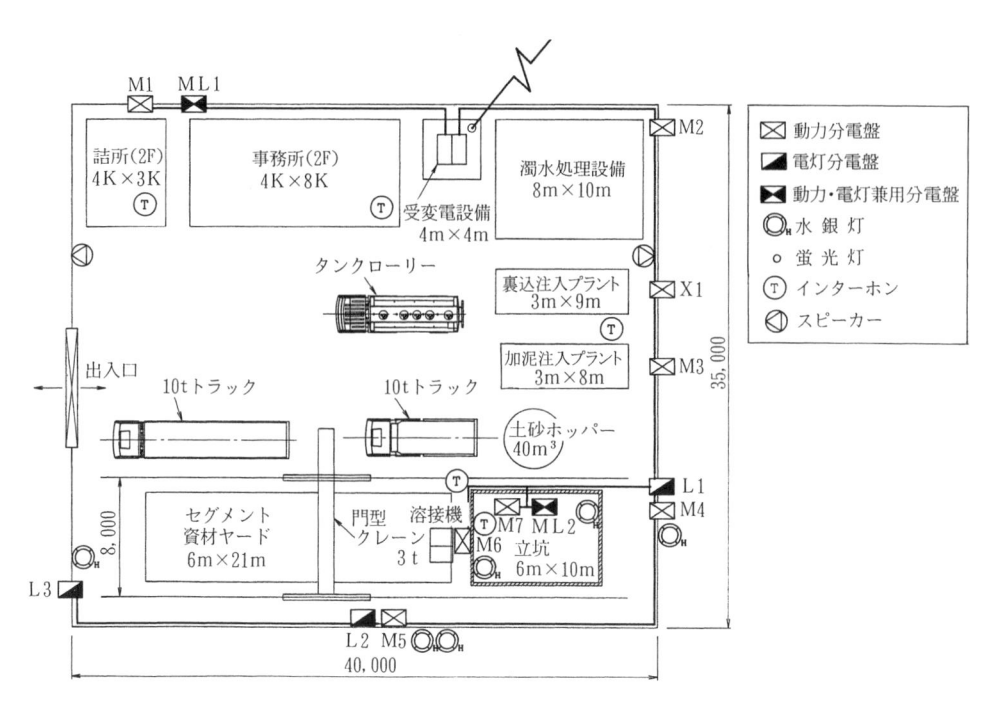

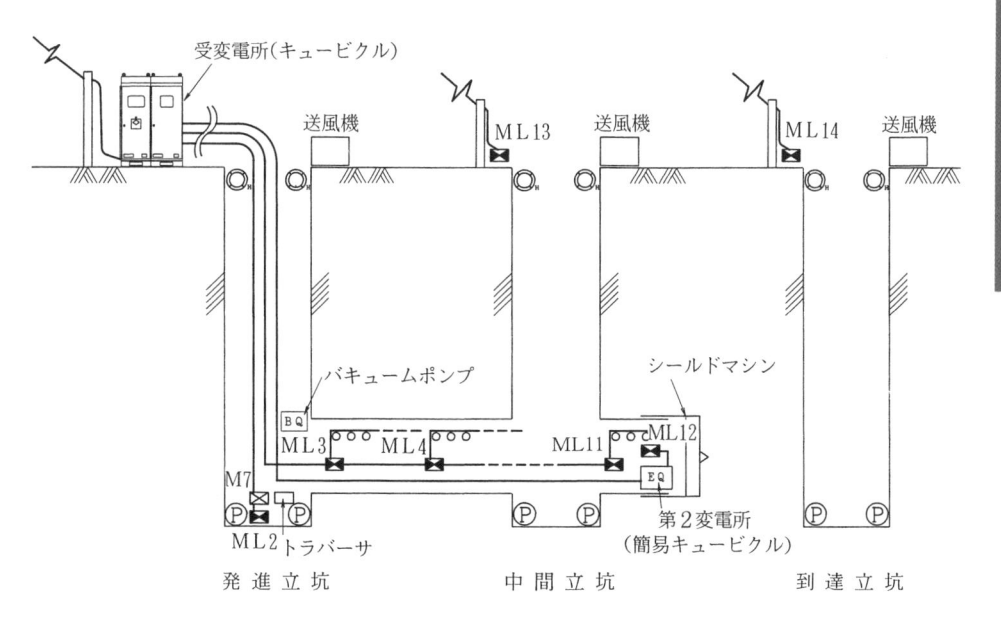

図5・2　電気設備配置図

5.1.3 設備設計

工事計画に基づき,設計を進める。

表5·5 設備設計

項　目		内　　　　容
受変電設備設計	変圧器容量・需要率	需要率は下記とする。 　動力 …… シールドマシン　0.8 　　　　　　その他　　　　　0.6 　電灯 …… 1.0（ただし、局部照明を含める場合は0.9とする。） 入力換算率は下記に統一 　動力 …… 1.25（力率0.8） 　電灯 …… 1.11（力率0.9）
	契約電力・契約種別	負荷を完全に確定できないので受変電容量(変圧器容量)で契約電力を計算する（負荷設備は、個々の容量を計上すべきであるが、変圧器容量で計算するのでプラントごとの負荷容量として計算した）。
	引　込　柱	発進立坑 …… 引込柱（12m）×1か所 　　　　　　　装柱材A×1式 中間立坑 …… 引込柱（10m）×1か所 　　　　　　　装柱材C×1式 　　　　　　　メーターボックス（動力・電灯）×2函 　　　　　　　漏電しゃ断器×2台 到達立坑 …… 中間立坑と同じ
	気中開閉器・避雷器	発進立坑 …… 気中開閉器（耐塩型200A）×1か所 　　　　　　　避雷器（8.4kV）×3台 中間・到達立坑 …… なし
	引込ケーブル	発進立坑 …… 6.6kV CVT 38mm² 中間・到達立坑 …… 負荷容量による。（詳細は後述）
	キュービクル	CB型キュービクル（200＋30kVA）×1組×10月 CB型キュービクル（75＋30kVA）×1組×5月 基礎・フェンス等×1式
	接　地　工　事	発進立坑　A種接地工事（E_A）…… 避雷器用×1か所 　　　　　　　　　　　　　　　　　共用×1か所 中間立坑・到達立坑 　　　　　　D種接地工事（E_D）…… 共用×各1か所
配電設備設計	高圧	変電盤	シールドマシン用に簡易キュービクル（150kVA）を坑内に設置する。
		ケーブル	線種 …… 6.6kV CVT 直接接続材（1,070m÷300m−1）→ 3組
		電線路	受変電所から立坑までを塀沿いにケーブルラックを布設する（電柱は設置しない）。
		接地工事	簡易キュービクルには受変電所から接地線を布設する。

表5·5 設備設計（つづき）

項目			内容
配電設備設計	低圧	分電盤	構内機器配置による。（坑内は100mごとに設置）
		ケーブル	線種 …… VVR 許容電圧降下は10%とする。
		電線路	塀沿いにケーブルラックを布設する。（電柱は設置しない）
		接地工事	分電盤の設置場所ごとに接地（E_D）するので、分電盤数と同数とする。
照明設備設計	照明器具・必要台数		坑内に設置するために防滴形とする。また、坑内は100mごとに非常灯を設置する。 全体照明を50ℓx以上、坑内照明を20ℓx以上の照度とする。 ただし、作業場所は70ℓx以上とする。
通信設備設計	通信設備		インターホン 　事務所×1、詰所×1、プラント設備×2、 　立坑上×1、立坑下×1、受変電所×1、切羽×1、 　シールド運転席×1、坑内×4（986m÷200m－1）、 　中間立坑×2（上下）、到達立坑×2（上下） ケーブル　　CPEV φ0.9-5P 　（同時3通話のインターホンなので4P以上）
	監視設備		カメラ　　切羽×1、プラント（地上）×1、立坑下×1 モニタ　　事務所×3、運転席×1 ケーブル　同軸ケーブル（5C 2V）
	放送設備		スピーカー（10W）　（40×35）m²÷500m² → 3台 スピーカー（5W）　 986m÷100m → 10台 アンプ（120W）　　 1台（10W×3台＋5W×10台→120W） ページング装置　　 1台 ケーブル　　　　　 TOV-SS 0.8mm×2コより
その他	日数計算		1月を30日として計算する。
	事務所		動力用負荷10kW、電灯用負荷5kWを見込む。
	不特定負荷		坑内では、溶接機、ポンプ等を不定期に使用するので、不特定負荷として15kWを見込む。

考え方 　照明器具の数量算定方法　　　　　　　　　→ 3.4節参照

① 全体照明（発進基地敷地内照明）…… L1～L3　　→ 表3・14参照

〔1kW 水銀灯〕
- 敷地面積　　40 m × 35 m = 1,400 m²
- 台　数　　$N = \dfrac{50\,\ell x \times 1{,}400\,m^2 \times 1.4}{52{,}000\,\ell m \times 0.5} \fallingdotseq 4$ 台
- 設置方法　敷地周辺の仮囲いに均等に配置する。

② 坑内照明（立坑内）…… L2　　　　　　　→ 表3・15, 表3・17参照

〔1kW 水銀灯〕
- 立坑体積　　10 m × 6 m × 11 m = 660 空 m³
- 台　数　　水銀灯　$N = 660$ 空 m³ ÷ 300 空 m³ ≒ 2 台
- 設置方法　発進, 中間, 到達立坑にそれぞれ 2 台ずつ設置する。

〔40W 蛍光灯〕
- 立坑体積　　10 m × 6 m × 11 m = 660 空 m³
- 台　数　　防滴形非常灯　$N = 660$ 空 m³ ÷ 300 空 m³ ≒ 2 台
- 設置方法　発進, 中間, 到達立坑にそれぞれ 2 台ずつ設置する。

③ 坑内照明（坑内）…… ML2～ML11　　→ 表3・15, 表3・17参照

〔20W 蛍光灯〕
- シールド延長　$L = 986$ m
- 台　数　　防滴形非常灯　$N = 986$ m ÷ 100 m ≒ 10 台
　　　　　　防滴形　　　　$N = 986$ m ÷ 4 m − 10 台 ≒ 237 台
- 設置方法　セグメントに添架する。
- 分岐ケーブル　986 m ÷ 30 m ≒ 33 本
　　　　　　3.5 mm² の分岐ケーブルを 33 本設置する。

④ 局部照明 …… L1～L3, ML2～ML11　　→ 表3・16参照

〔500W 白熱灯〕
- 敷地面積　　40 m × 35 m = 1,400 m³
- 坑内延長　　$L = $ 約 986 m
- 台　数　　$N = 1{,}400$ m² ÷ 200 m² + 986 m ÷ 100 m ≒ 17 台

〔500W 白熱灯〕
- 中間, 到達立坑は, 単独工事とみなし 2 台ずつ設置する。

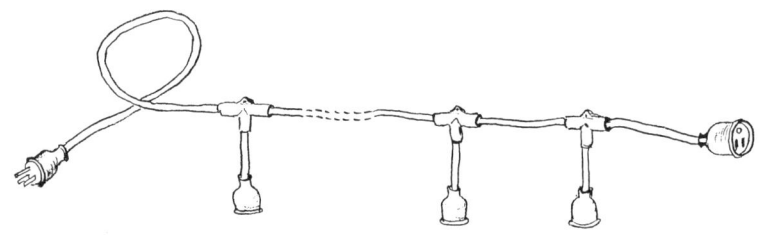

図5・3　分岐ケーブル

表5・6 電力工程表

電力工程表（受変電所）

使用機械名	容量	台数	1月	2月	3月	4月	5月	6月	7月	8月	9月	10月	11月	12月	13月	14月	15月	16月	17月	18月	19月	20月
動力設備 送風機	15.0	1					15.0	15.0	15.0	15.0	15.0	15.0	15.0	15.0								
トラバーサ	2.2	1					2.2	2.2	2.2	2.2	2.2	2.2	2.2	2.2								
排水バキューム	30.0	1					30.0	30.0	30.0	30.0	30.0	30.0	30.0	30.0	30.0	30.0						
排水サンドポンプ	11.0	2					22.0	22.0	22.0	22.0	22.0	22.0	22.0	22.0	22.0	22.0						
バッテリー充電器	3.7	1						3.7	3.7	3.7	3.7	3.7	3.7	3.7								
加泥注入プラント	11.0	1						11.0	11.0	11.0	11.0	11.0	11.0	11.0								
裏込注入プラント	45.0	1						45.0	45.0	45.0	45.0	45.0	45.0	45.0								
門型クレーン	15.0	1					15.0	15.0	15.0	15.0	15.0	15.0	15.0	15.0	15.0	15.0						
給水ポンプ	5.5	1					5.5	5.5	5.5	5.5	5.5	5.5	5.5	5.5	5.5	5.5	5.5	5.5	5.5	5.5		
濁水処理プラント	15.0	1					15.0	15.0	15.0	15.0	15.0	15.0	15.0	15.0	15.0	15.0	15.0	15.0	15.0	15.0	15.0	
土砂ホッパー	11.0	1						11.0	11.0	11.0	11.0	11.0	11.0	11.0								
超高圧洗浄機	3.7	1					3.7	3.7	3.7	3.7	3.7	3.7	3.7	3.7	3.7	3.7	3.7	3.7	3.7	3.7		
電気溶接機	14.0	2					28.0	28.0	28.0	28.0	28.0	28.0	28.0	28.0	14.0	14.0	14.0	14.0	14.0	14.0	14.0	
水中ポンプ	2.2	2					4.4	4.4	4.4	4.4	4.4	4.4	4.4	4.4	4.4	4.4	4.4	4.4	4.4	4.4	4.4	
事務所用	10.0	1					10.0	10.0	10.0	10.0	10.0	10.0	10.0	10.0	10.0	10.0	10.0	10.0	10.0	10.0	10.0	
セントルウィンチ	15.0	1														15.0	15.0	15.0	15.0	15.0	15.0	
電灯設備 水銀灯	1.0	4					4.0	4.0	4.0	4.0	4.0	4.0	4.0	4.0	4.0	4.0	4.0	4.0	4.0	4.0	4.0	
蛍光灯	0.02	249							1.0	2.0	3.0	4.0	4.98	4.98	4.98	4.98	4.98	4.98	4.98	4.98	4.98	
水銀灯（立坑）	1.0	2					2.0	2.0	2.0	2.0	2.0	2.0	2.0	2.0	2.0	2.0	2.0	2.0	2.0	2.0	2.0	
白熱灯（投光器）	0.5	17					8.5	8.5	8.5	8.5	8.5	8.5	8.5	8.5	8.5	8.5	8.5	8.5	8.5	8.5	8.5	
事務所用	5.0	1					5.0	5.0	5.0	5.0	5.0	5.0	5.0	5.0	5.0	5.0	5.0	5.0	5.0	5.0	5.0	
動力設備容量計 (kW) A							150.8	221.5	221.5	221.5	221.5	221.5	221.5	221.5	119.6	134.6	67.6	67.6	67.6	67.6	43.4	
電灯設備容量計 (kW) B							19.5	19.5	20.5	21.5	22.5	23.5	24.48	24.48	24.48	24.48	24.48	24.48	24.48	24.48	24.48	
負荷設備容量合計 (kW) C＝A＋B							170.3	241.0	242.0	243.0	244.0	245.0	245.98	245.98	144.08	159.08	92.08	92.08	92.08	92.08	67.88	
設備利用率 (%) D（実績参照）							20	20	20	20	20	20	20	20	20	20	15	15	15	15	15	
動力変圧器容量 (kVA) E≧A×0.6/0.8							200	200	200	200	200	200	200	200	200	200	75	75	75	75	75	
電灯変圧器容量 (kVA) F≧B×0.9/0.9							30	30	30	30	30	30	30	30	30	30	30	30	30	30	30	
総変圧器容量 (kVA) G＝E＋F							230	230	230	230	230	230	230	230	230	230	105	105	105	105	105	
使用電力量 H＝C*D*24*30/100							24523	34704	34848	34992	35136	35280	35421	35421	20748	22908	9945	9945	9945	9945	7331	

注）変圧器容量≧設備容量×需要率/力率

ただし，設備容量（A，B）はその期間中の最大値とする。

表5・6 電力工程表(つづき)

電力工程表 (第2変電所)

使用機械名		容量	台数	1月	2月	3月	4月	5月	6月	7月	8月	9月	10月	11月	12月	13月	14月	15月	16月	17月	18月	19月	20月
動力設備	シールドマシン	90.0	1						90.0	90.0	90.0	90.0	90.0	90.0	90.0								
	坑内ベルコン	3.7	1						3.7	3.7	3.7	3.7	3.7	3.7	3.7								
	電気溶接機	14.0	1						14.0	14.0	14.0	14.0	14.0	14.0	14.0								
	坑内ブロア	5.5	1						5.5	5.5	5.5	5.5	5.5	5.5	5.5								
電灯設備	照明、他								5.0	5.0	5.0	5.0	5.0	5.0	5.0								
動力設備容量計 (kW)	A								113.2	113.2	113.2	113.2	113.2	113.2	113.2								
電灯設備容量計 (kW)	B								5	5	5	5	5	5	5								
負荷設備容量合計 (kW)	C＝A＋B								118.2	118.2	118.2	118.2	118.2	118.2	118.2								
設備利用率 (%)	D〔実績参照〕								15	30	40	40	40	40	40								
動力変圧器容量 (kVA)	E≧A×0.8/0.8								150	150	150	150	150	150	150								
電灯変圧器容量 (kVA)	F≧B×0.9/0.9																						
総変圧器容量 (kVA)	G＝E＋F								150	150	150	150	150	150	150								
使用電力量	H＝C*D*24*30/100								12766	25531	34042	34042	34042	34042	34042								

注) 変圧器容量≧設備容量×需要率/力率 ただし、設備容量(A、B)はその期間中の最大値とする。

表5·7 電力集計表

使用電力量　集計表

項　目	1月	2月	3月	4月	5月	6月	7月	8月	9月	10月	11月	12月	13月	14月	15月	16月	17月	18月	19月	20月	合計
受変電所　使用電力量（kWH）					24523	34704	34848	34992	35136	35280	35421	35421	20748	22908	9945	9945	9945	9945	7331		361,092
第2変電所　使用電力量（kWH）						12766	25531														208,507
第3変電所　使用電力量（kWH）								34042	34042	34042	34042	34042									
第4変電所　使用電力量（kWH）																					
第5変電所　使用電力量（kWH）																					
第6変電所　使用電力量（kWH）																					
合　計					24523	47470	60379	69034	69178	69322	69463	69463	20748	22908	9945	9945	9945	9945	7331		569,599

総使用電力量 （kWH） 569,599

契約電力　集計表

項　目	1月	2月	3月	4月	5月	6月	7月	8月	9月	10月	11月	12月	13月	14月	15月	16月	17月	18月	19月	20月	合計
受変電所　変圧器容量（kVA）					230	230	230	230	230	230	230	230	230	230	105	105	105	105	105		*********
第2変電所　変圧器容量（kVA）						150	150	150	150	150	150	150									*********
第3変電所　変圧器容量（kVA）																					*********
第4変電所　変圧器容量（kVA）								380	380	380	380	380	380	230							*********
第5変電所　変圧器容量（kVA）					40	40	40	40	40	40	40	40	40	40	40	40	40	40	40		*********
第6変電所　変圧器容量（kVA）					35	35	35	35	35	35	35	35	35	35	35	35	35	35	35		*********
変圧器容量合計　Q（kVA）																					*********
Qのうち初の　50kW×0.8（A）																					*********
Qのうち次の　50kW×0.7（B）					78	120	120	120	120	120	120	120	78	78	3	3	3	3	3		*********
Qのうち次の　200kW×0.6（C）						40	40	40	40	40											*********
Qのうち次の　300kW×0.5（D）																					*********
Qの600kW超過分　×0.4（E）																					*********
契約電力（kW）[A〜E合計]					153	235	235	235	235	235	235	235	153	153	78	78	78	78	78		2,494

契約電力合計（kW・月） 2,494

受電に関する特記事項

1〜4月は発電機を使用する

受変電所は、総変圧器容量が300kVAを超えるためCB型キュービクルとする。
第2変電所は洋所で使用するので、簡易型キュービクル（150kVA）とし、400V/200V/100Vが使える。
動灯共用変圧器内蔵形で使用するとする。

考え方　低圧受電（中間立坑，到達立坑）の電力量算定

① 契約電力(kW)の算定　　　　　　　　　　→ 付録-6，付録-7参照

・使用機器

	機　器　名	出力容量	入力換算係数	入力換算値	台数
動力	水中ポンプ	3.7 kW	1.25	4.625 kW	2 台
	送風機	2.2 kW	1.25	2.75 kW	1 台
電灯	水銀灯(1kW)	1.0 kW	1.75 ＊	1.75 kVA	2 台
	白熱灯(500 W)	0.5 kW	1.0	0.5 kVA	2 台

＊：低力率型（高力率型は 1.25）

〔低力電力の契約電力（動力 200 V）〕

$$(4.625\,\mathrm{kW} + 4.625\,\mathrm{kW}) \times 1.00 = 9.25\,\mathrm{kW} \quad \cdots\cdots\cdots ⑦$$
$$(2.75\,\mathrm{kW} + 0\,\mathrm{kW}) \times 0.95 = 2.613\,\mathrm{kW} \quad \cdots\cdots\cdots ④$$
$$⑦ + ④ = 11.863\,\mathrm{kW} \quad \cdots\cdots\cdots ⑨$$
$$6\,\mathrm{kW} \times 1.00 = 6.0\,\mathrm{kW} \quad \cdots\cdots\cdots ⑤$$
$$(11.863\,\mathrm{kW} - 6\,\mathrm{kW}) \times 0.90 = 5.277\,\mathrm{kW} \quad \cdots\cdots\cdots ⑥$$
$$⑤ + ⑥ = 11.863\,\mathrm{kW}$$
$$\fallingdotseq 11\,\mathrm{kW}$$

〔電灯の契約電力（電灯 200/100 V）〕

$$(1.75\,\mathrm{kVA} \times 2 + 0.5\,\mathrm{kVA} \times 2) \times 0.95 = 4.275\,\mathrm{kVA}$$
$$\fallingdotseq 4\,\mathrm{kVA}$$

中間立坑，到達立坑とも低圧電力 11 kW，電灯 4 kVA で受電する。
　注：シールドが到達した時点で坑内電気を使用することもある。

② 使用電力量(kWH)の算定

・使用条件　水中ポンプは連続運転（24h）
　　　　　　送風機，白熱灯は作業時間のみ運転（8h）……月2回土曜日は休み
　　　　　　水銀灯は連続点灯（24h）

・月当りの使用電力量

　水中ポンプ　4.6 kW × 2 台 × 0.8（需要率）× 24h × 30 日 ＝ 5,299 kWH/月
　送　風　機　2.8 kW × 1 台 × 0.8（需要率）× 8h × 24 日 ＝   430 kWH/月
　　　　　　　　　　　　　　　　　　　　　　　動　力　計　5,729 kWH/月
　水　銀　灯　1.75 kW × 2 台 × 1.0（需要率）× 24h × 30 日 ＝ 2,520 kWH/月
　白　熱　灯　0.5 kW × 2 台 × 1.0（需要率）× 8h × 24 日 ＝   192 kWH/月
　　　　　　　　　　　　　　　　　　　　　　　電　灯　計　2,712 kWH/月

・全使用電力量（中間立坑，到達立坑）
　　　動　力　5,729 kWH/月 × 5 月 ＝ 28,645 kWH
　　　電　灯　2,712 kWH/月 × 5 月 ＝ 13,560 kWH

ケーブルサイズ

(a) 引込みケーブル

電力会社が算出した短絡電流と，負荷電流より計算した値の，大きい方をとり 38 mm² とする。

(b) 高圧配電ケーブル

高圧回路では，電圧降下は極めて小さいので計算を省略する。負荷電流によるケーブルサイズは次のとおりである。

$$\frac{118.2\mathrm{kW}}{\sqrt{3}\times 6.6\mathrm{kV}\times 0.8\times 0.9}=14.4(\mathrm{A}) \qquad \begin{array}{l} 0.8\cdots\cdots 力率 \\ 0.9\cdots\cdots 効率 \end{array}$$

電流値から判断すると 8 mm² 程度以下と考えられるが，転用性から 6.6 kV CVT 22 mm² とする。

(c) 低圧配電ケーブル

低圧回路は負荷電流と電圧降下との計算からサイズを決定する。電圧降下計算は負荷が末端に集中しているものとする（**表 5·8** 参照）。

(d) 局部照明

局部照明用の白熱灯 500 W 10 台は，作業場所に伴い移動するので，立坑下 5 台，坑内 5 台として計算する。

(e) わたり配線

分電盤 1 面への電源供給だけでなく複数の分電盤へ電源を供給する場合は，負荷が末端に集中しているものとして計算する。

(f) 最小サイズ

ケーブルの最小サイズを 5.5 mm² とする。

表5・8 低圧幹線一覧表

配線系統	分電盤	電圧V	設備名	容量kW	電流	台数	総電流	許容電流 ケーブルサイズ	距離m	電圧降下 ケーブルサイズ	配線ケーブル	備考
VVR5.5mm²-3C 29m	M1	200	水中ポンプ	2.2	8.8	1	8.8	5.5	29	0.4	5.5	
VVR60mm²-3C 22m 17m	M2	200	濁水処理設備	15.0	60	1	149.6	60	39	8.9	60	60mm²ケーブルを分岐する
			水中ポンプ	2.2	8.8	1						
			給水ポンプ	5.5	22	1						
VVR100mm²-3C 34m	M3	200	加圧注入プラント	11.0	44	1	180	100	34	9.4	100	
			超高圧洗浄機	3.7	14.8	1						
			裏込注入プラント	45.0	180	1						
VVR100mm²-3C 49m 13m	X1	200	送風機	15.0	60	1	178.8	100	62	17.1	100	100mm²ケーブルを分岐する
	M4	200	バッテリー充電器	3.7	14.8	1						
			土砂ホッパー	11.0	44	1						
VVR38mm²-3C 68m	M5	200	門型クレーン	15.0	60	1	98	38	68	k=35.6 11.9 e=20V	38	最大入力電流の70%
	M6	200	電気溶接機	14.0	49	2						
VVR38mm²-3C 49m 13m	L1	200/100	照明,他	5.0	27.8	1	83.4	38	88	k=35.6 13.1 e=20V	38	38mm²ケーブルを分岐する 配電は単相3線式とする
	L2	200/100	照明,他	5.0	27.8	1						
	L3	200/100	照明,他	5.0	27.8	1						
(動力) VVR150mm²-3C 75m	M7	200	バキュームポンプ	30.0	120	1	216.8	150	80	26.7	150	150mm²ケーブルを分岐する
5m	ML2	200	排水サンドポンプ	11.0	44	2						
			トランサー	2.2	8.8	1						
(電灯) VVR60mm²-3C 80m		200/100	蛍光灯	0.02	0.125	25	15.6 (55.9)	14	L=80+450 =530	k=35.6 52.7 e=20V	60	全照明器具を坑内の中央部に設置したものとして計算
			白熱灯	0.5	2.5	5						
(動力) VVR100mm²-3C 180m	ML3	200	不特定動力負荷	15.0	60	1	60	14	980	90.6	100	最先端で15kW使用時を想定
(電灯) 100m×8本 VVR60mm²-3C	～ ML11	200/100	蛍光灯	0.02	0.125	222	27.8+12.5 =40.3	8	—	—	60	単相3線式
(動力) 100m×9本 VVR8mm²-3C 25m	ML1	200	白熱灯	0.5	2.5	5						
			事務所用動力	10.0	40	1	40	8	25	0.9	8	
(電灯) VVR5.5mm²-3C 25m		200/100	事務所用照明	5.0	55.5	1	55.5/2 =27.8	5.5	25	k=17.8 2.5 e=10V	5.5	単相3線式

第5章 設計・積算例

場所	盤	電圧	ケーブル	種別	用途	電流(A)	容量(kW)	台数	合計(kW)	電流(A)	遮断器(A)	電圧降下	電線太さ	備考
第2変電所	＊＊＊	400	VVR100mm²-3C 20m	(動力)	シールドマシン	90.0	180	1	180	100	20	2.7	5.5	シールド制御盤に直接配線する。
	ML12	200	VVR38mm²-3C 20m		坑内ベルコン 電気溶接機 坑内ブロア	3.7 14.0 5.5	14.8 49 22	1 1 1	85.8	38	20	2.6	38	シールドの後続合車に分電盤を設置する
			VVR5.5mm²-3C 20m	(電灯) 200/100	照明, 他	5.0	27.8	1	27.8	5.5	20	k=35.6 e=20V	1.0	5.5 単相3線式
中間低圧立坑受電	ML13	200	VVR8mm²-3C 30m	(動力)	水中ポンプ 送風機	3.7 2.2	14.8 8.8	2 1	38.4	8	30	1.8	8	低圧受電の分電盤を設置する（動力分電盤を使用）
			VVR5.5mm²-3C 30m	(電灯) 200/100	照明, 他	5.0	27.8	1	27.8	5.5	30	k=35.6 e=20V	1.5	5.5 単相3線式
到達低圧立坑受電	ML14	200	VVR8mm²-3C 30m	(動力)	水中ポンプ 送風機	3.7 2.2	14.8 8.8	2 1	38.4	8	30	1.8	8	低圧受電の分電盤（動力分電盤兼用）を使用
			VVR5.5mm²-3C 30m	(電灯) 200/100	照明, 他	5.0	27.8	1	27.8	5.5	30	k=35.6 e=20V	1.5	5.5 単相3線式

動力分電盤	: M1, M2……	① グラフ参照
電灯分電盤	: L1, L2……	② 計算式参照
兼用分電盤	: ML1, ML2……	③ ①②比較 規格サイズ
漏電しゃ断器盤	: X1, X2……	

注1　各機器の電流は次式により算出した。

　　　動力機器の電流(A)＝容量(W)／($\sqrt{3}$×200V×0.8×0.9)≒容量(kW)×4
　　　電気溶接機の電流(A)＝容量(W)／200V×0.7
　　　照明, 他の電流(A)＝容量(W)／200V×1.11
　　　蛍光灯の電流(A)＝容量(W)／200V×1.25
　　　白熱灯の電流(A)＝容量(W)／200V×1.0
　　　事務所照明の電流(A)＝容量(W)／100V×1.11

注2　蛍光灯, 白熱灯, 照明, 他は200V・100Vが使用できるように単相3線式で配線するが, 200Vで電流算出しているので, 電圧降下は単相2線式の係数で算出した。

表5・9　分電盤使用工程表

分電盤 No.	1	2	3	4	5	6	7	8	9	10	11	12	13	14	15	16	17	18	19	20	設置場所	設置数(台)	延使用月(台月)
M 1					━	━	━	━	━	━	━	━	━	━	━	━	━	━	━		発進立坑地上	1	15
M 2					━	━	━	━	━	━	━	━	━	━	━	━	━	━	━		〃	1	15
X 1 (225A)					━	━	━	━	━	━	━										〃	1	7
M 3					━	━	━	━	━	━	━										〃	1	7
M 4					━	━	━	━	━	━	━										〃	1	7
M 5					━	━	━	━	━	━	━	━	━	━							〃	1	10
M 6					━	━	━	━	━	━	━	━	━	━	━	━	━	━	━		〃	1	15
ML 1					━	━	━	━	━	━	━	━	━	━	━	━	━	━	━		〃	1	15
L 1					━	━	━	━	━	━	━	━	━	━	━	━	━	━	━		〃	1	15
L 2					━	━	━	━	━	━	━	━	━	━	━	━	━	━	━		〃	1	15
L 3					━	━	━	━	━	━	━	━	━	━	━	━	━	━	━		〃	1	15
M 7					━	━	━	━	━	━	━	━	━	━							発進立坑地下	1	10
ML 2					━	━	━	━	━	━	━	━	━	━	━	━	━	━	━		〃	1	15
ML 3〜ML 11								━	━	━	━	━	━	━	━	━	━	━	━		坑内	9	91
ML 12								━	━	━	━	━	━								坑内後続台車	1	6
ML 13														━	━	━	━	━			中間立坑地上	1	5
ML 14															━	━	━	━	━		到達立坑地上	1	5

考え方　坑内分電盤の延べ使用月数の算出方法

坑内の兼用分電盤（ML3〜ML11）は，シールド掘進の進捗に合わせて設置するため，延べ使用の月数は以下のような計算により求める。

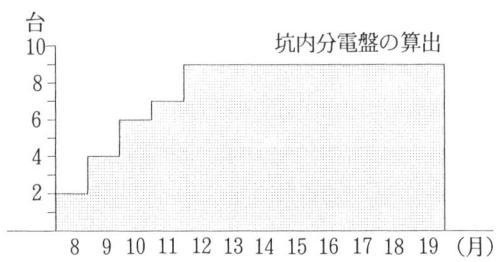

〔坑内分電盤数〕

坑内分電盤の算出

（延べ使用月数）＝ 9台×8月＋7台×1月＋6台×1月＋4台×1月＋2台×1月
　　　　　　　＝ 91台月

資機材シート

高圧受変電設備

分類	小分類	項目名	単位	数量	備考	
引込柱	受電柱	コンクリート柱（12m）	本	1	受電柱1か所当り1本	
		装柱材料A	式	1	受電柱1か所当り1式（付図20・1参照）	
		支線材料	式	1	受電柱1か所当り1式	
		避雷器（8.4kV）	個	3	受電柱1か所当り3個	
		接地材料（E_A）	か所	1	避雷器用・受電柱1か所当り1か所	
	気中開閉器	一般型（　）A	台		設置地域により判断する 容量は100, 200, 300 A	
		耐塩型（　）A	台	1 (15月)		
	中間柱	コンクリート柱（10m）	本		中間柱1か所当り1本	
		装柱材料B	式		中間柱1か所当り1式（付図20・6参照）	
		支線材料	式		基本的にかど部、終端部の電柱に取付ける	
		メッセンジャー（ハンガー含む）	m		受電柱から変電所までの水平距離×1.1	
引込ケーブル	高圧ケーブル	CVT 22mm²	m		受電容量、その他によりケーブルを決める（図面上の長さ）×（補完率1.1）（1本の延長が300m以上の場合1.05）電力会社の指定を受ける場合がある	
		CVT 38mm²	m	20		
		CVT（　）mm²	m			
	端末処理材	22mm²用・屋外	組		ケーブルの両端部に屋内、屋外それぞれ1組ずつ必要	
		22mm²用・屋内	組			
		38mm²用・屋外	組	1		
		38mm²用・屋内	組	1		
		（　）mm²用・屋外	組			
		（　）mm²用・屋内	組			
	保護材	波付硬質ポリエチレン管	m	10	FEPφ80mm・受電所1か所当り10m	
受変電所	キュービクル	PF-S型キュービクル	台		変圧器容量 100kVA以下	全変電所の合計変圧器容量が300kVA以下の場合PF-S型
		PF-S型キュービクル	台		〃　100〜200kVA以下	
		PF-S型キュービクル	台		〃　200〜300kVA以下	
		CB型キュービクル	台		〃　100kVA以下	全変電所の合計変圧器容量が300kVA超過の場合CB型
		CB型キュービクル	台	1 (5月)	〃　100〜200kVA以下	
		CB型キュービクル	台	1 (10月)	〃　200〜300kVA以下	
		CB型キュービクル	台		〃　300〜400kVA以下	
		CB型キュービクル	台		〃　400〜500kVA以下	
		接地材料（E_A）	か所	1	受変電装置用	
受変電所	基礎	基礎コンクリート	m³	4.0	体積計算が必要	
		H型鋼（H-300）	m	12.4	キュービクルかさ上げ用	
	フェンス	受変電所フェンス	m	26.4	防護用・出入口1か所、H=1800	
その他						

資機材シート

低圧受電設備

分類	小分類	項目名	単位	数量	備考
引込柱	受電柱	コンクリート柱 (10m)	本	2	受電柱1か所当り1本
		装柱材料C	式	2	受電柱1か所当り1式（付図20・2参照）
		支線材料	式	2	受電柱1か所当り1式
引込ケーブル	ケーブル	VVR 5.5mm^2-3C	m	66	受電容量、その他によりケーブルを決める
		VVR 14mm^2-3C	m	66	（図面上の長さ）×（補完率1.1）
		VVR 22mm^2-3C	m		（1本の延長が300m以上の場合1.05）
		VVR 38mm^2-3C	m		電力会社の指定を受ける場合がある
		VVR 60mm^2-3C	m		
		VVR 100mm^2-3C	m		
	保護材	波付硬質ポリエチレン管	m	40	FEPφ50mm・受電所1か所当り10m
受電盤	受電盤	メーターボックス	函	4	動力、電灯それぞれ1函ずつ必要
		漏電しゃ断器盤 50A	台	4 (20月)	受電容量により選択する
		漏電しゃ断器盤 100A	台		メインスイッチとして使用
		漏電しゃ断器盤 225A	台		
		接地材料（E$_D$）	か所	2	受電柱1本当り1か所必要
その他					

資機材シート

高圧配電設備

分類	小分類	項目名	単位	数量	備考	
配電ケーブル	高圧ケーブル	CVT 22 mm²	m	1,124	変圧器容量、その他によりケーブルを決める（図面上の長さ）×（補完率1.1）（1本の延長が300m以上の場合1.05）	
		CVT 38 mm²	m			
		CVT（ ）mm²	m			
	端末処理材	22 mm²用・屋内	組	5	ケーブル1本に対し両端に2組必要	
		38 mm²用・屋内	組			
		（ ）mm²用・屋内	組			
	直線接続材	22 mm²用・屋外	組	3	ケーブル長300mを超える場合（直線部での中間ジョイントに必要）	
		38 mm²用・屋外	組			
		（ ）mm²用・屋外	組			
配電方法	架空	コンクリート柱（10 m）	本		配電柱1か所当り1本	
		装柱材料 B	式		配電柱1か所当り1式（付図20・6参照）	
		支線材料	式		基本的にかど部、末端部の電柱に取付ける	
		メッセンジャー（ハンガー含む）	m		架空送電距離（水平距離）×1.1	
	ケーブルラック	400 mm 直線型	m	60	図面上の長さ×補完率1.05 低圧と兼用も可	
		200 mm 直線型	m			
	保護材	波付硬質ポリエチレン管	m	60	FEPφ80 mm・図面上の長さ×補完率1.05	
	埋設	厚鋼電線管 φ70 mm	m		図面上の長さ×補完率1.05	
第2変電所	キュービクル	PF-S型キュービクル	台		変圧器容量100kVA以下	変電所の変圧器容量が300kVA以下の場合PF-S型 300 kVA超過の場合CB型を使用
		PF-S型キュービクル	台		〃 100～200kVA以下	
		PF-S型キュービクル	台		〃 200～300kVA以下	
		CB型キュービクル	台		〃 300～400kVA以下	
		CB型キュービクル	台		〃 400～500kVA以下	
		簡易キュービクル 100 kVA	台		〃 100kVA以下	コンパクトタイプ坑内・建築建屋内など狭い場所で使用する動灯両用変圧器内蔵型もあり
		簡易キュービクル 200 kVA	台	1 (7月)	〃 100～200kVA以下	
		簡易キュービクル 300 kVA	台		〃 200～300kVA以下	
		簡易キュービクル 400 kVA	台		〃 300～400kVA以下	
		簡易キュービクル 500 kVA	台		〃 400～500kVA以下	
	接地	接地材料（E_A）	か所		キュービクル用	
		接地線（IV60）	m	1,124	変電所間の距離×補完率1.1（または1.05）	
	基礎	基礎コンクリート	m³		体積計算が必要	
		H型鋼（H-300）	m		キュービクルかさ上げ用	
	フェンス	受変電所フェンス	m		防護用・出入口1か所、H＝1800	
その他						

| 資機材シート |

低圧配電設備

分類	小分類	項目名	単位	数量	備考
分電盤	分電盤	動力分電盤	面	7 (79月)	低圧幹線一覧表に準ずる
		電灯分電盤	面	3 (45月)	分電盤配置図面より数量を計上する
		動灯兼用分電盤	面	14 (137月)	
		漏電しゃ断器盤 100A	面		
		漏電しゃ断器盤 225A	面	1 (7月)	
		漏電しゃ断器盤 400A	面		
		接地材料（E_D）	か所	25	分電盤の総数と同数必要
配電ケーブル	ケーブル	VVR 5.5mm²-3C	m	147	幹線用（変電所～分電盤）はVVRを使用
		VVR 8mm²-3C	m	94	（低圧幹線一覧表参照）
		VVR 14mm²-3C	m		（図面上の長さ）×（補完率 1.1）
		VVR 22mm²-3C	m		（1本の延長が300m以上の場合 1.05）
		VVR 38mm²-3C	m	194	
		VVR 60mm²-3C	m	1,070	
		VVR 100mm²-3C	m	1,151	
		VVR 150mm²-3C	m	88	
配電方法	架空	コンクリート柱（10m）	本		配電柱1か所当り1本
		装柱材料 C	式		配電柱1か所当り1式（付図20・6参照）
		支線材料	式		基本的にかど部、末端部の電柱に取付ける
		メッセンジャー（ハンガー含む）	m		架空送電距離（水平距離）×1.1
	ケーブルラック	400mm 直線型	m	143	図面上の長さ×補完率 1.05
		200mm 直線型	m		セパレータを入れて高圧と兼用も可
	保護材	波付硬質ポリエチレン管 φ50	m		図面上の長さ×補完率 1.05
	埋設	厚鋼電線管 φ70mm	m		図面上の長さ×補完率 1.05
その他					

資機材シート

照明設備

分類	小分類	項目名	単位	数量	備考
全体照明	器具	水銀灯 1kW(安定器付)	台	4	表3・14 参照
		水銀灯 300W(セルフバラスト)	台		
		白熱灯 100W	台		
		蛍光灯 40W	台		
	ケーブルその他	2CT 2.0mm²-3C	m	120	水銀灯(1kW) 1台当り 30m
		2CT 2.0mm²-3C	m		土木・投光器(1kW) 1台当り 20m
		VVF 2.0mm-3C	m		建築・水銀灯(300W) 1台当り 20m
		VVF 1.6mm-3C	m		建築・蛍光灯、白熱灯1台当り 20m
		自動点滅器	台	4	水銀灯設置箇所と同数
坑内照明	器具	水銀灯 1kW(安定器付)	台	6	表3・15 参照
		蛍光灯 40W	台		
		蛍光灯 20W	台	237	
		非常蛍光灯(40W)	台	6	坑内延長 100m 当り 1台
		非常蛍光灯(20W)	台	10	
	ケーブルその他	分岐ケーブル 3.5mm²-3C	本	33	坑内照明(延長)÷30m コネクタ(2P+E)ボディ付
		コネクタ(2P+E) プラグ	個	253	蛍光灯電源用・坑内蛍光灯器具数と同数
		2CT 2.0mm²-3C	m	1,265	器具1台当り 5m
局部照明		白熱灯 500W(投光器)	台	21	表3・16 参照
		2CT 2.0mm²-3C	m	420	器具1台当り 20m
		コネクタ(2P+E) プラグ	個	21	投光器と同数
		コネクタ(2P+E) ボディ	個		建築建屋内コンセント 3.4節(8)参照
		VVF 2.0mm-3C	m		コネクタ(ボディ)1個当り 20m
その他					

資機材シート

通信設備

分類	小分類	項目名	単位	数量	備考
通話設備	電話機	事務所インターホン	台	1	各工種共通
		詰所インターホン	台	1	各工種共通
		プラント類インターホン	台	2	各工種共通
		受変電所インターホン	台	1	各工種共通
		右岸左岸用インターホン	台		ダム工事
		切羽インターホン	台	1	トンネル・シールド工事
		坑内インターホン	台	4	トンネル・シールド工事
		立坑上下インターホン	台	2	土木工事
		出入口用インターホン	台		各工種共通
		エレベータ内インターホン	台		各工種共通
		各フロアー用インターホン	台		建築工事
		その他設置インターホン	台	3	シールド機運転席、中間・到達立坑
	ケーブルその他	インターホンケーブル	m	1,200	(図面上の配線距離)×(補完率1.1)
		電源アダプター	台	1	
監視設備	カメラ	出入口監視カメラ	台		各工種共通
		プラント監視カメラ	台	1	各工種共通
		切羽監視カメラ	台	1	トンネル・シールド工事
		現場全域監視カメラ	台		特にダム工事設置基準参照
		その他設置カメラ	台	1	上記の場所以外に設置するカメラ
	モニターテレビ	事務所用テレビ	台	2	各工種共通
		詰所用テレビ	台		各工種共通
		運転席用テレビ	台	1	特にシールド工事
		その他設置テレビ	台		上記の場所以外に設置するテレビ
	ケーブルその他	同軸ケーブル(5C2V)	m	1,144	(図面上の配線距離)×(補完率1.1)
		ブースター	台	1	ケーブル長1000mに1台
放送設備	アンプ	アンプ(30W)	台		スピーカーの合計容量を超える容量のもの
		アンプ(60W)	台		
		アンプ(120W)	台	1	
	スピーカー	スピーカー(10W)	台	3	(放送面積)÷500㎡
		スピーカー(5W)	台	10	(坑長)÷100m
		スピーカー(5W)	台		各フロアーに1台ずつ
	ケーブルその他	TOV-SS 0.8mm-2コより	m	1,200	(図面上の配線距離)×(補完率1.1)
		ページング装置	台	1	通常1台
その他					

5.1.4 設備積算

設備設計に基づき，積算を進める。

表5・10　設備積算

項　目	内　容
仮設材料費	積算数量 ── 設計数量に材料補完率を乗じた値とする。 材料単価 ── 購入価格に償却率を乗じた値とする。
機械費	積算数量 ── 設計数量を積算数量とする。 損料 ── 1日当たり損料に供用日数を乗じた値とする。
労務費	労務単価（電工）は、19,700円とする。 補正率 ── 設備工事ごとに一括した値を乗じる。 　　受変電設備　　　　── 0 　　配電設備（高圧）── 0.35 　　　　　　（低圧）── 0.40 　　照明設備　　　　　── 0.20 　　通信設備　　　　　── 0.20
補充費	補充率 ── 設備工事ごとに一括した値を乗じる。 　　受変電設備　　　　── 0.02 　　配電設備（高圧）── 0.02 　　　　　　（低圧）── 0.05 　　照明設備　　　　　── 0.07 　　通信設備　　　　　── 0.05
電気業者経費	電気業者経費率は、仮設材料費と労務費との和の10%とする。
引込料	発進基地 ── 工事費負担金、臨時工事費とも不要のため計上しない。 中間立坑、到達立坑 ── 臨時工事費が必要となるが、金額は電力会社が積算するため、本例では別途計上とし、本費用には含めない。
電気料金	関西電力の単価で計上する。 本例では力率割引はしないものとする。 中間立坑、到達立坑の工期は5か月となるので臨時割増となる。
保守費	発進基地・中間・到達立坑の設備に関わる保守費用を計上する。
その他費用	

考え方　電気料金の算出

電気料金を詳細計算と概略計算で比較する。
(1) 高圧電力A（発進基地）
　① 基本料金
　　(a) 詳細計算

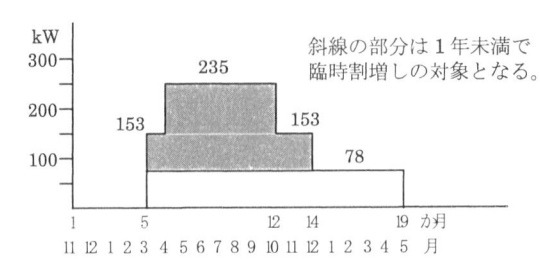

```
kW
300        235
200  153        153
100                  78
     1  5      12 14    19  か月
     11 12 1 2 3 4 5 6 7 8 9 10 11 12 1 2 3 4 5  月
```

斜線の部分は1年未満で臨時割増しの対象となる。

$78 \text{kW} \times 15\text{月} \times 1,260\text{円} = 1,474,200\text{円}$
$\{(153-78) \times 3\text{月} + (235-78) \times 7\text{月}\} \times 1,260\text{円} \times 1.2 = 2,001,888\text{円}$
よって、　基本料金 $= 1,474,200\text{円} + 2,001,888\text{円} = 3,476,088\text{円}$

　　(b) 概略計算
　　　すべて臨時割増として計算する。
　　　$2,494 \text{kW・月} \times 1,260\text{円} \times 1.2 = 3,770,928\text{円}$

　② 電力量料金
　　(a) 詳細計算
　　契約電力のうち臨時割増しとなる比率と同じ比率分の電力量についても臨時割増しとなる。

か月	月	使用電力量 (kWH)	臨時割増しにならない 電力量 (kWH)	臨時割増しになる 電力量 (kWH)
5	3	24,523	×78/153 = 12,502	12,021
6	4	47,740	×78/235 = 15,756	31,714
7	5	60,379	×78/235 = 20,041	40,338
8	6	69,034	×78/235 = 22,913	46,121
9	7	69,178	×78/235 = 22,961	46,217
10	8	69,322	×78/235 = 23,009	46,313
11	9	69,463	×78/235 = 23,056	46,407
12	10	69,463	×78/235 = 23,056	46,407
13	11	20,748	×78/153 = 10,577	10,171
14	12	22,908	×78/153 = 11,679	11,229
15	1	9,945	×78/ 78 = 9,945	0
16	2	9,945	×78/ 78 = 9,945	0
17	3	9,945	×78/ 78 = 9,945	0
18	4	9,945	×78/ 78 = 9,945	0
19	5	7,331	×78/ 78 = 7,331	0
夏季　計		207,963	69,026	138,937
その他季計		316,636	163,635	198,001
合　　計		569,599	232,661	336,938

単価は、夏季（7～9月）　10.96円/kWH
　　　　その他季　　　　 9.96円/kWH
夏　季　　$(69,026 + 138,937 \times 1.2) \times 10.96 = 2,583,824\text{円}$
その他季　$(163,635 + 198,001 \times 1.2) \times 9.96 = 3,996,313\text{円}$
電力量料金　$2,583,824\text{円} + 3,996,313\text{円} = 6,580,137\text{円}$

(b) 概略計算
夏季・その他季の平均料金で、臨時割増しとして計算する。
平均料金＝10.96×3/12＋9.96×9/12＝10.21円
569,599 kWH×10.21円×1.2＝6,978,727円

(2) 低圧電力（中間立坑・到達立坑）
1年未満なので臨時割増しとして計算する。
① 基本料金（中間立坑・到達立坑）
11 kW×980円×5月×1.2＝64,680円
② 電力量料金
(a) 詳細計算
単価は、夏季（7～9月）　　11.39円
　　　　その他季　　　　　10.35円
臨時割増しとして計算する。
・中間立坑（5～9月）
　夏季（7～9月）　　5,729 kWH/月×3月×11.39×1.2＝234,912円
　その他季（5～6月）5,729 kWH/月×2月×10.35×1.2＝142,308円
　電力量料金　　　　234,912円＋142,308円　　　　＝377,220円
・到達立坑（8～12月）
　夏季（8～9月）　　5,729 kWH/月×2月×11.39×1.2＝156,608円
　その他季（10～6月）5,729 kWH/月×3月×10.35×1.2＝213,463円
　電力量料金　　　　156,608円＋213,463円　　　　＝376,052円
(b) 概略計算
夏季・その他季の平均料金で計算する。
平均料金＝11.39×3/12＋10.35×9/12＝10.61円/kWH
・中間立坑、到達立坑
5,729 kWH/月×5月×10.61円/kWH×1.2＝364,708円

(3) 臨時電灯 B［6 kVA 未満］（中間立坑・到達立坑）
単価は

最低料金	最初の15 kWHまで	516.00円
電力量料金	15 kWHを超える1 kWHにつき	28.78円

① 詳細計算
1月当り　2,712 kWH

15 kWHまで		516円
15 kWH超過	28.78×2,697	77,620円
	計	78,136円

よって、78,136円/月×5月＝390,680円

② 概算計算
単価は、15 kWH超過の28.78円/kWHを使う。
2,712 kWH/月×5月×28.78円/kWH＝390,257円

以上より，詳細計算と**概略計算**で若干の差はあるが，実用上は問題ないので，本書では**概略計算**で積算する。

表5・11 工事用電気設備費

工事用電気設備費 集計表

<工事概要> 泥土圧式シールド工事　延長　986 m　　発進、中間、到達立坑各1基
工期　約19月　　仕上り内径 φ1,350mm(マシン外径 φ2,140mm)　注) 消費税は含まず

設備分類	労務単価	雑材料費率	労務費補正率	補充率	業者経費率	仮設材料費計	労務費	機械費	小計	補充費	電気業者経費	合計
高圧受変電設備	19,700	0.05	0	0.02	0.1	242,544	2,004,475	2,555,700	4,802,719	96,054	224,702	5,123,475
低圧受変電設備	19,700	0.05	0	0.02	0.1	172,601	657,192	18,000	847,793	16,956	82,979	947,728
高圧配電設備	19,700	0.05	0.35	0.02	0.1	1,683,076	2,929,439	1,187,100	5,799,615	115,992	461,252	6,376,859
低圧配電設備	19,700	0.05	0.40	0.05	0.1	3,186,841	9,322,040	1,323,120	13,832,001	691,600	1,250,888	15,774,489
照明設備	19,700	0.05	0.20	0.07	0.1	2,339,002	3,153,103	0	5,492,105	384,447	549,211	6,425,763
通信設備	19,700	0.05	0.20	0.05	0.1	1,520,130	2,294,026	0	3,814,156	190,708	381,416	4,386,280
保守費	19,700	0.05	0	0	—	0	4,354,685	0	4,354,685	0	435,469	4,790,154
合計	—	—	—	—	—	9,144,193	24,714,960	5,083,920	38,943,073	1,495,757	3,385,917	43,824,747

電気料金(高圧)	電力量料金	使用電力量	569,599 (kWH)	単価 10.21 (円/kWH)×1.2	金額(円) 6,978,727
	基本料金	契約電力計	2,494 (kW・月)	単価 1,260 (円/kW・月)×1.2	金額(円) 3,770,928
電気料金(低圧)	電力量料金	使用電力量	28,645 (kWH×2ヵ所)	単価 10.61 (円/kWH)×1.2	金額(円) 364,708
	基本料金	契約電力計	55 (kW・月)×2ヵ所	単価 980 (円/kW・月)×1.2	金額(円) 129,360
電気料金(電灯)	電力量料金	使用電力量	13,560 (kWH×2ヵ所)	単価 28.78 (円/kWH)	金額(円) 390,257
合計					11,633,980

第5章 設計・積算例

積算シート

高圧受変電設備 (受電引込柱、受変電設備)

※本シートの単価、償却率、単位工数は標準値。地域、現場条件などにより補正の必要あり。

名称	仕様	単位	数量 設置個数/延数量 A1	A2	単価 B	材料 償却率 C	購入金額 D=A1×B	償却金額 E=A1×B×C	単位工数 設置 F	単位工数 撤去 G	作業工数 設置 H=A1×F	作業工数 撤去 I=A1×G	機械費 J=A2×B	作業内容
コンクリート柱	12m, 350kgf	本	1	–	45,300	0.7	45,300	31,710	5.80	3.48	5.80	3.48	–	土砂掘削, 電柱建込
装柱材料	Aタイプ	式	1	–	30,000	0.8	30,000	24,000	1.40	0.56	1.40	0.56	–	高所での取付
支線材料	1本当り	式	1	–	20,000	1.0	20,000	20,000	1.00	0.40	1.00	0.40	–	取付
避雷器	8.4kV	台	3	–	12,600	0.8	37,800	30,240	0.30	0.18	0.90	0.54	–	取付調整, 結線
接地材料	A種	カ所	1	–	20,000	1.0	20,000	20,000	3.50	0.00	3.50	–	–	設置, 抵抗測定 (機械持込)
コンクリート柱	10m, 350kgf	本	–	–	36,500	0.7	–	–	5.20	3.12	–	–	–	土砂掘削, 電柱建込
装柱材料	Bタイプ	式	–	–	10,000	0.9	–	–	0.50	0.20	–	–	–	高所での取付
メッセンジャーワイヤー	38mm², ハンガー込	m	–	–	698	1.0	–	–	–	–	–	–	–	ハンガーは1m当り2個
高圧ケーブル	CVT22mm²	m	–	–	1,049	0.9	–	–	0.96	0.56	–	–	–	取付, 結線
	CVT38mm²	m	20(1)	–	1,341	0.8	26,820	21,456	1.40	0.84	1.40	0.84	–	(工数は引込カ所当り)
	CVT60mm²	m	–	–	1,712	0.7	–	–	1.72	1.03	–	–	–	
	CVT100mm²	m	–	–	2,406	0.6	–	–	2.06	1.24	–	–	–	
端末処理材	屋外22mm²	組	–	–	14,100	1.0	–	–	0.65	0.00	–	–	–	取付, 結線
	屋内22mm²	組	–	–	11,500	1.0	–	–	0.65	0.00	–	–	–	
	屋外38mm²耐塩	組	1	–	63,300	1.0	63,300	63,300	1.28	0.00	1.28	0.00	–	
	屋内38mm²	組	1	–	12,600	1.0	12,600	12,600	0.85	0.00	0.85	0.00	–	
	屋外60mm²	組	–	–	19,600	1.0	–	–	1.10	0.00	–	–	–	
	屋内60mm²	組	–	–	15,200	1.0	–	–	1.10	0.00	–	–	–	
	屋外100mm²	組	–	–	23,500	1.0	–	–	1.10	0.00	–	–	–	
	屋内100mm²	組	–	–	19,200	1.0	–	–	1.10	0.00	–	–	–	
波付硬質ポリエチレン管	FEP φ80mm	m	10	–	614	1.0	6,140	6,140	–	–	–	–	–	
受変電所基礎	コンクリート	m³	4.0	–	–	–	–	–	5.68	–	22.72	–	–	材工共, 打設, 撤去, 処分
H型鋼	H300	m	12.4	–	–	–	–	–	0.50	–	6.20	–	–	材工共, 据付, 撤去

積算シート

名称	仕様	単位	数量 設置数 A1	数量 延数量 A2	単価 B	材料 償却率 C	購入金額 D=A1×B	償却金額 E=A1×B×C	単位工数 設置 F	単位工数 撤去 G	作業工数 設置 H=A1×F	作業工数 撤去 I=A1×G	機械費 J=A2×B	作業内容
受変電所フェンス	H=1800	m	26.4	—	—	—	—	—	0.60	—	15.84	—	—	材工共、設置、撤去
一般型気中開閉器	100A方向性	台月	—	—	19,620	—	—	—	1.40	0.84	—	—	—	高所への取付、結線
	200A方向性	台月	—	—	19,890	—	—	—	1.40	0.84	—	—	—	
	300A方向性	台月	—	—	23,940	—	—	—	1.80	1.08	—	—	—	
耐塩型気中開閉器	100A方向性	台月	—	—	20,610	—	—	—	1.40	0.84	—	—	—	高所への取付、結線
	200A方向性	台月	15	—	20,880	—	—	—	1.40	0.84	1.40	0.84	313,200	
	300A方向性	台月	—	—	25,140	—	—	—	1.80	1.08	—	—	—	
PF-S型キュービクル	100kVA以下	台月	—	—	43,800	—	—	—	3.00	1.80	—	—	—	設置、高圧線結線、調整
	100-200kVA	台月	—	—	56,400	—	—	—	4.00	2.40	—	—	—	
	200-300kVA	台月	—	—	71,400	—	—	—	4.00	2.40	—	—	—	
CB型キュービクル	100kVA以下	台月	—	—	102,600	—	—	—	3.00	1.80	—	—	—	設置、高圧線結線、調整
	100-200kVA	台月	1	5	116,100	—	—	—	4.00	2.40	4.00	2.40	580,500	
	200-300kVA	台月	1	10	137,700	—	—	—	4.00	2.40	4.00	2.40	1,377,000	
	300-400kVA	台月	—	—	168,600	—	—	—	5.00	3.00	—	—	—	
	400-500kVA	台月	—	—	187,800	—	—	—	5.00	3.00	—	—	—	
運搬用トラック	4t (クレーン付)	台日	3	3	39,000	—	—	—	—	—	—	—	117,000	損料品の運搬 (運転員込み)
移動式クレーン	20t	台日	3	—	56,000	—	—	—	—	—	—	—	168,000	損料品の荷役 (運転員込み)
	5t	台日	—	—	39,000	—	—	—	—	—	—	—	—	
申請・手続き	高圧受電	回	4	—	—	—	—	—	2.00	—	8.00	—	—	電力会社などへの申請業務
試験費	PF-S型	回	—	—	—	—	—	—	5.00	0.00	—	—	—	高圧関係耐圧試験
	CB型	回	2	—	—	—	—	—	6.00	0.00	12.00	—	—	
小計			—	—	—	—	261,960	229,446	—	—	101.75	—	2,555,700	
雑材料、消耗品	K×0.05(雑材料率)	—	—	—	—	—	—	13,098	—	—	—	—	—	
計			—	—	—	—	—	242,544	—	—	—	—	—	

仮設材料費	計①	242,544	材料費償却金額計
労務費	計②	2,004,475	作業工数×労務単価×(1+補正率)
機械費	計③	2,555,700	機械費の計
(労務単価	19,700円)		(補正率 0)

小計	④	①〜③の計	4,802,719
補充率	⑤	④×補充率(0.02)	96,054
電気業者経費	⑥	((①+②)×経費率(0.1)	224,702
合計		④〜⑥の計	5,123,475

114

第5章 設計・積算例

積算シート

低圧受電設備　(受電引込柱：低圧盤)　※中間立坑、到達立坑の2か所分

※本シートの単価、償却率、単位工数は標準値。
地域、現場条件などにより補正の必要あり。

名称	仕様	単位	数量 設置数 A1	数量 延数量 A2	単価 B	材料 (償却率) C	購入金額 D=A1×B	償却金額 E=A1×B×C	単位工数 設置 F	単位工数 撤去 G	作業工数 設置 H=A1×F	作業工数 撤去 I=A1×G	機械費 J=A2×B	作業内容
コンクリート柱	10m, 350kgf	本	2	—	36,500	0.7	73,000	51,100	5.20	3.12	10.40	6.24	—	土砂掘削、電柱建込
装柱材料	Cタイプ	式	2	—	4,500	1.0	9,000	9,000	0.50	0.20	1.00	0.40	—	高所での取付
支線材料	1本当り	式	2	—	20,000	1.0	40,000	40,000	1.00	0.40	2.00	0.80	—	取付
ケーブル	VVR5.5mm²-3c	m	66(1)	—	160	0.9	10,560	9,504	0.90	0.40	0.90	0.40	—	配線
	VVR8mm²-3c	m	—	—	204	0.9	—	—	0.90	0.40	—	—	—	(工数は引込か所当り)
	VVR14mm²-3c	m	66(1)	—	322	0.8	21,252	17,002	0.90	0.40	0.90	0.40	—	
	VVR22mm²-3c	m	—	—	469	0.8	—	—	0.90	0.40	—	—	—	
	VVR38mm²-3c	m	—	—	760	0.7	—	—	0.90	0.40	—	—	—	
	VVR60mm²-3c	m	—	—	1,172	0.7	—	—	1.20	0.50	—	—	—	
波付硬質ポリエチレン管	FEP φ50mm	m	40	—	382	1.0	15,280	15,280	—	—	—	—	—	布設、固定
メーターボックス	WP-3型	函	4	—	5,300	1.0	21,200	21,200	0.20	0.00	0.80	0.00	—	取付
接地材料	D種	カ所	2	—	—	—	—	—	0.60	0.00	1.20	0.00	—	設置、抵抗測定
漏電遮断器盤	50A	台月	4	20	900	—	—	—	0.30	0.18	1.20	0.72	18,000	取付、結線
	100A	台月	—	—	1,620	—	—	—	0.30	0.18	—	—	—	
	225A	台月	—	—	2,160	—	—	—	0.40	0.24	—	—	—	
申請・手続き	低圧受電	回	4	—	—	—	—	—	1.50	—	6.00	—	—	電力会社などへの申請業務
小計						K	190,292	163,086			33.36		18,000	
雑材料、消耗品	K×0.05(雑材料率)	—	—	—	—	—	—	9,515	—	—	—	—	—	
計							—	172,601	—	—	—	—	18,000	

仮設材料費 計①	172,601	材料費償却金額計
労務費 計②	657,192	作業工数×労務単価×(1+補正率)
機械費 計③	18,000	機械費の計

(労務単価 19,700円)　(補正率 0)

④	①〜③の計	847,793
⑤	④×補充率(0.02)	16,956
補充率	電気業者経費	
⑥	(①+②)×経費率(0.1)	82,979
合計	④〜⑥の計	947,728

設計・積算例

積算シート

高圧配電設備 (第2変電所、高圧配電ケーブル)

※本シートの単価、償却率、単位工数は標準値。地域、現場条件などにより補正の必要あり。

名称	仕様	単位	数量 A1	延数量 A2	単価 B	材料償却率 C	購入金額 D=A1×B	償却金額 E=A1×B×C	単位工数 設置 F	単位工数 撤去 G	作業工数 設置 H=A1×F	作業工数 撤去 I=A1×G	機械費 J=A2×B	作業内容
高圧ケーブル	CVT 22mm²	m	1,124	—	1,049	0.9	1,179,076	1,061,168	0.02	0.01	22.48	11.24	—	取付、結線
	CVT 38mm²	m	—	—	1,341	0.8			0.03	0.02			—	
	CVT 60mm²	m	—	—	1,712	0.7			0.03	0.02			—	
	CVT 100mm²	m	—	—	2,406	0.6			0.08	0.05			—	
端末処理材	屋内22mm²	組	5	—	11,500	1.0	57,500	57,500	0.65	0.00	3.25	—	—	取付、結線
	屋内38mm²	組	—	—	12,600	1.0			0.85	0.00			—	
	屋内60mm²	組	—	—	15,200	1.0			1.10	0.00			—	
	屋内100mm²	組	—	—	19,200	1.0			1.10	0.00			—	
直線接続材	屋外22mm²	組	3	—	24,800	1.0	74,400	74,400	1.30	0.00	3.90	—	—	取付、結線
	屋外38mm²	組	—	—	27,500	1.0			1.70	0.00			—	
	屋外60mm²	組	—	—	32,700	1.0			2.20	0.00			—	
	屋外100mm²	組	—	—	37,000	1.0			2.20	0.00			—	
コンクリート柱	10m, 350kgf	本	—	—	36,500	0.7	—	—	5.20	3.12	—	—	—	土砂掘削、電柱建込
装柱材料	Bタイプ	式	—	—	10,000	1.0	—	—	0.50	0.20	—	—	—	高所での取付
支線材料	1本当り	式	—	—	20,000	1.0	—	—	1.00	0.40	—	—	—	取付
接地材料	A種	カ所	—	—	20,000	1.0	—	—	3.50	0.00	—	—	—	設置、抵抗測定
メッセンジャーワイヤー	38mm²、ハンガー込	m	—	—	698	1.0	—	—	—	—	—	—	—	ハンガーは1m当り2個
ケーブルラック	400mm直線、アルミ	m	60	—	3,184	0.8	191,040	152,832	0.33	0.20	19.80	12	—	取付(付属品率0.7)
	200mm直線、アルミ	m	—	—	2,730	0.8			0.26	0.16			—	
波付硬質ポリエチレン管	FEPφ80mm	m	60	—	614	1.0	36,840	36,840	0.04	0.02	2.40	1.2	—	布設、固定
厚鋼電線管	CPφ70mm	m	—	—	834	1.0	—	—	0.28	0.11	—	—	—	配管布設(付属品率1.0)
接地線	IV60mm²	m	1,124	—	265	0.7	297,860	208,502	0.01	0.01	11.24	11.24	—	配線
受変電所基礎	コンクリート	m³	—	—	—	—	—	—	5.68	—	—	—	—	材工共、打設、撤去、処分

第5章 設計・積算例

積算シート

名称	仕様	単位	数量 設置数	数量 延数量 A1	数量 A2	単価 材料 B	単価 償却率 C	購入金額 D=A1×B	償却金額 E=A1×B×C	単位工数 設置 F	単位工数 撤去 G	作業工数 設置 H=A1×F	作業工数 撤去 I=A1×G	機械費 J=A2×B	作業内容
H型鋼	H300 H=1800	m								0.50					材工共、据付
受変電所フェンス		m								0.60					材工共、設置
PF-S型キュービクル	100kVA以下	台月				43,800				3.00	1.80				設置、高圧線結線、調整
	100～200kVA	台月				56,400				4.00	2.40				
	200～300kVA	台月				71,400				4.00	2.40				
CB型キュービクル	300～400kVA	台月				168,600				5.00	3.00				設置、高圧線結線、調整
	400～500kVA	台月				187,800				5.00	3.00				
簡易キュービクル PF-S型	100kVA以下	台月				106,200				3.00	1.80				設置、高圧線結線、調整
	100～200kVA	台月	1	7		147,300			1,591,240	4.00	2.40	4.00	2.40	1,031,100	
	200～300kVA	台月				187,800				4.00	2.40				
簡易キュービクル CB型	300～400kVA	台月				217,050				5.00	3.00				
	400～500kVA	台月				246,300				5.00	3.00				
運搬用トラック	4t（クレーン付）	台日			2	39,000								78,000	損料品の運搬（運転員込み）
移動式クレーン	20t	台日				56,000									
	5t	台日			2	39,000								78,000	損料品の荷役（運転員込み）
試験費	PF-S型	回	1							5.00	0.00	5.00	0.00		高圧関係耐圧リレー試験
	CB型	回								6.00	0.00				測定資機材持込み
小計							K 1,836,716	1,683,076							
雑材料、消耗品	K×0.05（雑材料率）								91,836			110.15		1,187,100	
計									1,683,076						

（補正率 0.35 ）

仮設材料費	計①	1,683,076 材料費償却金額計	④ ①～③の計	5,799,615
労務費	計②	2,929,439 作業工数×労務単価×（1＋補正率）	⑤ 補充率 ④×補充率(0.02)	115,992
機械費	計③	1,187,100 機械費の計	⑥ 電気業者経費 (①+②)×経率(0.1)	461,252
		（労務単価 19,700円）	合計 ④～⑥の計	6,376,859

積算シート

低圧配電設備
(分電盤設備、低圧ケーブル)

※本シートの単価、償却率、単位工数は標準値。地域、現場条件などにより補正の必要あり。

名称	仕様	単位	数量 設置数 A1	数量 延数量 A2	単価 B	材料 償却率 C	購入金額 D=A1×B	償却金額 E=A1×B×C	単位工数 設置 F	単位工数 撤去 G	作業工数 設置 H=A1×F	作業工数 撤去 I=A1×G	機械費 J=A2×B	作業内容
接地材料	D種	カ所	25	―	5,000	1.0	125,000	125,000	0.60	0.00	15.00	―	―	設置、抵抗測定
ケーブル	VVR5.5mm²-3c	m	147	―	160	0.9	23,520	21,168	0.02	0.01	2.94	1.47	―	配線
	VVR8mm²-3c	m	94	―	204	0.9	19,176	17,258	0.02	0.01	1.88	0.94	―	
	VVR14mm²-3c	m		―	322	0.8	―	―	0.02	0.01	―	―	―	
	VVR22mm²-3c	m		―	469	0.8	―	―	0.02	0.01	―	―	―	
	VVR38mm²-3c	m	194	―	760	0.7	147,440	103,208	0.04	0.02	7.76	3.88	―	
	VVR60mm²-3c	m	1,070	―	1,172	0.7	1,254,040	877,828	0.04	0.02	42.80	21.40	―	
	VVR100mm²-3c	m	1,151	―	1,889	0.6	2,174,239	1,304,543	0.06	0.04	69.06	46.04	―	
	VVR150mm²-3c	m	88	―	2,861	0.6	251,768	151,061	0.08	0.05	7.04	4.40	―	
コンクリート柱	10m、350kgf	本	―	―	36,500	0.7	―	―	5.20	3.12	―	―	―	土砂掘削、電柱建込
装柱材料	Cタイプ	式	―	―	4,500	1.0	―	―	0.50	0.20	―	―	―	高所での取付
支線材料	1本当り	式	―	―	20,000	1.0	―	―	1.00	0.40	―	―	―	取付
メッセンジャーワイヤー	38mm²、ハンガー込	m	―	―	698	1.0	―	―	―	―	―	―	―	ハンガーは1m当り2個
ケーブルラック	400mm直線、アルミ	m	143	―	3,184	0.8	455,312	364,250	0.33	0.20	47.19	28.60	―	取付(付属品率0.7)
	200mm直線、アルミ	m		―	2,730	0.8	―	―	0.26	0.16	―	―	―	
波付硬質ポリエチレン管	FEPφ80mm	m	―	―	614	1.0	―	―	0.03	0.01	―	―	―	布設、固定
厚鋼電線管	CPφ70mm	m	―	―	834	1.0	―	―	0.28	0.11	―	―	―	配管布設(付属品率1.0)
動力分電盤	標準タイプ	台月	7	79	5,040	―	―	―	0.80	0.48	5.60	3.36	398,160	取付、結線
電灯分電盤	標準タイプ	台月	3	45	3,600	―	―	―	0.70	0.42	2.10	1.26	162,000	取付、結線
動灯兼用分電盤	標準タイプ	台月	14	137	4,320	―	―	―	1.10	0.66	15.40	9.24	591,840	取付、結線
漏電遮断器盤	100A	台月			1,620	―	―	―	0.30	0.18	―	―	―	取付、結線
	225A	台月	1	7	2,160	―	―	―	0.40	0.24	0.40	0.24	15,120	
	400A	台月			4,680	―	―	―	0.80	0.48	―	―	―	

第5章 設計・積算例

積算シート

名称	仕様	単位	数量 設置数 A1	数量 延数量 A2	単価 材料費 B	償却率 C	購入金額 D=A1×B	償却金額 E=A1×B×C	単位工数 設置 F	単位工数 撤去 G	作業工数 設置 H=A1×F	作業工数 撤去 I=A1×G	機械費 J=A2×B	作業内容
運搬用トラック	4t(クレーン付)	台日	—	4	39,000	—	—	—	—	—	—	—	156,000	損料品の運搬(運転員込み)
小計							—	K 4,450,495	—	—	—	—	—	
雑材料、消耗品	K×0.05(雑材料率)	—	—	—	—	—	—	222,524	—	—	—	—	—	
計							—	3,186,841	—	—	—	338.00	1,323,120	

仮設材料費	計①	3,186,841	材料費償却金額計
労務費	計②	9,322,040	作業工数×労務単価×(1+補正率)
機械費	計③	1,323,120	機械費の計
	(労務単価	19,700円)	(補正率 0.40)

小計	④	①~③の計	13,832,001
補充率	⑤	④×補充率(0.05)	691,600
電気業者経費	⑥	((①+②)×経費率(0.1)	1,250,888
合計		④~⑥の計	15,774,489

積算シート

照明設備 （照明器具、器具用配線）

※本シートの単価、償却率、単位工数は標準値。地域、現場条件などにより補正の必要あり。

名称	仕様	単位	数量 設置器数 A1	数量 延数量 A2	単価 B	材料 償却率 C	購入金額 D=A1×B	償却金額 E=A1×B×C	単位工数 設置 F	単位工数 撤去 G	作業工数 設置 H=A1×F	作業工数 撤去 I=A1×G	機械費 J=A2×B	作業内容
水銀灯（投光型）	1kW（安定器込）	台	10	—	41,500	0.7	415,000	290,500	0.60	0.36	6.00	3.60	—	器具取付, 結線
水銀灯（懸垂灯）	300W（セルフバラスト）	台	—	—	6,848	0.7	—	—	0.60	0.36	—	—	—	
白熱灯（投光器）	500W	台	21	—	9,100	0.9	191,100	171,990	0.30	0.18	6.30	3.78	—	器具取付
白熱灯	100W	台	—	—	360	1.0	—	—	0.30	0.18	—	—	—	器具取付, 結線
防滴型蛍光灯 （シリンダーライト）	20W一般型	台	237	—	4,400	0.7	1,042,800	729,960	0.18	0.11	42.66	26.07	—	器具取付
	40W一般型	台	—	—	6,600	0.7	—	—	0.18	0.11	—	—	—	
	20W非常用	台	10	—	19,250	0.7	192,500	134,750	0.18	0.11	1.80	1.10	—	
	40W非常用	台	6	—	33,690	0.7	202,140	141,498	0.18	0.11	1.08	0.66	—	
自動点滅器	10A	台	4	—	2,520	0.8	10,080	8,064	0.15	0.09	0.60	0.36	—	取付, 配線
分岐ケーブル	3.5mm²-3c, 30m	本	33	—	15,390	0.7	507,870	355,509	0.30	0.18	9.90	5.94	—	取付
コネクタ（プラグ）	2P15A+E付	個	274	—	440	1.0	120,560	120,560	0.02	0.00	5.48	—	—	コネクタ取付
コネクタ（ボディ）	2P15A+E付	個	—	—	523	1.0	—	—	0.02	0.00	—	—	—	コネクタ取付
ケーブル	2CT2.0mm²-3c	m	1,805	—	133	1.0	240,065	240,065	0.01	0.00	18.05	—	—	配線
	VVF2.0mm-3c	m	—	—	65	1.0	—	—	0.01	0.00	—	—	—	
	VVF1.6mm-3c	m	—	—	43	1.0	—	—	0.01	0.00	—	—	—	
小計							K 2,922,115	2,192,896						
雑材料, 消耗品	K×0.05（雑材料率）		—	—	—	—	—	146,106	—	—	—	—	—	
計								2,339,002			133.38			

仮設材料費 計①	2,339,002	材料費償却金額計	
労務費 計②	3,153,103	作業工数×労務単価×（1＋補正率）	
機械費 計③	0	機械費の計	
（労務単価	19,700円）	（補正率	0.20 ）

小計	④	①～③の計	5,492,105
補充率	⑤	④×補充率(0.07)	384,447
電気業者経費	⑥	（①＋②）×経費率(0.1)	549,211
合計		④～⑥の計	6,425,763

第5章 設計・積算例

積算シート

通信設備 (通信機器、機器用配線)

※本シートの単価、償却率、単位工数は標準値。地域、現場条件などにより補正の必要あり。

名称	仕様	単位	数量 設置数 A1	数量 延数量 A2	単価 B	償却率 C	購入金額 D=A1×B	償却金額 E=A1×B×C	単位工数 設置 F	単位工数 撤去 G	作業工数 設置 H=A1×F	作業工数 撤去 I=A1×G	機械費 J=A2×B	作業内容
インターホン	YAZ90-3、屋外BOX	台	15	―	47,600	0.6	714,000	428,400	0.30	0.18	4.50	2.70	―	設置、結線
インターホン電源アダプタ	PS-24E	台	1	―	13,500	0.6	13,500	8,100	1.00	0.60	1.00	0.60	―	設置、結線
カメラ	カラー、屋外ハウジング	台	3	―	250,000	0.5	750,000	375,000	5.00	3.00	15.00	9.00	―	設置、調整
モニターテレビ	14インチカラー	台	3	―	80,000	0.5	240,000	120,000	1.00	0.60	3.00	1.80	―	設置、調整
ブースター	35dB	台	1	―	35,000	0.5	35,000	17,500	1.00	0.60	1.00	0.60	―	設置、調整
アンテナ	30W	台		―	49,600	0.5			1.60	0.96			―	設置、調整
	60W	台		―	59,200	0.5			1.60	0.96			―	
	120W	台	1	―	78,400	0.5	78,400	39,200	1.60	0.96	1.60	0.96	―	
スピーカー	5W	台	10	―	6,800	0.8	68,000	54,400	0.30	0.18	3.00	1.80	―	取付、結線
	10W	台	3	―	8,800	0.8	26,400	21,120	0.30	0.18	0.90	0.54	―	
ページング装置		台	1	―	26,000	0.7	26,000	18,200	1.00	0.60	1.00	0.60	―	取付、調整
インターホンケーブル	CPEV0.9mm5P	m	1,200	―	126	1.0	151,200	151,200	0.02	0.00	24.00	―	―	配線
同軸ケーブル	5C2V	m	1,144	―	121	1.0	138,424	138,424	0.01	0.00	11.44	―	―	配線
スピーカーケーブル	TOV-SS0.8-2	m	1,200	―	29	1.0	34,800	34,800	0.01	0.00	12.00	―	―	配線
小計							K 2,275,724	1,406,344			97.04			
雑材料、消耗品	K×0.05 (雑材料率)							113,786						
計								1,520,130						

材料費償却金額計 1,520,130　④ ①～③の計　3,814,156
計① 2,294,026 作業工数×労務単価×(1+補正率)　⑤ ④×補充率(0.05)　190,708
計② 0 機械費の計　　　⑥ (①+②)×経費率(0.1)　381,416
計③ (労務単価 19,700円)　(補正率 0.20)　合計 ④～⑥の計　4,386,280

仮設材料費　補充率　電気業者経費
労務費
機械費

積算シート

保 守 費 （電気設備の保守管理）

※本シートの単価、償却率、単位工数は標準値。地域、現場条件などにより補正の必要あり。

名称	仕様	単位	数量 A1	延設置数 A2	単価 B	償却率 C	購入金額 D=A1×B	償却金額 E=A1×B×C	単位工数 設置 F	単位工数 撤去 G	作業工数 設置 H=A1×F	作業工数 撤去 I=A1×G	機械費 J=A2×B	作業内容
月例点検	受変電所	カ所回	22	―	―	―	―	―	1.50	―	33.00	―	―	高圧設備点検
	分電盤	台回	268	―	―	―	―	―	0.10	―	26.80	―	―	ELB動作、結線状態確認
年次点検	受変電所	カ所回	2	―	―	―	―	―	2.50	―	5.00	―	―	高圧設備点検調整
	分電盤	台回	25	―	―	―	―	―	0.25	―	6.25	―	―	ELB動作時間、電流値確認
保守電工	電工	人工	150	―	―	―	―	―	1.00	―	150.00	―	―	設備保守（月当り人工×月）
			―	―	―	―	―	―	―	―	―	―	―	
			―	―	―	―	―	―	―	―	―	―	―	
			―	―	―	―	―	―	―	―	―	―	―	
			―	―	―	―	―	―	―	―	221.05	―	―	
小計			―	―	―	―	―	―	―	―	―	―	―	
雑材料、消耗品	K×0.05（雑材料率）	―	―	―	―	―	―	―	―	―	―	―	―	

仮設材料費	計①	0	材料費償却金額計
労務費	計②	4,354,685	作業工数×労務単価×（1＋補正率）
機械費	計③	0	機械費の計
		（労務単価 19,700円）	（補正率 0 ）

小計	④	①〜③の計	4,354,685
補充率	⑤	④×補充率(0)	0
電気業者経費	⑥	(①+②)×経費率(0.1)	435,469
合計		④〜⑥の計	4,790,154

5.2 ビル建築工事

5.2.1 設備計画の条件

本節で示す設計・積算例の設備計画の条件を整理すると**表5・12**のとおりである。

表5・12 設備計画の条件

項目			内容	計画に反映すべき事項
工事内容の確認	工事概要	工事名称	○○ビル建築工事	
		発注者	○○○株式会社	・発注者は民間
		工事場所	○○市○○	
		施工期間	○○年11月1日から20か月	・工期1年以上
		用途	事務所	
		建築規模 構造種別	地下：SRC, RC　地上：S	・受電箇所…1か所 ・照明、通信設備の規模
		建築規模 延床面積	約16,000 m²	
		建築規模 最高高さ	約31m	
		建築規模 階段	地下2階　地上8階	
		総工費	約65億円	・工事規模の推定
	図面		平面図, 立面図を, **図5・4**, **図5・5**に示す。	・受電位置、配線経路
現場条件の確認	自然条件		・海岸線から10km以上。市街地の周辺。 ・積雪、強風はほとんどなし。	・特に考慮すべき事項なし
	社会条件		・道路に面した建設現場。 ・商店街であり、周辺に住宅地なし。	・搬出入作業に留意 ・照明、通信設備の周辺への影響
	受電条件		・電力会社柱は建設現場の入口付近。高圧、低圧回路あり。 ・電力会社柱から建設現場との間には、引込みに際しての支障物なし。 ・所轄電力会社は関西電力。	・受電は容易
	施工条件		・昼間作業。 ・実施工程は休日、雨天時の休業等を考慮した工程。	・照明は昼間のみ

表5・12 設備計画の条件（つづき）

項目		内容	計画に反映すべき事項
施工機械の把握	負荷リスト 使用機械 工程	・使用する施工機械は表5・14のとおり。	・高圧配電の要否 ・総負荷容量が工程によって、大きく変動するので発電機の利用を検討する ・配電電圧の決定 ・分電盤の設置位置と数量
	使用方法	・揚重機械（タワークレーン、ロングスパンエレベータ）鉄骨、資材の揚重に使用する。 ・排水設備（水中ポンプ、濁水処理設備）地下部からの濁水、洗い水を処理し排水する。 ・溶接機 　鉄骨、その他鋼材類の溶接に用いる。	

表5・13 概略工事工程表　　　　　　　　　　（一目盛：1か月）

工事内容	1	2	3	4	5	6	7	8	9	10	11	12	13	14	15	16	17	18	19	20	21
準備工	○-○																				
山留めSMW	○-○																				
基礎杭工			○-○	○																	
掘削・山留工				○-○																	
地下部基礎工							○-B2-○		B1-○												
鉄骨建方								○-○ 地下		○	○-○ 地上										
柱、床部型枠コンクリート工									○		○										
外装工											○								○		
内装工									○		○							○			
設備工						○											○				
検査、復旧工																			○-○		

第5章 設計・積算例

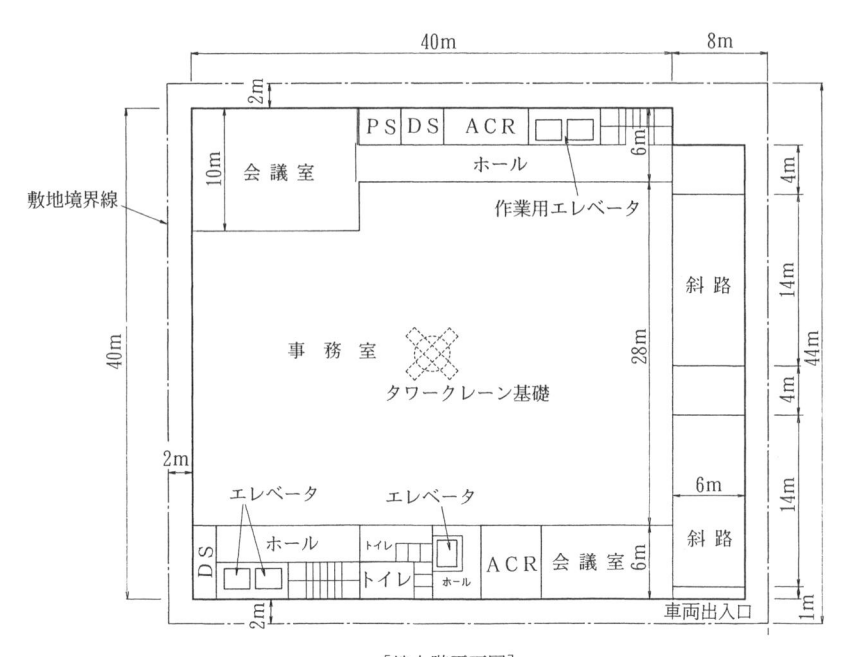

[地上階平面図]

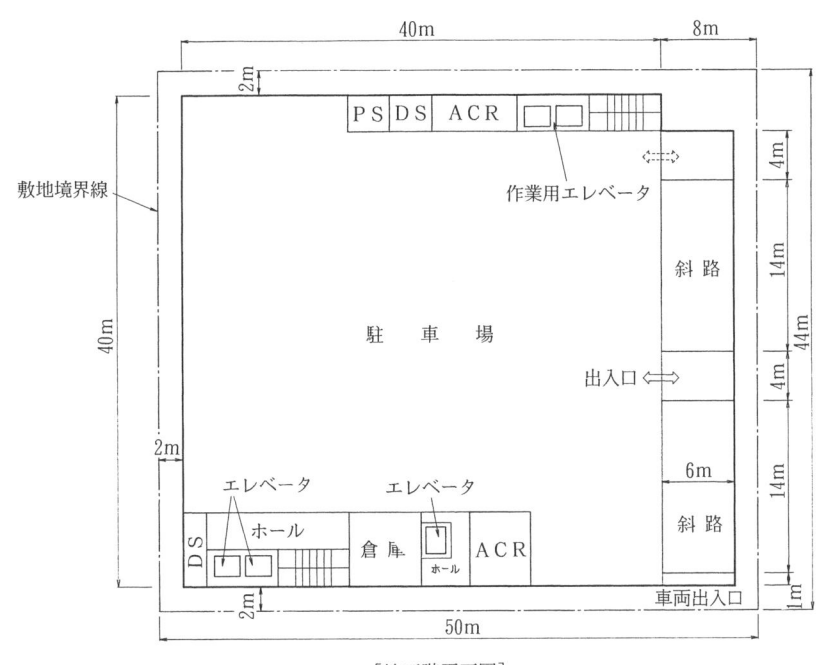

[地下階平面図]

図5・4 平面図

タワークレーン
JCC400

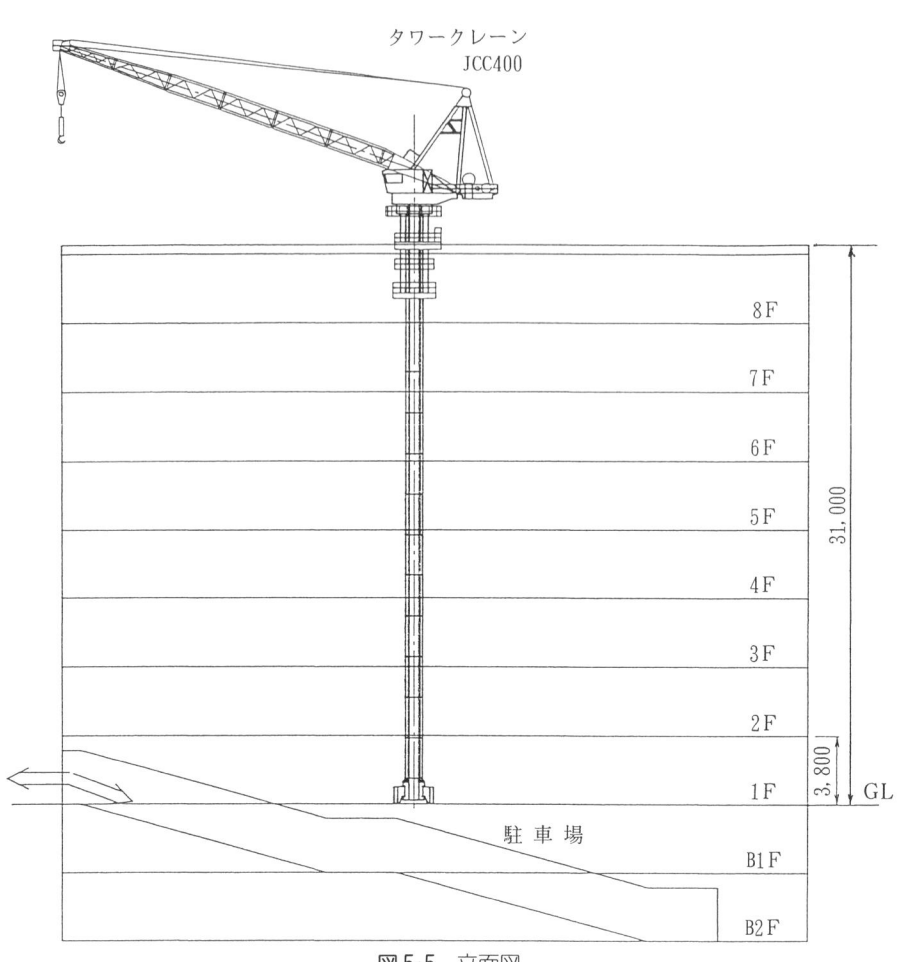

8F
7F
6F
5F
4F
3F
2F
1F
B1F
B2F

31,000
3,800
GL

駐車場

図5・5 立面図

表5·14 主要機械工程表　　　　　　　　　　　　　　　　　　　　　　　　　（一目盛：1か月）

使用機械名称	容量(kW)	電圧(V)	台数(台)	1	2	3	4	5	6	7	8	9	10	11	12	13	14	15	16	17	18	19	20	備考
SMW機			1	○	○																			
モルタルプラント	30	200	1	○	○																			
クローラクレーン 80t			1	○	○																			
リバース	75	200	2			○	2	○																
安定液プラント	30	200	1			○		○																
マッドスクリーン	75	200	1			○		○																
0.7m³ バックホー			1					○		○														
11t ダンプトラック			6				○		6	○														
20t トラッククレーン			1					○		○														
タイヤ洗浄機	15	200	1	○																○				
タワークレーンJCC-400	170	400	1									○							○					
解体用クレーンU-100	75	200	1										○							○				
ロングスパンエレベータ	7.5	200	1											○							○			
水中ポンプ 2B	3.7	200	6						○	6	○				○		2	○						
内装用モルタルプラント	10	200	1								○		○											
超高圧洗浄機	3.7	200	1					○												○				
給水ポンプ	5.5	200	1					○												○				
電気溶接機	14	200	10					○		5	○			10	○		5	○						
濁水処理設備	10	200	1					○												○				
送風機	5.5	200	2										○			2		○						

第5章 設計・積算例

5.2.2 設備計画

設計条件に基づき，表 5・15 のように設備計画を立案する。

表 5・15 設備計画

項　目		内　容	設計に反映すべき事項
給電計画	工事範囲	・敷地内全般	・高圧受電……1か所 ・工事費負担金・臨時工事費……不要 ・引込みケーブル 　……6.6 kV CVT 　　　　38 mm² 以上 ・気中開閉器…… 　　　　一般型
	工事期間	・電気供給期間は、20 か月	
	発電機・買電	・山留壁、基礎杭の施工時は必要容量は大きいが、短期間なので発電機。以降は買電。	
	高圧・低圧	・機器の総出力が約 500 kW となるので高圧受電。	
	受電位置	・入口付近に引込柱を建柱。最寄りの電力会社柱から1回線引込み。	
	電力会社への確認	高圧に関する事前協議で確定した事項 ・短絡電流によるケーブルサイズは、38 mm² 以上。 ・工事位置が海岸線から遠いので気中開閉器は一般型。 ・引込みは架空引込み。	
受変電設備計画	キュービクルの設置位置	・建築本体工事に支障なく、電力会社柱に近い道路沿いとする。	・キュービクル、引込柱の仕様決定
	キュービクルの種類	・受電設備容量が 300 kVA を超えるので CB 型キュービクルとする。	
配電設備計画	高圧	線種	・原則として CVT ケーブルを使用する。	・簡易キュービクルの仕様、ケーブルサイズ等の決定と数量積算
		電線路	・ケーブルの保護材として、波付硬質ポリエチレン管を使用する。	
		配電電圧	・高圧配電する場合の配電電圧は 6.6 kV	

表5・15 設備計画（つづき）

項目			内容	設計に反映すべき事項
配電設備計画	低圧	線種	・原則としてケーブルを使用する。 　幹線　　　　　VVRケーブル 　分電盤二次側　2CTケーブル	
		電線路	・仮囲いにケーブルラックを設置しケーブルを布設する。	
		配電電圧	・機器使用電圧ごとに配電する。 　動力　400, 200 V（三相3線式） 　電灯　200/100 V（単相3線式）	
	使用環境に応じた機材		・建物内は狭隘部分となるのでタワークレーン供給電源として簡易キュービクルを採用。	
	分電盤の設置		基本的には、次の条件により設置する。 ・動力分電盤…使用機器に応じて設置する。 ・照明分電盤…敷地面積に応じて設置する。 ・兼用分電盤…延床面積に応じて設置する。	
照明設備計画	必要照度と必要器具		・全体照明…… 　　水銀灯1 kWを使用する。 　　（平均照度 50 ℓx） ・屋内照明…… 　　蛍光灯 40 W、白熱灯 100 Wを使用する。 　　（平均照度 60 ℓx） ・局部照明…… 　　白熱灯 500 W（投光器）を使用する。 ・使用電圧…… 200 W ・つり下げコンセント…… 　　電動工具用に2 P-E付コネクター 　　（コンセント）を使用する。	・照明器具の仕様決定と数量積算
通信設備計画	設置箇所と設備		・構内電話…… 　　事務所、各階に1台ずつ設置する。 ・放送設備…… 　　各階に5 Wスピーカーを1台ずつ設置する。	・通信機器の仕様決定と数量積算

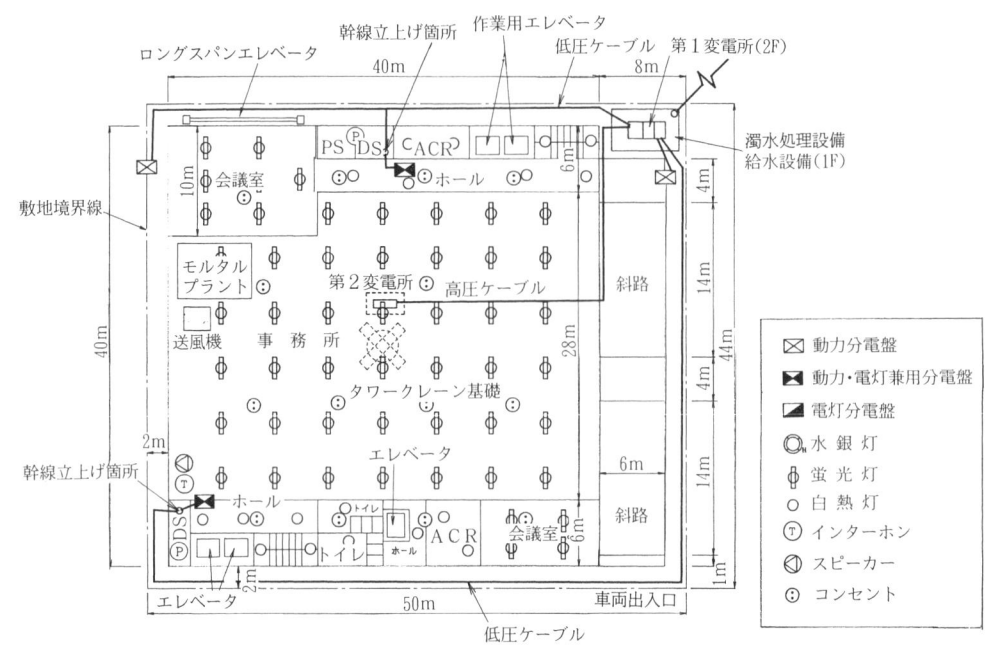

[建屋施工時]

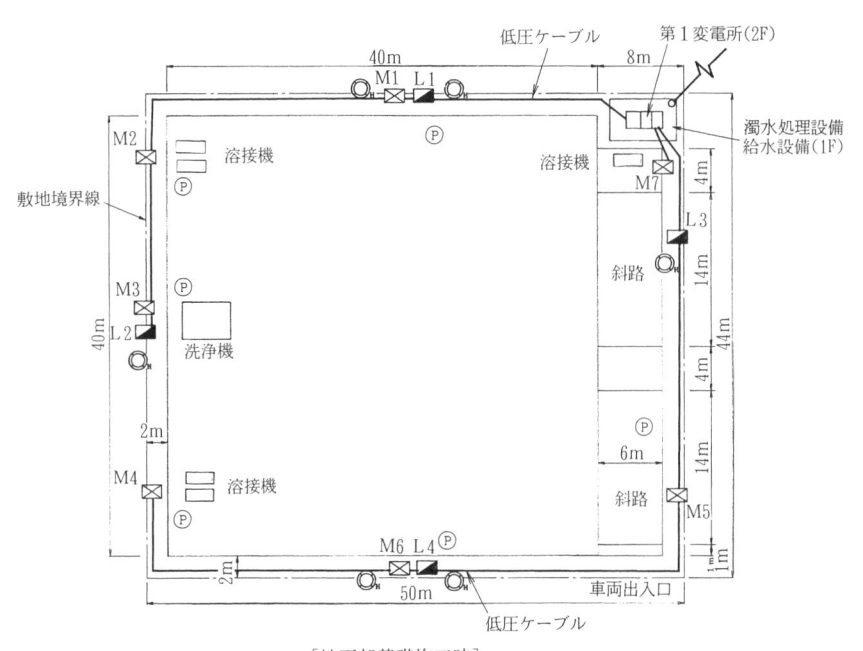

[地下部基礎施工時]

図5・6 電気設備配置図（平面）

タワークレーン

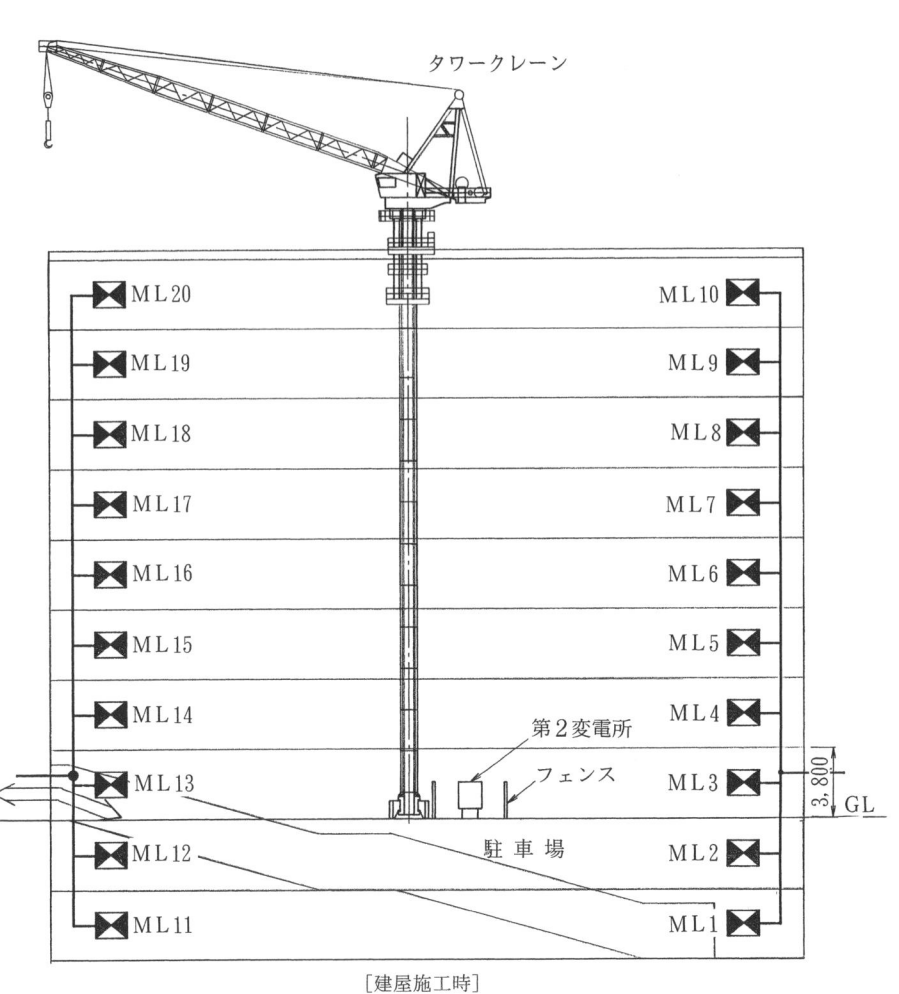

ML20　ML10
ML19　ML9
ML18　ML8
ML17　ML7
ML16　ML6
ML15　ML5
ML14　ML4
　　　第2変電所
ML13　フェンス　ML3　3,800　GL
　　　駐車場　ML2
ML12
ML11　ML1

[建屋施工時]
図5・7　電気設備配置図（立面）

5.2.3 設備設計

工事計画に基づき，設計を進める。

表5・16　設備設計

項　目			内　　　容
受変電設備設計	変圧器容量・需要率		需要率は下記とする。 　　動力 …… タワークレーン　0.8 　　　　　　その他　　　　　 0.6 　　電灯 …… 1.0（ただし，局部照明を含める場合は0.9とする。） 入力換算率は下記に統一 　　動力 …… 1.25（力率0.8） 　　電灯 …… 1.11（力率0.9）
	契約電力・契約種別		負荷を完全に確定できないので受変電容量(変圧器容量)より契約電力を計算する（負荷設備は、個々の容量を計上すべきであるが、変圧器容量で計算するのでプラントごとの負荷容量として計算した)。
	引　込　柱		高圧受電 …… 引込柱（12m）×1か所 　　　　　　　装柱材A×1式
	気中開閉器・避雷器		気中開閉器（一般型200A）×1か所 避雷器（8.4kV）×3台
	引込ケーブル		6.6kV　CVT　38mm²
	キュービクル		CB型キュービクル（150＋30kVA）×1組×7月 CB型キュービクル（200＋75kVA）×1組×3月 CB型キュービクル（150＋75kVA）×1組×5月 基礎・フェンス等×1式
	接　地　工　事		A種接地工事（E_A）…… 避雷器用×1か所 　　　　　　　　　　　　共用×1か所
配電設備設計	高圧	変　電　盤	タワークレーン用に高圧配電するため1階に簡易キュービクル（200kVA）を設置する。
		ケーブル	線種 …… 6.6kV CVT 直接接続材 …… なし
		電　線　路	波付硬質ポリエチレン管にて布設
		接地工事	簡易キュービクルには受変電所から接地線を布設する。
	低圧	分　電　盤	電動工具、照明設備等用として各階に2面の兼用分電盤を設置する。
		ケーブル	線種 …… ＶＶＲ 許容電圧降下は10%とする。
		電　線　路	1階 …… 塀沿いにケーブルラックを布設する。（電柱は設置しない） 1階以外 …… 通路、作業に支障のない場所に転がし配線する。
		接地工事	分電盤の設置場所ごとに接地（E_D）するので、分電盤数と同数とする。

表5·16 設備設計（つづき）

項目		内容
照明設備設計	照明器具・必要台数	施工途中では、屋外と同様の条件となるため防水形とする。各階には非常灯を設置する。
通信設備設計	通話設備	インターホン 　事務所×1、詰所×1、出入口×1、各階×10 ケーブル　　CPEV φ0.9-5P 　（同時3通話のインターホンなので4P以上）
	監視設備	モニターテレビを設置する事務所を設置しないので、監視設備はなしとする。
	放送設備	スピーカー（5W）　　10台（各階に1台） 　（近くに商店街があるので屋外には設置しない） アンプ（60W）　　1台（5W×10台 → 60W） ページング装置　　1台 ケーブル　　　TOV-SS 0.8mm×2コより
その他	日数計算	1月を30日として計算する。
	雑動力	確定できない雑動力10kWを見込む。

表5·17　分電盤使用工程表　　　　　　　　　　　　　　　　　（一目盛：1か月）

分電盤 No.	1	2	3	4	5	6	7	8	9	10	11	12	13	14	15	16	17	18	19	20	21	設置場所	設置数(台)	延使用月(台月)
M 1					■	■	■	■	■	■	■	■										外周	1	7
M 2					■	■	■	■	■	■	■	■	■	■	■	■	■	■	■	■		〃	1	15
M 3					■	■	■	■	■	■	■	■										〃	1	7
M 4					■	■	■	■	■	■	■	■										〃	1	7
M 5					■	■	■	■	■	■	■	■										〃	1	7
M 6					■	■	■	■	■	■	■	■										〃	1	7
M 7					■	■	■	■	■	■	■	■	■	■	■	■	■	■	■	■		〃	1	15
L 1					■	■	■	■	■	■	■	■										〃	1	7
L 2					■	■	■	■	■	■	■	■										〃	1	7
L 3					■	■	■	■	■	■	■	■										〃	1	7
L 4					■	■	■	■	■	■	■	■										〃	1	7
X 1 (400A)				■	■	■	■	■	■	■	■	■	■	■	■	■						建屋内	1	12
ML 1～ML 10							■	■	■	■	■	■	■	■								〃	10	80
ML 11～ML 20												■	■	■	■	■	■	■	■			〃	10	80

考え方　　照明器具類の数量算定方法　　　　　　　　　　→ 3.4節参照

① 屋外照明（地下部基礎施工時）　　　　　　　　　　　　→ 表3·14参照
　〔1 kW 水銀灯〕
　・敷地面積　　　44 m × 50 m = 2,200 m²
　・台　数　　　　$N = \dfrac{50\,\ell x \times 2,200\,m^2 \times 1.4}{52,000\,\ell m \times 0.5} ≒ 6$ 台
　・設置方法　　　敷地周辺の塀に均等に配置する。

② 屋内照明　　　　　　　　　　　　　　　　　　　　　→ 表3·14, 表3·17参照
　〔40 W 蛍光灯〕
　・照明対象場所　　事務室・会議室（比較的広い場所）
　・照明対象面積　　地上階（1フロア当り）　1,270 m²
　　　　　　　　　　地下階（1フロア当り）　1,340 m²
　・台　数　　地上階　　$N = \dfrac{60\,\ell x \times 1,270\,m^2 \times 1.4}{2,610\,\ell m \times 0.8} ≒ 51$ 台／階

　　　　　　　地下階　　$N = \dfrac{60\,\ell x \times 1,340\,m^2 \times 1.4}{2,610\,\ell m \times 0.8} ≒ 54$ 台／階

　　　　　　　総　数　　51 台 × 8 階 + 17 台 × 2 階 = 516 台
　　　　　　　　　　　　防滴形非常灯　　地上　2 台 × 8 階 = 16 台
　　　　　　　　　　　　　　　　　　　　地下　3 台 × 2 階 = 6 台
　　　　　　　　　　　　防滴形　　　　　　　　516 台 − 22 台 = 494 台
　・設置方法　　　照明対象場所に均等に配置する。

　〔100 W 蛍光灯〕
　・照明対象場所　　事務室・会議室以外（比較的狭い場所）
　・照明対象面積　　地上階（1フロア当り）　330 m²
　　　　　　　　　　地下階（1フロア当り）　260 m²
　・台　数　　地上階　　$N = \dfrac{60\,\ell x \times 330\,m^2 \times 1.4}{1,600\,\ell m \times 0.8} ≒ 22$ 台／階

　　　　　　　地下階　　$N = \dfrac{60\,\ell x \times 260\,m^2 \times 1.4}{1,600\,\ell m \times 0.8} ≒ 17$ 台／階

　　　　　　　総　数　　22 台 × 8 階 + 17 台 × 2 階 = 210 台
　・設置方法　　　照明対象場所に均等に配置する。

③ 局部照明　　　　　　　　　　　　　　　　　　　　　→ 表3·16参照
　〔500 W 白熱灯〕
　・照明対象面積　　地上階　1,600 m² × 8 階 = 12,800 m²
　　　　　　　　　　地下階　1,600 m² × 2 階 = 3,200 m²
　・台　数　　　　　地上階　12,800 m² ÷ 1,000 m² ≒ 13 台
　　　　　　　　　　地下階　3,200 m² ÷ 200 m² = 16 台
　　　　　　　　　　総　数　13 台 + 16 台 = 29 台
　・使用方法　　　必要に応じて使用する。
　　　　　　　　　電源は最寄りの分電盤から供給する。

④ つり下げコンセント　　　　　　　　　　　　　　　　→ 3.4節 (8) 参照
　・敷地対象面積　　40 m × 40 m = 1,600 m³
　・数　量　　　　1,600 m² ÷ 100 m² = 16 個／階
　　　　　　　　　総　数　16 × 10 階 = 160 個
　・設置方法　　　フロアに均等に設置する。

表5·18 電力工程表

電力工程表（受変電所）

	使用機械名	容量	合数	1月	2月	3月	4月	5月	6月	7月	8月	9月	10月	11月	12月	13月	14月	15月	16月	17月	18月	19月	20月
動力設備	ダイヤ洗浄機	15.0	1						15.0	15.0													
	ロングスパンエレベータ	7.5	1											7.5	7.5	7.5	7.5	7.5	7.5	7.5	7.5	7.5	
	水中ポンプ	3.7	6							22.2	22.2												
	内装用モルタルプラント	10.0	1											7.4	7.4	7.4	7.4	7.4	7.4	7.4	7.4	7.4	
	超高圧洗浄機	3.7	1										10.0	10.0	10.0	10.0	10.0	10.0	10.0	10.0	10.0	10.0	3.7
	給水ポンプ	3.7	1						3.7	3.7	3.7	3.7	3.7	3.7	3.7	3.7	3.7	3.7	3.7	3.7	3.7	3.7	
	電気溶接機	5.5	10						5.5	5.5	5.5	5.5	5.5	5.5	5.5	5.5	5.5	5.5	5.5	5.5	5.5	5.5	
	濁水処理設備	14.0	1						70.0	70.0	70.0	140.0	140.0	140.0	140.0	140.0	140.0	140.0	70.0	70.0	70.0	70.0	
	送風機	10.0	1						10.0	10.0	10.0	10.0	10.0	10.0	10.0								
	雑動力	5.5	2													11.0	11.0	11.0	11.0	11.0	11.0	11.0	
		10.0	1						10.0	10.0	10.0	10.0	10.0	10.0	10.0	10.0	10.0	10.0	10.0	10.0	10.0	10.0	10.0
電灯設備	水銀灯	1.0	6						6.0	6.0	6.0	6.0	6.0	6.0	6.0								
	蛍光灯	0.04	516													20.6	20.6	20.6	20.6	20.6	20.6	20.6	20.6
	白熱灯	0.1	210													21.0	21.0	21.0	21.0	21.0	21.0	21.0	21.0
	投光器	0.5	29						14.5	14.5	14.5	14.5	14.5	14.5	14.5	14.5	14.5	14.5	14.5	14.5	14.5	14.5	14.5
	電動工具	1.5	1						1.5	1.5	1.5	1.5	1.5	1.5	1.5	1.5	1.5	1.5	1.5	1.5	1.5	1.5	1.5
動力設備容量計 (kW)	A								136.4	136.4	121.4	106.6	176.6	194.1	216.1	205.1	205.1	205.1	135.1	135.1	125.1	13.7
電灯設備容量計 (kW)	B								22.0	22.0	22.0	22.0	22.0	22.0	22.0	57.6	57.6	57.6	57.6	57.6	57.6	57.6
負荷設備容量合計 (kW)	C = A + B								158.4	158.4	143.4	128.6	198.6	216.1	216.1	262.7	262.7	262.7	192.7	192.7	182.7	71.3
設備利用率 (%)	D [実績参照]								18	18	18	18	18	18	18	20	20	20	20	22	22	22
動力変圧器容量 (kVA)	E ≥ A×0.6/0.8								150	150	150	150	150	150	150	200	200	150	150	150	150	150
電灯変圧器容量 (kVA)	F ≥ B×0.9/0.9								30	30	30	30	30	30	30	75	75	75	75	75	75	75
総変圧器容量 (kVA)	G = E + F								180	180	180	180	180	180	180	275	275	225	225	225	225	225
使用電力量	H = C*D*24*30/100								20529	20529	18585	16667	25739	28007	28007	37829	37829	37829	27749	30524	28940	11294

注）変圧器容量≧設備容量×需要率/力率 ただし、設備容量（A、B）はその期間中の最大値とする。

表5・18 電力工程表（つづき）

電力工程表　（第2変電所）

	使用機械名	容量	台数	1月	2月	3月	4月	5月	6月	7月	8月	9月	10月	11月	12月	13月	14月	15月	16月	17月	18月	19月	20月
動力設備	タワークレーン JCC-400	170.0	1									170.0	170.0	170.0	170.0	170.0	170.0	170.0	170.0				
	解体用クレーン U-100	75.0	1																	75.0	75.0		
電灯設備																							
動力設備容量計 (kW)	A											170	170	170	170	170	170	170	170	75	75		
電灯設備容量計 (kW)	B																						
負荷設備容量合計 (kW)	C＝A＋B											170	170	170	170	170	170	170	170	75	75		
設備利用率 (%)	D〔実績参照〕											20	20	20	20	20	20	20	20	20	20		
動力変圧器容量 (kVA)	E≧A×0.8/0.8											200	200	200	200	200	200	200	200	200	200		
電灯変圧器容量 (kVA)	F≧B×0.9/0.9																						
総変圧器容量 (kVA)	G＝E＋F											200	200	200	200	200	200	200	200	200	200		
使用電力量	H＝C*D*24*30/100											24480	24480	24480	24480	24480	24480	24480	24480	10800	10800		

注）変圧器容量≧設備容量×需要率／力率　ただし，設備容量（A，B）はその期間中の最大値とする。

第5章 設計・積算例

表5・19 電力集計表

使用電力量 集計表

項　目	1月	2月	3月	4月	5月	6月	7月	8月	9月	10月	11月	12月	13月	14月	15月	16月	17月	18月	19月	20月	合　計
受変電所 使用電力量（kWH）						20529	20529	18585	16667	25739	28007	28007	37829	37829	37829	27749	30524	30524	28940	11294	400,581
第2変電所 使用電力量（kWH）									24480	24480	24480	24480	24480	24480	24480	24480	24480	10800			217,440
第3変電所 使用電力量（kWH）																					
第4変電所 使用電力量（kWH）																					
第5変電所 使用電力量（kWH）																					
第6変電所 使用電力量（kWH）																					
合　計						20529	20529	18585	41147	50219	52487	52487	62309	62309	62309	52229	55004	41324	28940	11294	618,021

総使用電力量（kWH） 618,021

契約電力 集計表

項　目	1月	2月	3月	4月	5月	6月	7月	8月	9月	10月	11月	12月	13月	14月	15月	16月	17月	18月	19月	20月	合　計
受変電所 変圧器容量（kVA）						180	180	180	180	180	180	180	275	275	275	225	225	225	225	225	********
第2変電所 変圧器容量（kVA）									200	200	200	200	200	200	200	200	200	200			********
第3変電所 変圧器容量（kVA）																					********
第4変電所 変圧器容量（kVA）						180	180	180	380	380	380	380	475	475	475	425	425	425	225	225	********
第5変電所 変圧器容量（kVA）						40	40	40	40	40	40	40	40	40	40	40	40	40	40	40	********
第6変電所 変圧器容量（kVA）						35	35	35	35	35	35	35	35	35	35	35	35	35	35	35	********
変圧器容量合計　Q（kVA）							48	48	48		40	40	40	88	88	88	63	63	63	75		********
Qのうち初の 50kW×0.8（A）						123	123	123	123	123	123	123	235	235	235	283	283	258	258	150	********
Qのうち次の 50kW×0.7（B）																					********
Qのうち次の 200kW×0.6（C）																					********
Qのうち次の 300kW×0.5（D）																					********
Qの600kW 超過分　×0.4（E）																					********
契約電力（kW）〔A〜E合計〕																					3,232

契約電力合計（kW・月） 3,232

受電に関する特記事項

1〜5月は発電機を使用する

受変電所は、総変圧器容量が300kVAを超えるためCB型とする
第2変電所は挟所で使用するので、簡易型キュービクル（200kVA）とする。

ケーブルサイズ

(a)　引込みケーブル

　電力会社が算出した短絡電流と，負荷電流より計算した値の，大きい方をとり 38 mm² とする。

(b)　高圧配電ケーブル

　高圧回路では，電圧降下は極めて小さいので計算を省略する。負荷電流によるケーブルサイズは次のとおりである。

$$\frac{170\mathrm{kW}}{\sqrt{3}\times 6.6\mathrm{kV}\times 0.8\times 0.9}=20.7(\mathrm{A}) \qquad \begin{array}{l} 0.8\cdots\cdots 力率 \\ 0.9\cdots\cdots 効率 \end{array}$$

電流値から判断すると 8 mm² 程度以下と考えられるが，転用性から 6.6 kV CVT 22 mm² とする。

(c)　低圧配電ケーブル

　低圧回路は負荷電流と電圧降下の計算からサイズを決定する。電圧降下計算は負荷が末端に集中しているものとする（**表 5·20** 参照）。

(d)　局部照明

　局部照明用の白熱灯 500 W 29 台は，作業場所に伴い移動するので，ML 1～20 のその他負荷として計算する。

(e)　不特定動力負荷

　超高圧洗浄機，電気溶接機 6 台は作業場所に伴い移動するので，ML 1～20 の不特定動力負荷として計算する。

(f)　わたり配線

　分電盤 1 面への電源供給だけでなく複数の分電盤へ電源を供給する場合は，負荷が末端に集中しているものとして計算する。

(g)　最小サイズ

　ケーブルの最小サイズを 5.5 mm² とする。

考え方　ケーブルサイズの算出方法

〈動力分電盤 M3 の場合〉
① 負荷容量によりケーブルに流れる最大電流を算出する。　　→ 3.3.4参照
　　タイヤ洗浄機　15 kW ……… 60 A
　　水中ポンプ　　3.7 kW ……14.8 A
　　　　　　計　　　　　　　74.8 A
② ①で求めた電流値によるケーブルサイズを求める。
　　図3・24より22 mm² 以上必要である。
③ 電圧降下によるケーブルサイズを求める。
$$S = \frac{30.8 \times 70\,m \times 74.8\,A}{1{,}000 \times e} = 8.1\,mm^2$$
　　e：許容電圧降下(V)　200 V ×10％＝20 V

よって、ケーブルは②,③で求めたサイズ以上の 22 mm²（3心）を使用する。

〈兼用分電盤 ML1～10 の場合〉

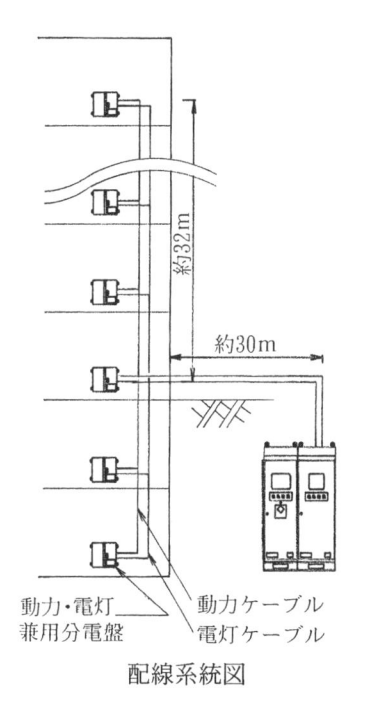

不特定機器の使用に対応させるため、負荷条件を以下のとおりとする。
　動力：25 kW の機器を同時に2面で使用するものとする。
　電灯：屋内の全照明機器の半分(ML11～20と分担)およびその他(投光器・電動工具)を使用するものとする。

① 負荷電流を確定する。
　（電灯器具はすべて100 Vとする。）
　動力：25 kW(100 A)×2台　　　→ 200 A
　電灯：蛍光灯40 W(0.5 A)×258台→ 129 A
　　　　白熱灯100 W(1 A)×105台 → 105 A
　　その他（投光器・電動工具）
　　　　8 kW(80 A)×1式　　　　→ 80 A
　　　　　　　　　　　電灯計　　　314 A

② 電流値によるケーブルサイズを求める。
　動力：100 mm² 以上
　電灯：100 mm² 以上（電灯回路は単相3線式のため、電流値314 A/2 = 157 A）

③ 電圧降下によるケーブルサイズを求める。
　動力：
$$S = \frac{30.8 \times 84\,m \times 200\,A}{1{,}000 \times e} = 25.9\,mm^2$$
　　e：許容電圧降下(V)　200 V ×10％＝20 V
　電灯：
$$S = \frac{17.8 \times 84\,m \times 314\,A}{1{,}000 \times e} = 46.9\,mm^2$$
　　e：許容電圧降下(V)　100 V ×10％＝10 V

（配線系統図：約32 m、約30 m、動力・電灯兼用分電盤、動力ケーブル、電灯ケーブル）

配線系統図

よって、ケーブルは②,③で求めたサイズ以上を使用する。
　動力：100 mm²（3心）
　電灯：100 mm²（3心）

表 5・20　低圧幹線一覧

配線系統	分電盤	電圧V	設備名	容量kW	電流	台数	総電流	ケーブルサイズ	距離m	ケーブルサイズ	電圧降下	配線ケーブル	備考
VVR5.5mm²-3C 30m	M1	200	水中ポンプ	3.7	14.8	1	14.8	5.5	30	0.7		5.5	基礎施工時のみ
VVR60mm²-3C 60m	M2	200	電気溶接機	14.0	49.0	2	112.8	60	60	10.4		60	基礎施工時
			水中ポンプ	3.7	14.8	1							
			ロングスパンエレベータ	7.5	30.0	1	114.0	60	60	10.5		60	建屋施工時
			モルタルプラント	10.0	60.0	1							
			送風機	5.5	22.0	2							
VV22mm²-3C 70m	M3	200	タイヤ洗浄機	15.0	60.0	1	74.8	22	70	8.1		22	基礎施工時のみ
VVR60mm²-3C 100m	M4	200		3.7	14.8	1	112.8	60	100	17.4		60	
VVR5.5mm²-3C 40m	M5	200	水中ポンプ	3.7	14.8	1	29.6	5.5	70	3.2		5.5	基礎施工時のみ
30m	M6	200	水中ポンプ	3.7	14.8	1							
VV22mm²-3C 10m	M7	200	濁水処理設備	10.0	40.0	1	62.0	22	10	1.0		22	基礎施工時のみ
			給水ポンプ	5.5	22.0	1							
VVR14mm²-3C 30m	L1	200/100	照明、他(200V)	5.0	27.8	1	55.6	14	70	k=35.6 e=20V		14	基礎・建屋施工時
40m	L2	200/100	照明、他(200V)	5.0	27.8	1							基礎施工時のみ
VVR14mm²-3C 20m	L3	200/100	照明、他(200V)	5.0	27.8	1	55.6	14	70	k=35.6 e=20V	6.9	14	基礎施工時のみ
50m	L4	200/100	照明、他(200V)	5.0	27.8	1					6.9		

受変電所

第5章 設計・積算例

幹線	分電盤							備考
VVR100mm²-3C 70m (動力) VVR38mm²-3C 10m×10本	ML1	不特定動力負荷	25.0	100	2	200.0	100		建屋施工時
(電灯) VVR38mm²-3C 10m×10本	~ ML10	蛍光灯(100V) 白熱灯(100V) その他(投光器・電動工具)(100V)	200/100 0.04 0.1 8.0	0.5 1.0 88.8	258 105 1	(129+105 +88.8)/2= 322.8/2 =161.4		70	21.6 k=17.8 e=10V 20.1	100	建屋施工時 各階の幹線分岐には する(電圧降下の計算 は立上げ幹線のみ) 単相3線式
VVR100mm²-3C 150m (動力) VVR38mm²-3C 10m×10本	ML11	不特定動力負荷	25.0	100	2	200.0	100		建屋施工時
(電灯) VVR38mm²-3C 150m 10m×10本	~ ML20	蛍光灯(100V) 白熱灯(100V) その他(投光器・電動工具)(100V)	200/100 0.04 0.1 8.0	0.5 1.0 88.8	258 105 1	(129+105 +88.8)/2= 322.8/2 =161.4		150	46.2 k=17.8 e=10V 43.1	100	建屋施工時 各階の幹線分岐には する(電圧降下の計算 は立上げ幹線のみ) 単相3線式
第2変電所	VVR100mm²-3C 40m VVR100mm²-3C 40m	X1	400	タワークレーン(JCC-400)	170.0 340	340.0	1	100×2 または250	40	10.5	100×2 複数配線	タワークレーン使用時も 解体クレーン用の電源も 兼用

				グラフ参照		①②比較
					計算式参照	規格サイズ
				①参照	②	③

※分類 ┌ 動力分電盤　：M1, M2……
　　　│ 電灯分電盤　：L1, L2……
　　　└ 兼用分電盤　：ML1, ML2……
　　　　漏電しゃ断器盤：X1, X2……

電流は以下の式で算出した。

動力機器の電流(A)＝容量(W)/($\sqrt{3}$×200V×0.8×0.9)≒容量(kW)×4
タワークレーンの電流(A)＝容量(W)/($\sqrt{3}$×400V×0.8×0.9)≒容量(kW)×2
電気溶接機の電流(A)＝容量(W)/200V×0.7
照明, 他の電流(A)＝容量(W)/200V×1.11
蛍光灯の電流(A)＝容量(W)/200V×1.25
白熱灯の電流(A)＝容量(W)/200V×1.0
その他(投光器・電動工具)の電流(A)＝容量(W)/200V×1.11

注1　電流は200V-100Vの両方が使用できるように単相3線式で配線するが, 200Vで電流算出しているので, 電圧降下は単相2線式の係数で算出した。

注2　照明, 他は200V・100Vの両方が使用できるように単相3線式で配線するが, 200Vで電流算出しているので, 電圧降下は単相2線式の係数で算出した。

資機材シート

高圧受変電設備

分類	小分類	項目名	単位	数量	備考
引込柱	受電柱	コンクリート柱 (12m)	本	1	受電柱1か所当り1本
		装柱材料A	式	1	受電柱1か所当り1式 (付図20・1参照)
		支線材料	式	1	受電柱1か所当り1式
		避雷器 (8.4kV)	個	3	受電柱1か所当り3個
		接地材料 (E_A)	か所	1	避雷器用・受電柱1か所当り1か所
	気中開閉器	一般型（　）A	台		設置地域により判断する
		耐塩型（　）A	台	1 (15月)	容量は100, 200, 300 A
	中間柱	コンクリート柱 (10m)	本		中間柱1か所当り1本
		装柱材料B	式		中間柱1か所当り1式 (付図20・6参照)
		支線材料	式		基本的にかど部、終端部の電柱に取付ける
		メッセンジャー (ハンガー含む)	m		受電柱から変電所までの水平距離×1.1
引込ケーブル	高圧ケーブル	CVT 22mm²	m		受電容量、その他によりケーブルを決める
		CVT 38mm²	m	20	(図面上の長さ)×(補完率 1.1)
		CVT（　）mm²	m		(1本の延長が300m以上の場合 1.05) 電力会社の指定を受ける場合がある
	端末処理材	22mm²用・屋外	組		ケーブルの両端部に屋内、屋外それぞれ1組ずつ必要
		22mm²用・屋内	組		
		38mm²用・屋外	組	1	
		38mm²用・屋内	組	1	
		（　）mm²用・屋外	組		
		（　）mm²用・屋内	組		
	保護材	波付硬質ポリエチレン管	m	10	FEPφ80mm・受電所1か所当り10m
受変電所	キュービクル	PF-S型キュービクル	台		変圧器容量 100kVA以下 — 全変電所の合計変圧器容量が300kVA以下の場合PF-S型
		PF-S型キュービクル	台		〃　100～200kVA以下
		PF-S型キュービクル	台		〃　200～300kVA以下
		CB型キュービクル	台		〃　100kVA以下 — 全変電所の合計変圧器容量が300kVA超過の場合CB型
		CB型キュービクル	台	1 (7月)	〃　100～200kVA以下
		CB型キュービクル	台	2 (3+5月)	〃　200～300kVA以下
		CB型キュービクル	台		〃　300～400kVA以下
		CB型キュービクル	台		〃　400～500kVA以下
		接地材料 (E_A)	か所	1	受変電装置用
受変電所	基礎	基礎コンクリート	m³	4.0	体積計算が必要
		H型鋼 (H-300)	m	12.4	キュービクルかさ上げ用
	フェンス	受変電所フェンス	m	26.4	防護用・出入口1か所、H=1800
その他					

資機材シート

低圧受電設備

分　類	小分類	項　目　名	単位	数　量	備　　考
引込柱	受電柱	コンクリート柱（10m）	本		受電柱1か所当り1本
		装柱材料C	式		受電柱1か所当り1式（付図20・2参照）
		支線材料	式		受電柱1か所当り1式
引込ケーブル	ケーブル	VVR 5.5mm^2-3C	m		受電容量、その他によりケーブルを決める（図面上の長さ）×（補完率1.1）（1本の延長が300m以上の場合1.05）電力会社の指定を受ける場合がある
		VVR 14mm^2-3C	m		
		VVR 22mm^2-3C	m		
		VVR 38mm^2-3C	m		
		VVR 60mm^2-3C	m		
		VVR 100mm^2-3C	m		
	保護材	波付硬質ポリエチレン管	m		FEP φ50mm・受電所1か所当り10m
受電盤	受電盤	メーターボックス	函		動力、電灯それぞれ1函ずつ必要
		漏電しゃ断器盤 50A	台		受電容量により選択するメインスイッチとして使用
		漏電しゃ断器盤 100A	台		
		漏電しゃ断器盤 225A	台		
		接地材料（E$_D$）	か所		受電柱1本当り1か所必要
その他					

資機材シート

高圧配電設備

分類	小分類	項目名	単位	数量	備考	
配電ケーブル	高圧ケーブル	CVT 22 mm^2	m	44	変圧器容量、その他によりケーブルを決める (図面上の長さ)×補完率 1.1 (1本の延長が 300m 以上の場合 1.05)	
		CVT 38 mm^2	m			
		CVT (　) mm^2	m			
	端末処理材	22 mm^{2}用・屋内	組	2	ケーブル1本に対し両端に2組必要	
		38 mm^{2}用・屋内	組			
		(　) mm^{2}用・屋内	組			
	直線接続材	22 mm^{2}用・屋外	組		ケーブル長 300m を超える場合 (直線部での中間ジョイントに必要)	
		38 mm^{2}用・屋外	組			
		(　) mm^{2}用・屋外	組			
配電方法	架空	コンクリート柱 (10 m)	本		配電柱1か所当り1本	
		装柱材料 B	式		配電柱1か所当り1式 (付図 20・6 参照)	
		支線材料	式		基本的にかど部、末端部の電柱に取付ける	
		メッセンジャー (ハンガー含む)	m		架空送電距離 (水平距離)×1.1	
	ケーブルラック	400 mm 直線型	m		図面上の長さ×補完率 1.05 低圧と兼用も可	
		200 mm 直線型	m			
	保護材	波付硬質ポリエチレン管	m	42	FEP φ 80 mm・図面上の長さ×補完率 1.05	
	埋設	厚鋼電線管 φ 70 mm	m		図面上の長さ×補完率 1.05	
第2変電所	キュービクル	PF-S型キュービクル	台		変圧器容量 100 kVA 以下	変電所の変圧器容量が 300kVA 以下の場合 PF-S型 300 kVA 超過の場合 CB型を使用
		PF-S型キュービクル	台		〃　　100～200 kVA 以下	
		PF-S型キュービクル	台		〃　　200～300 kVA 以下	
		CB型キュービクル	台		〃　　300～400 kVA 以下	
		CB型キュービクル	台		〃　　400～500 kVA 以下	
		簡易キュービクル 100 kVA	台		〃　　100 kVA 以下	コンパクトタイプ坑内・建築建屋内など狭い場所で使用する動灯両用変圧器内蔵型もあり
		簡易キュービクル 200 kVA	台	1 (10月)	〃　　100～200 kVA 以下	
		簡易キュービクル 300 kVA	台		〃　　200～300 kVA 以下	
		簡易キュービクル 400 kVA	台		〃　　300～400 kVA 以下	
		簡易キュービクル 500 kVA	台		〃　　400～500 kVA 以下	
	接地	接地材料 (E$_A$)	か所		キュービクル用	
		接地線 (IV60)	m	44	変電所間の距離×補完率 1.1 (または 1.05)	
	基礎	基礎コンクリート	m^3		体積計算が必要	
		H型鋼 (H-300)	m	9.2	キュービクルかさ上げ用	
	フェンス	受変電所フェンス	m	22.8	防護用・出入口1か所、H=1800	
その他						

資機材シート

低圧配電設備

分　類	小分類	項　目　名	単位	数　量	備　考
分電盤	分電盤	動力分電盤	面	7 (65月)	低圧幹線一覧表に準ずる
		電灯分電盤	面	4 (28月)	分電盤配置図面より数量を計上する
		動灯兼用分電盤	面	20 (160月)	
		漏電しゃ断器盤 100A	面		
		漏電しゃ断器盤 225A	面		
		漏電しゃ断器盤 400A	面	1 (12月)	
		接地材料（E_D）	か所	32	分電盤の総数と同数必要
配電ケーブル	ケーブル	VVR 5.5mm^2-3C	m	110	幹線用（変電所～分電盤）はVVRを使用
		VVR 8mm^2-3C	m		（低圧幹線一覧表参照）
		VVR 14mm^2-3C	m	154	（図面上の長さ）×（補完率 1.1）
		VVR 22mm^2-3C	m	88	（1本の延長が300m以上の場合 1.05）
		VVR 38mm^2-3C	m	420	
		VVR 60mm^2-3C	m	176	
		VVR 100mm^2-3C	m	546	
		VVR 150mm^2-3C	m		
配電方法	架　空	コンクリート柱（10m）	本		配電柱1か所当り1本
		装柱材料 C	式		配電柱1か所当り1式（付図20・6参照）
		支線材料	式		基本的にかど部、末端部の電柱に取付ける
		メッセンジャー（ハンガー含む）	m		架空送電距離（水平距離）×1.1
	ケーブルラック	400mm 直線型	m	183	図面上の長さ×補完率 1.05
		200mm 直線型	m		セパレータを入れて高圧と兼用も可
	保護材	波付硬質ポリエチレン管 φ50	m		図面上の長さ×補完率 1.05
	埋　設	厚鋼電線管 φ70mm	m		図面上の長さ×補完率 1.05
その他					

資機材シート

照明設備

分類	小分類	項目名	単位	数量	備考
全体照明	器具	水銀灯 1kW(安定器付)	台	6	表3・14 参照
		水銀灯 300W(セルフバラスト)	台		
		白熱灯 100W	台	210	
		蛍光灯 40W	台	494	
	ケーブルその他	2CT 2.0mm²-3C	m	180	水銀灯 (1kW) 1台当り 30m
		2CT 2.0mm²-3C	m		土木・投光器 (1kW) 1台当り 20m
		VVF 2.0mm-3C	m		建築・水銀灯 (300W) 1台当り 20m
		VVF 1.6mm-3C	m	14,520	建築・蛍光灯、白熱灯 1台当り 20m
		自動点滅器	台	6	水銀灯設置箇所と同数
坑内照明	器具	水銀灯 1kW(安定器付)	台		表3・15 参照
		蛍光灯 40W	台		
		蛍光灯 20W	台		
		非常蛍光灯 (40W)	台		坑内延長 100m 当り 1台
		非常蛍光灯 (20W)	台		
	ケーブルその他	分岐ケーブル 3.5mm²-3C	本		坑内照明(延長)÷30m コネクタ(2P+E)ボディ付
		コネクタ (2P+E) プラグ	個		蛍光灯電源用・坑内蛍光灯器具数と同数
		2CT 2.0mm²-3C	m		器具1台当り 5m
局部照明		白熱灯 500W (投光器)	台	29	表3・16 参照
		2CT 2.0mm²-3C	m	580	器具1台当り 20m
		コネクタ (2P+E) プラグ	個	29	投光器と同数
		コネクタ (2P+E) ボディ	個	160	建築建屋内コンセント 3.4節(8) 参照
		VVF 2.0mm-3C	m	3,200	コネクタ(ボディ)1個当り 20m
その他					

資機材シート

通信設備

分類	小分類	項目名	単位	数量	備考
通話設備	電話機	事務所インターホン	台	1	各工種共通
		詰所インターホン	台	1	各工種共通
		プラント類インターホン	台		各工種共通
		受変電所インターホン	台		各工種共通
		右岸左岸用インターホン	台		ダム工事
		切羽インターホン	台		トンネル・シールド工事
		坑内インターホン	台		トンネル・シールド工事
		立坑上下インターホン	台		土木工事
		出入口用インターホン	台	1	各工種共通
		エレベータ内インターホン	台		各工種共通
		各フロアー用インターホン	台	10	建築工事
		その他設置インターホン	台		シールド機運転席、中間・到達立坑
	ケーブルその他	インターホンケーブル	m	220	(図面上の配線距離)×(補完率1.1)
		電源アダプター	台	1	
監視設備	カメラ	出入口監視カメラ	台		各工種共通
		プラント監視カメラ	台		各工種共通
		切羽監視カメラ	台		トンネル・シールド工事
		現場全域監視カメラ	台		特にダム工事設置基準参照
		その他設置カメラ	台		上記の場所以外に設置するカメラ
	モニターテレビ	事務所用テレビ	台		各工種共通
		詰所用テレビ	台		各工種共通
		運転席用テレビ	台		特にシールド工事
		その他設置テレビ	台		上記の場所以外に設置するテレビ
	ケーブルその他	同軸ケーブル(5C 2V)	m		(図面上の配線距離)×(補完率1.1)
		ブースター	台		ケーブル長1000mに1台
放送設備	アンプ	アンプ(30W)	台		スピーカーの合計容量を超える容量のもの
		アンプ(60W)	台	1	
		アンプ(120W)	台		
	スピーカー	スピーカー(10W)	台		(放送面積)÷500m^2
		スピーカー(5W)	台		(坑長)÷100m
		スピーカー(5W)	台	10	各フロアーに1台ずつ
	ケーブルその他	TOV-SS 0.8mm-2こより	m	220	(図面上の配線距離)×(補完率1.1)
		ページング装置	台	1	通常1台
その他					

5.2.4 設備積算

設備設計に基づき，積算を進める。

表5・21 設備積算

項　　　目	内　　　　　　　容
仮設材料費	積算数量 ― 設計数量に材料補完率を乗じた値とする。 材料単価 ― 購入価格に償却率を乗じた値とする。
機　械　費	積算数量 ― 設計数量を積算数量とする。 損料 ― 1日当たり損料に供用日数を乗じた値とする。
労　務　費	労務単価（電工）は、19,700円とする。 補正率 ―― 設備工事ごとに一括した値を乗じる。 　　　　　受変電設備　　　― 0 　　　　　配電設備（高圧）― 0.15 　　　　　　　　（低圧）― 0.40 　　　　　照明設備　　　　― 0.20 　　　　　通信設備　　　　― 0.20
補　充　費	補充率 ―― 設備工事ごとに一括した値を乗じる。 　　　　　受変電設備　　　― 0.02 　　　　　配電設備（高圧）― 0.02 　　　　　　　　（低圧）― 0.05 　　　　　照明設備　　　　― 0.07 　　　　　通信設備　　　　― 0.05
電気業者経費	電気業者経費率は、仮設材料費と労務費との和の10%とする。
引　込　料	工事費負担金、臨時工事費とも不要のため計上しない。
電　気　料　金	関西電力の単価で計上する。 本例では力率割引はしないものとする。 概略計算による料金を計上する。
保　守　費	電気設備に係わる保守費用を計上する。
その他費用	

表5・22 工事用電気設備費

工事用電気設備費 集計表

<工事概要> 建築工事(事務所ビル) 地下2F・地上8F 延べ床面積 約16,000m²
構造 地下SRC, RC 地上S 工期 約20ヶ月 注)消費税は含まず

設備分類	労務単価	雑材料費率	労務費補正率	補充率	業者経費率	仮設材料費計	労務費	機械費	計	小計	補充費	電気業者経費	合計
高圧受変電設備	19,700	0.05	0	0.02	0.1	248,544	2,248,755	2,497,650		4,994,949	99,899	249,730	5,344,578
低圧受電設備	19,700	0.05	0	0.02	0.1	0	0	0		0	0	0	0
高圧配電設備	19,700	0.05	0.15	0.02	0.1	103,820	808,784	1,663,000		2,575,604	51,512	91,260	2,718,376
低圧配電設備	19,700	0.05	0.40	0.05	0.1	1,821,732	7,364,687	1,331,760		10,518,179	525,909	918,642	11,962,730
照明設備	19,700	0.05	0.20	0.07	0.1	4,612,246	10,877,710	0		15,489,956	1,084,297	1,548,996	18,123,249
通信設備	19,700	0.05	0.20	0.05	0.1	556,660	553,176	0		1,109,836	55,492	110,984	1,276,312
保守費	19,700	0.05	0	0	0.1	0	4,082,825	0		4,082,825	0	408,283	4,491,108
合計	—	—	—	—	—	7,343,002	25,935,937	5,492,410		38,771,349	1,817,109	3,327,895	43,916,353

電気料金	電力量料金	使用電力量	618,021 (kWH)	単価	10.21 (円/kWH)×1.2	金額(円)	7,571,993
	基本料金	契約電力計	3,232 (kW・月)	単価	1,260 (円/kW・月)×1.2	金額(円)	4,886,784
合計							12,458,777

設計・積算例

第5章 設計・積算例

積算シート

高圧受変電設備
(受電引込柱、受変電設備)

※本シートの単価、償却率、単位工数は標準値。地域、現場条件などにより補正の必要あり。

名称	仕様	単位	数量 設置数 A1	数量 延数量 A2	単価 B	償却率 C	購入金額 D=A1×B	償却金額 E=A1×B×C	単位工数 設置 F	単位工数 撤去 G	作業工数 設置 H=A1×F	作業工数 撤去 I=A1×G	機械費 J=A2×B	作業内容
コンクリート柱	12m、350kgf	本	1	-	45,300	0.7	45,300	31,710	5.80	3.48	5.80	3.48	-	土砂掘削、電柱建込
装柱材料	Aタイプ	式	1	-	30,000	1.0	30,000	30,000	1.40	0.56	1.40	0.56	-	高所での取付
支線材料	1本当り	式	1	-	20,000	1.0	20,000	20,000	1.00	0.40	1.00	0.40	-	取付
避雷器	8.4kV	台	3	-	12,600	0.8	37,800	30,240	0.30	0.18	0.90	0.54	-	取付調整、結線
接地材料	A種	ヵ所	1	-	20,000	1.0	20,000	20,000	3.50	0.00	3.50	-	-	設置、抵抗測定(機械持込)
コンクリート柱	10m、350kgf	本		-	36,500	0.7			5.20	3.12			-	土砂掘削、電柱建込
装柱材料	Bタイプ	式		-	10,000	1.0			0.50	0.20			-	高所での取付
メッセンジャーワイヤー	38mm²、ハンガー込	m		-	698				-	-	-	-	-	ハンガーは1m当り2個
高圧ケーブル	CVT22mm²	m		-	1,049	0.9			0.96	0.56			-	取付、結線
	CVT38mm²	m	20(1)	-	1,341	0.8	26,820	21,456	1.40	0.84	1.40	0.84	-	(工数は引込ヵ所当り)
	CVT60mm²	m		-	1,712	0.7			1.72	1.03			-	
	CVT100mm²	m		-	2,406	0.6			2.06	1.24			-	
端末処理材	居外22mm²	組		-	14,100	1.0			0.65	0.00			-	取付、結線
	居内22mm²	組		-	11,500	1.0			0.65	0.00			-	
	居外38mm²耐塩	組	1	-	63,300	1.0	63,300	63,300	1.28	0.00	1.28	0.00	-	
	居内38mm²	組	1	-	12,600	1.0	12,600	12,600	0.85	0.00	0.85	0.00	-	
	居外60mm²	組		-	19,600	1.0			1.10	0.00			-	
	居内60mm²	組		-	15,200	1.0			1.10	0.00			-	
	居外100mm²	組		-	23,500	1.0			1.10	0.00			-	
	居内100mm²	組		-	19,200	1.0			1.10	0.00			-	
波付硬質ポリエチレン管	FEP φ80mm	m	10	-	614	1.0	6,140	6,140	-	-	-	-	-	
受変電所基礎	コンクリート	m³	4.0	-	-	-	-	-	5.68	-	22.72	-	-	材工共、打設、撤去、処分
H型鋼	H300	m	12.4	-	-	-	-	-	0.50	-	6.20	-	-	材工共、据付、撤去

第5章 設計・積算例

積算シート

名称	仕様	単位	数量 設置数 A1	数量 延数量 A2	単価 B	材料 償却率 C	購入金額 D=A1×B	償却金額 E=A1×B×C	単位工数 設置 F	単位工数 撤去 G	作業工数 設置 H=A1×F	作業工数 撤去 I=A1×G	機械費 J=A2×B	作業内容
受変電所フェンス	H=1800	m	26.4	—	—	—	—	—	0.60	—	15.84	—	—	材工共、設置、撤去
一般型気中開閉器	100A方向性	台月	—	—	19,620	—	—	—	1.40	0.84	—	—	—	高所への取付、結線
	200A方向性	台月	1	15	19,890	—	—	—	1.40	0.84	1.40	0.84	298,350	
	300A方向性	台月	—	—	23,940	—	—	—	1.80	1.08	—	—	—	
耐塩型気中開閉器	100A方向性	台月	—	—	20,610	—	—	—	1.40	0.84	—	—	—	高所への取付、結線
	200A方向性	台月	—	—	20,880	—	—	—	1.40	0.84	—	—	—	
	300A方向性	台月	—	—	25,140	—	—	—	1.80	1.08	—	—	—	
PF-S型キュービクル	100kVA以下	台月	—	—	43,800	—	—	—	3.00	1.80	—	—	—	設置、高圧線結線、調整
	100〜200kVA	台月	—	—	56,400	—	—	—	4.00	2.40	—	—	—	
	200〜300kVA	台月	—	—	71,400	—	—	—	4.00	2.40	—	—	—	
CB型キュービクル	100kVA以下	台月	—	—	102,600	—	—	—	3.00	1.80	—	—	—	設置、高圧線結線、調整
	100〜200kVA	台月	1	7	116,100	—	—	—	4.00	2.40	4.00	2.40	812,700	
	200〜300kVA	台月	2	8	137,700	—	—	—	4.00	2.40	8.00	4.80	1,101,600	
	300〜400kVA	台月	—	—	168,600	—	—	—	5.00	3.00	—	—	—	
	400〜500kVA	台月	—	—	187,800	—	—	—	5.00	3.00	—	—	—	
運搬用トラック	4t(クレーン付)	台日	3	—	39,000	—	—	—	—	—	—	—	117,000	損料品の運搬(運転員込み)
移動式クレーン	20t	台日	—	—	56,000	—	—	—	—	—	—	—	—	
	5t	台日	3	—	39,000	—	—	—	—	—	—	—	168,000	損料品の荷役(運転員込み)
申請・手続き	高圧受電	回	3	—	—	—	—	—	2.00	—	8.00	—	—	電力会社などへの申請業務
試験費	PF-S型	回	—	—	—	—	—	—	5.00	0.00	—	—	—	高圧関係耐圧リレー試験
	CB型	回	3	—	—	—	—	—	6.00	0.00	18.00	—	—	測定資機材持込み
小計							K	261,960					2,497,650	
雑材料、消耗品	K×0.05(雑材料率)	—	—	—	—	—	—	13,098	—	—	—	—	—	
計								248,544			114.15			

仮設材料費 計①	248,544	材料費償却金額計
労務費 計②	2,248,755	作業工数×労務単価×(1+補正率)
機械費 計③	2,497,650	機械費の計
	(労務単価 19,700円)	(補正率 0)

小計	④	①〜③の計	4,994,949
補充率	⑤	④×補充率(0.02)	99,899
電気業者経費	⑥	(①+②)×経費率(0.1)	249,730
合計		④〜⑥の計	5,344,578

積算シート

低圧受電設備 （受電引込柱、低圧盤）

※本シートの単価、償却率、単位工数は標準値。
地域、現場条件などにより補正の必要あり。

名称	仕様	単位	数量 A1	数量 A2 延数量	単価 B	償却率 C	購入金額 D=A1×B	償却金額 E=A1×B×C	単位工数 設置 F	単位工数 撤去 G	作業工数 設置 H=A1×F	作業工数 撤去 I=A1×G	機械費 J=A2×B	作業内容
コンクリート柱	10m、350kgf	本			36,500	0.7			5.20	3.12			—	土砂掘削、電柱建込
装柱材料	Cタイプ	式			4,500	1.0			0.50	0.20			—	高所での取付
支線材料	1本当り	式			20,000	1.0			1.00	0.40			—	取付
ケーブル	VVR5.5mm²-3c	m			160	0.9			0.90	0.40			—	配線
	VVR8mm²-3c	m			204	0.9			0.90	0.40			—	（工数は引込み所当り）
	VVR14mm²-3c	m			322	0.8			0.90	0.40			—	
	VVR22mm²-3c	m			469	0.8			0.90	0.40			—	
	VVR38mm²-3c	m			760	0.7			0.90	0.40			—	
	VVR60mm²-3c	m			1,172	0.7			1.20	0.50			—	
波付硬質ポリエチレン管	FEP φ50mm	m			382	1.0			0.20	0.00			—	布設、固定
メーターボックス	WP-3型	函			5,300	1.0			0.60	0.00			—	取付
接地材料	D種	カ所			—	—	—	—	—	—			—	設置、抵抗測定
漏電遮断器盤	50A	台月		20	900	—	—	—	0.30	0.18			—	取付、結線
	100A	台月			1,620	—	—	—	0.30	0.18			—	
	225A	台月			2,160	—	—	—	0.40	0.24			—	
申請、手続き	低圧受電	回			—	—	—	—	1.50	—			—	電力会社などへの申請業務
小計								K						
雑材料、消耗品	K×0.05 (雑材料率)	—	—	—	—	—	—		—	—	—	—	—	
計														

仮設材料費 計①	材料費償却金額計		
労務費 計②	作業工数×労務単価×(1+補正率)	④ ①～③の計	
機械費 計③	機械費の計	⑤ ④×補充率(0.02)	
		補充率 電気業者経費	⑥ (①+②)×経費率(0.1)
（労務単価 19,700円）	（補正率 0 ）	合計	④～⑥の計

第5章 設計・積算例

積算シート

高圧配電設備 (第2変電所、高圧配電ケーブル)

※ 本シートの単価、償却率、単位工数は標準値。地域、現場条件などにより補正の必要あり。

名称	仕様	単位	数量 設置数量 A1	数量 延数量 A2	単価 材料 B	償却率 C	購入金額 D=A1×B	償却金額 E=A1×B×C	単位工数 設置 F	単位工数 撤去 G	作業工数 設置 H=A1×F	作業工数 撤去 I=A1×G	機械費 J=A2×B	作業内容
高圧ケーブル	CVT 22mm²	m	44	–	1,049	0.9	46,156	41,540	0.02	0.01	0.88	0.44	–	取付、結線
	CVT 38mm²	m		–	1,341	0.8			0.03	0.02			–	
	CVT 60mm²	m		–	1,712	0.7			0.03	0.02			–	
	CVT 100mm²	m		–	2,406	0.6			0.08	0.05			–	
端末処理材	屋内22mm²	組	2	–	11,500	1.0	23,000	23,000	0.65	0.00	1.30	–	–	取付、結線
	屋内38mm²	組		–	12,600	1.0			0.85	0.00			–	
	屋内60mm²	組		–	15,200	1.0			1.10	0.00			–	
	屋内100mm²	組		–	19,200	1.0			1.10	0.00			–	
直線接続材	屋外22mm²	組		–	24,800	1.0			1.30	0.00			–	取付、結線
	屋外38mm²	組		–	27,500	1.0			1.70	0.00			–	
	屋外60mm²	組		–	32,700	1.0			2.20	0.00			–	
	屋外100mm²	組		–	37,000	1.0			2.20	0.00			–	
コンクリート柱	10m、350kgf	本		–	36,500	0.7			5.20	3.12			–	土砂掘削、電柱建込
装柱材料	Bタイプ	式		–	10,000	1.0			0.50	0.20			–	高所での取付
支線材料	1本当り	式		–	20,000	1.0			1.00	0.40			–	取付
接地材料	A種	カ所		–	20,000	1.0			3.50	0.00			–	設置、抵抗測定
メッセンジャーワイヤー	38mm²、ハンガー込	m		–	698	1.0			–	–			–	ハンガーは1m当り2個
ケーブルラック	400mm直線、アルミ	m		–	3,184	0.8			0.33	0.20			–	取付(付属品率0.7)
	200mm直線、アルミ	m		–	2,730	0.8			0.26	0.16			–	
波付硬質ポリエチレン管	FEPφ80mm	m	42	–	614	1.0	25,788	25,788	0.04	0.02	1.68	0.84	–	布設、固定
厚鋼電線管	CPφ70mm	m		–	834	1.0			0.28	0.11			–	配管布設(付属品率1.0)
接地線	IV60mm²	m	44	–	265	0.7	11,660	8,162	0.01	0.01	0.44	0.44	–	配線
変電所基礎	コンクリート	m³		–	–	–	–	–	5.68	–	–	–	–	材工共、打設、撤去、処分

積算シート

名称	仕様	単位	数量		単価材料		購入金額	償却金額	単位工数			作業工数		機械費		作業内容
			設置数 延数量 A1	A2	B	償却率 C	D=A1×B	E=A1×B×C	設置 F	撤去 G		設置 H=A1×F	撤去 I=A1×G		J=A2×B	
H型鋼	H300	m	9.2	―	43,800	―	―	―	―	―		―	―		―	材工共、据付
受変電所フェンス	H=1800	m	22.8	―	56,400	―	―	―	0.60	―		13.68	―		―	材工共、設置
PF-S型キュービクル	100kVA以下	台月	―	―	71,400	―	―	―	3.00	1.80		―	―		―	設置、高圧線結線、調整
	100-200kVA	台月	―	―	168,600	―	―	―	4.00	2.40		―	―		―	
	200-300kVA	台月	―	―	187,800	―	―	―	4.00	2.40		―	―		―	
CB型キュービクル	300-400kVA	台月	―	―	106,200	―	―	―	5.00	3.00		―	―		―	設置、高圧線結線、調整
	400-500kVA	台月	―	―	147,300	―	―	―	5.00	3.00		―	―		―	
簡易キュービクル PF-S型	100kVA以下	台月	1	―	187,800	―	―	―	3.00	1.80		―	―		―	設置、高圧線結線、調整
	100-200kVA	台月	―	10	217,050	―	―	―	4.00	2.40		4.00	2.40		1,473,000	
	200-300kVA	台月	―	―	246,300	―	―	―	4.00	2.40		―	―		―	
簡易キュービクル CB型	300-400kVA	台月	―	―	39,000	―	―	―	5.00	3.00		―	―		―	
	400-500kVA	台月	―	―	56,000	―	―	―	5.00	3.00		―	―		―	
運搬用トラック	4t(クレーン付)	台日	2	―	39,000	―	―	―	―	―		―	―		78,000	損料品の運搬(運転員込み)
移動式クレーン	20t	台日	2	―		―	―	―	―	―		―	―		112,000	損料品の荷役(運転員込み)
	5t	台日	―	―		―	―	―	―	―		―	―		―	
試験費	PF-S型	回	―	―	―	―	―	―	5.00	0.00		5.00	―		―	高圧関係耐圧リレー試験
	CB型	回	―	―	―	―	―	―	6.00	0.00		―	―		―	測定資機材持込み
小計							K 106,604	98,490								
雑材料、消耗品	K×0.05(雑材料率)		―	―	―	―	―	5,330	―	―		―	―		―	
計								103,820				35.70			1,663,000	

計① 103,820 材料費償却金額計
計② 808,784 作業工数×労務単価×(1+補正率)
計③ 1,663,000 機械費の計
(労務単価 19,700円)　　　(補正率 0.15)

④	①〜③の計	2,575,604
補充率	⑤ ④×補充率(0.02)	51,512
電気業者経費	⑥ (①+②)×経費率(0.1)	91,260
合計	④〜⑥の計	2,718,376

仮設材料費
労務費
機械費

第5章 設計・積算例

積算シート

低圧配電設備
(分電盤設備、低圧ケーブル)

※本シートの単価、償却率、単位工数は標準値。
地域、現場条件などにより補正の必要あり。

名称	仕様	単位	数量 設置数 A1	数量 延数量 A2	単価材料 B	償却率 C	購入金額 D=A1×B	償却金額 E=A1×B×C	単位工数 設置 F	単位工数 撤去 G	作業工数 設置 H=A1×F	作業工数 撤去 I=A1×G	機械費 J=A2×B	作業内容
接地材料	D種	カ所	32	—	5,000	1.0	160,000	160,000	0.60	0.00	19.20	—	—	設置、抵抗測定
ケーブル	VVR5.5mm²-3c	m	110	—	160	0.9	17,600	15,840	0.02	0.01	2.20	1.10	—	配線
	VVR8mm²-3c	m	—	—	204	0.9	—	—	0.02	0.01	—	—	—	
	VVR14mm²-3c	m	154	—	322	0.8	49,588	39,670	0.02	0.01	3.08	1.54	—	
	VVR22mm²-3c	m	88	—	469	0.8	41,272	33,018	0.02	0.01	1.76	0.88	—	
	VVR38mm²-3c	m	420	—	760	0.7	319,200	223,440	0.04	0.02	16.80	8.40	—	
	VVR60mm²-3c	m	176	—	1,172	0.7	206,272	144,390	0.04	0.02	7.04	3.52	—	
	VVR100mm²-3c	m	546	—	1,889	0.6	1,031,394	618,836	0.06	0.04	32.76	21.84	—	
	VVR150mm²-3c	m	—	—	2,861	0.6	—	—	0.08	0.05	—	—	—	
コンクリート柱	10m, 350kgf	本	—	—	36,500	0.7	—	—	5.20	3.12	—	—	—	土砂掘削、電柱建込
装柱材料	Cタイプ	式	—	—	4,500	1.0	—	—	0.50	0.20	—	—	—	高所での取付
支線材料	1本当り	式	—	—	20,000	1.0	—	—	1.00	0.40	—	—	—	取付
メッセンジャーワイヤー	38mm²、ハンガー込	m	—	—	698	1.0	—	—	—	—	—	—	—	ハンガーは1m当り2個
ケーブルラック	400mm直線、アルミ	m	183	—	3,184	0.8	582,672	466,138	0.33	0.20	60.39	36.60	—	取付(付属品率0.7)
	200mm直線、アルミ	m	—	—	2,730	0.8	—	—	0.26	0.16	—	—	—	
波付硬質ポリエチレン管	FEP φ80mm	m	—	—	614	1.0	—	—	0.03	0.01	—	—	—	布設、固定
厚鋼電線管	CP φ70mm	m	—	—	834	1.0	—	—	0.28	0.11	—	—	—	配管布設(付属品率1.0)
動力分電盤	標準タイプ	台月	7	65	5,040	—	—	—	0.80	0.48	5.60	3.36	327,600	取付、結線
電灯分電盤	標準タイプ	台月	4	28	3,600	—	—	—	0.70	0.42	2.80	1.68	100,800	取付、結線
動灯兼用分電盤	標準タイプ	台月	20	160	4,320	—	—	—	1.10	0.66	22.00	13.20	691,200	取付、結線
漏電遮断器盤	100A	台月	—	—	1,620	—	—	—	0.30	0.18	—	—	—	取付、結線
	225A	台月	—	—	2,160	—	—	—	0.40	0.24	—	—	—	
	400A	台月	1	12	4,680	—	—	—	0.80	0.48	0.80	0.48	56,160	

積算シート

名 称	仕 様	単位	数量 設置数 A1	数量 延数量 A2	単価 材料 B	単価材料 償却率 C	購入金額 D=A1×B	償却金額 E=A1×B×C	単位工数 設置 F	単位工数 撤去 G	作業工数 設置 H=A1×F	作業工数 撤去 I=A1×G	機械費 J=A2×B	作業内容
運搬用トラック	4t (クレーン付)	台日	—	4	39,000	—	—	—	—	—	—	—	156,000	損料品の運搬 (運転員込み)
小 計							K 2,407,998	1,701,332			—	—	—	
雑材料,消耗品	K×0.05 (雑材料率)	—	—	—	—	—	—	120,400	—	—	—	—	—	
計								1,821,732			267.03	—	1,331,760	

仮設材料費	計①	1,821,732	材料費償却金額計		④ ①~③の計	10,518,179
労務費	計②	7,364,687	作業工数×労務単価×(1+補正率)		⑤ ④×補充率 (0.05)	525,909
機械費	計③	1,331,760	機械費の計		⑥ (①+②)×経費率 (0.1)	918,642
	(労務単価	19,700円)	(補正率	0.40)	合 計 ④~⑥の計	11,962,730

第5章 設計・積算例

積算シート

（照明器具、器具用配線）

※本シートの単価、償却率、単位工数は標準値。地域、現場条件などにより補正の必要あり。

照明設備	名称	仕様	単位	数量 設置数 延数量 A1 A2	単価 B	材料償却率 C	購入金額 D=A1×B	償却金額 E=A1×B×C	単位工数 設置 F	単位工数 撤去 G	作業工数 設置 H=A1×F	作業工数 撤去 I=A1×G	機械費 J=A2×B	作業内容
	水銀灯（投光型）	1kW（安定器込）	台	6 ―	41,500	0.7	249,000	174,300	0.60	0.36	3.60	2.16	―	器具取付、結線
	水銀灯（懸垂型）	300W（セルフバラスト）	台	― ―	6,848	0.7	―	―	0.60	0.36	―	―	―	
	白熱灯（投光器）	500W	台	29 ―	9,100	0.9	263,900	237,510	0.30	0.18	8.70	5.22	―	器具取付
	白熱灯	100W	台	210 ―	360	1.0	75,600	75,600	0.30	0.18	63.00	37.80	―	器具取付、結線
	防滴型蛍光灯	20W一般型	台	― ―	4,400	0.7	―	―	0.18	0.11	―	―	―	
	（シリンダーライト）	40W一般型	台	494 ―	6,600	0.7	3,260,400	2,282,280	0.18	0.11	88.92	54.34	―	器具取付
		20W非常用	台	― ―	19,250	0.7	―	―	0.18	0.11	―	―	―	
		40W非常用	台	22 ―	33,690	0.7	741,180	518,826	0.18	0.11	3.96	2.42	―	
	自動点滅器	10A	台	6 ―	2,520	0.8	15,120	12,096	0.15	0.09	0.90	0.54	―	取付、配線
	分岐ケーブル	3.5mm²-3c、30m	本	― ―	15,390	0.7	―	―	0.30	0.18	―	―	―	取付
	コネクタ（プラグ）	2P15A+E付	個	29 ―	440	1.0	12,760	12,760	0.02	0.00	0.58	―	―	コネクタ取付
	コネクタ（ボディ）	2P15A+E付	個	160 ―	523	1.0	83,680	83,680	0.02	0.00	3.20	―	―	コネクタ取付
	ケーブル	2CT2.0mm²-3c	m	760 ―	133	0.8	101,080	101,080	0.01	0.00	7.60	―	―	配線
		VVF2.0mm-3c	m	3,200 ―	65	1.0	208,000	208,000	0.01	0.00	32.00	―	―	
		VVF1.6mm-3c	m	14,520 ―	43	1.0	624,360	624,360	0.01	0.00	145.20	―	―	
	小計			― ―	―	―	K 5,635,080	4,330,492	―	―	460.14	―	―	
	雑材料、消耗品	K×0.05（雑材料率）		― ―	―	―	―	281,754						
	計							4,612,246						

仮設材料費	計①	4,612,246 材料費償却金額計
労務費	計②	10,877,710 作業工数×労務単価×(1+補正率)
機械費	計③	0 機械費の計
	（労務単価 19,700円）	（補正率 0.20 ）

小計	④	①～③の計	15,489,956
補充率	⑤	④×補充率（0.07）	1,084,297
電気業者経費	⑥	(①+②)×経費率（0.1）	1,548,996
合計		④～⑥の計	18,123,249

積算シート

通信設備 (通信機器,機器用配線)

※本シートの単価,償却率,単位工数は標準値。
地域,現場条件などにより補正の必要あり。

名称	仕様	単位	数量 設置数 A1	数量 延数量 A2	単価 B	償却率 C	購入金額 D=A1×B	償却金額 E=A1×B×C	単位工数 設置 F	単位工数 撤去 G	作業工数 設置 H=A1×F	作業工数 撤去 I=A1×G	機械費 J=A2×B	作業内容
インターホン	YAZ90-3,屋外BOX	台	13	—	47,600	0.6	618,800	371,280	0.30	0.18	3.90	2.34	—	設置,結線
インターホン電源アダプタ	PS-24E	台	1	—	13,500	0.6	13,500	8,100	1.00	0.60	1.00	0.60	—	設置,結線
カメラ	カラー,屋外ハウジング	台	—	—	250,000	0.5			5.00	3.00			—	設置,調整
モニターテレビ	14インチカラー	台	—	—	80,000	0.5			1.00	0.60			—	設置,調整
ブースター	35dB	台	—	—	35,000	0.5			1.00	0.60			—	設置,調整
アンプ	30W	台	1	—	49,600	0.5			1.60	0.96			—	設置,調整
	60W	台		—	59,200	0.5	59,200	29,600	1.60	0.96	1.60	0.96	—	
	120W	台	—	—	78,400	0.5			1.60	0.96			—	
スピーカー	5W	台	10	—	6,800	0.8	68,000	54,400	0.30	0.18	3.00	1.80	—	取付,結線
	10W	台	—	—	8,800	0.8			0.30	0.18			—	
ページング装置		台	1	—	26,000	0.7	26,000	18,200	1.00	0.60	1.00	0.60	—	取付,調整
インターホンケーブル	CPEV0.9mm5P	m	220	—	126	1.0	27,720	27,720	0.02	0.00	4.40	0.00	—	配線
同軸ケーブル	5C2V	m	—	—	121	1.0			0.01	0.00			—	配線
スピーカーケーブル	TOV-SS0.8-2	m	220	—	29	1.0	6,380	6,380	0.01	0.00	2.20	0.00	—	配線
小 計			—	—	—	—	819,600	515,680	—	—	23.40	—	—	
雑材料,消耗品	K×0.05(雑材料率)	—	—	—	—	—	—	40,980	—	—	—	—	—	
計								556,660						

仮設材料費	計①	556,660	材料費償却金額計	
労務費	計②	553,176	作業工数×労務単価×(1+補正率)	
機械費	計③	0	機械費の計	
		(労務単価 19,700円)	(補正率 0.20)	

小 計	④	①～③の計	1,109,836
補充率	⑤	④×補充率(0.05)	55,492
電気業者経費	⑥	((①+②)×経費率(0.1)	110,984
合 計		④～⑥の計	1,276,312

第5章 設計・積算例

積算シート

保守費 (電気設備の保守管理)

※本シートの単価、償却率、単位工数は標準値。地域、現場条件などにより補正の必要あり。

名称	仕様	単位	数量 設置数 A1	数量 延数量 A2	単価 B	材料 償却率 C	購入金額 D=A1×B	償却金額 E=A1×B×C	単位工数 設置 F	単位工数 撤去 G	作業工数 設置 H=A1×F	作業工数 撤去 I=A1×G	機械費 J=A2×B	作業内容
月例点検	受変電所	ヵ所回	15	―	―	―	―	―	1.50	―	22.50	―	―	高圧設備点検
	分電盤	台回	265	―	―	―	―	―	0.10	―	26.50	―	―	ELB動作、結線状態確認
年次点検	受変電所	ヵ所回	2	―	―	―	―	―	2.50	―	5.00	―	―	高圧設備点検調整
	分電盤	台回	13	―	―	―	―	―	0.25	―	3.25	―	―	ELB動作時間、電流値確認
保守電工	電工	人工	150	―	―	―	―	―	1.00	―	150.00	―	―	設備保守(月当り人工×月)
			―	―	―	―	―	―	―	―	―	―	―	
			―	―	―	―	―	―	―	―	207.25	―	―	
小計			―	―	―	―	―	―	―	―	―	―	―	
雑材料、消耗品	K×0.05(雑材料率)	―	―	―	―	―	―	―	―	―	―	―	―	

仮設材料費 計①	0	材料費償却金額計
労務費 計②	4,082,825	作業工数×労務単価×(1+補正率)
機械費 計③	0	機械費の計
	(労務単価 19,700円)	(補正率 0)

小計	④ ①～③の計	4,082,825
補充率	⑤ ④×補充率(0)	0
電気業者経費	⑥ (①+②)×経費率(0.1)	408,283
合計	④～⑥の計	4,491,108

設計・積算例

付　録

付録 - 1	電気術語と単位	162
付録 - 2	電気用語	165
付録 - 3	シーケンス制御記号	167
付録 - 4	電圧種別	172
付録 - 5	電気の契約種別	173
付録 - 6	入力換算率	178
付録 - 7	契約電力(容量)の算定	180
付録 - 8	臨時電力(高圧)の契約電力早見表	182
付録 - 9	電気料金	185
付録 - 10	工事費の負担	187
付録 - 11	電線の記号と許容電流	188
付録 - 12	電圧降下	194
付録 - 13	電動機の出力，馬力換算	196
付録 - 14	建設現場の主要機器	197
付録 - 15	漏電しゃ断器	202
付録 - 16	標準工事歩掛	204
付録 - 17	償却率	212
付録 - 18	補充率	214
付録 - 19	工事実績	217
付録 - 20	標準数量	226
付録 - 21	官公庁等への手続き	234

付録-1　電気術語と単位

付表1・1　電気術語と単位

術語	記号	実用単位	単位の倍数量・分数量	定義および式
電流	I	アンペア (A)	mA＝1/1,000A kA＝1,000A	電気が電線の中を流れるとき1秒間に電線のある一点を通る電気量。 $I = \dfrac{E(電圧V)}{Z(インピーダンスΩ)}$ …交流 $I = \dfrac{E(電圧V)}{R(直流抵抗Ω)}$ …直流
電圧	E	ボルト (V)	mV＝1/1,000V kV＝1,000V	電気を流そうとする力。
直流抵抗	R	オーム (Ω)	1kΩ＝1,000Ω 1MΩ＝1,000kΩ	電気の流れをさまたげようとする力。 $R = \dfrac{E}{I}$
インピーダンス (交流抵抗)	Z	オーム (Ω)		交流回路で電気の流れをさまたげようとする力。 $Z = \sqrt{R^2 + X^2}$
インダクタンス	L	ヘンリー (H)	mH＝1/1,000H μH＝1/1,000,000H	電磁誘導によって電圧が誘導される強さ。1秒間に1アンペアの割合で電流が変化したとき1ボルトの電圧が誘導されたとすれば、その回路のインダクタンスは1ヘンリーである。
キャパシタンス (静電容量)	C	ファラッド (F)	μF＝1/1,000,000F	コンデンサが電気を蓄えうる大きさ。1ボルトの電圧をかけて1クーロンの電気を蓄えるのが1ファラッドの容量である。
リアクタンス	X	オーム (Ω)		コイルなどによる抵抗分(X_L)。コンデンサなどによる抵抗分(X_C)。 $X_L = 2\pi \cdot f \cdot L$ (Ω) 　f：回路周波数 (Hz) 　L：インダクタンス (H) $X_C = \dfrac{1}{2\pi \cdot f \cdot C}$ (Ω) 　C：キャパシタンス (F)

付表1・1 電気術語と単位（つづき）

術語	記号	実用単位	単位の倍数量・分数量	定義および式
有効電力	P	ワット（W）	1kW＝1,000W 1MW＝1,000kW	単位時間内に導体や電気機器等で消費または発生する電気エネルギーの量。 通常は単に電力と呼ぶ。 $P = E \cdot I$ (W) ………直流 $P = E \cdot I \cdot \cos\phi$ (W) …交流 　$\cos\phi$：力率 三相の場合 $P = \dfrac{\sqrt{3} \cdot E \cdot I \cdot \cos\phi}{1,000}$ (kW)
無効電力	Q	バール（Var）		リアクタンスに電流を流したときのように電源からのエネルギーの受渡は半周期ごとに繰返されるが，実際には何の仕事もせず熱消費の伴わない電力のこと。 $Q = E \cdot I \cdot \sin\phi$ (Var)
皮相電力	S	ボルトアンペア（VA）	1kVA＝1,000VA	電圧と電流の実効値を単に掛け合わせたもので，力率が1の場合は 　皮相電力＝有効電力となり，力率が $\cos\phi$ のとき 　有効電力＝皮相電力×$\cos\phi$（W）となる。
電力量		ワット時（Wh）	1kWh＝1,000Wh	ある一定量の電力がある時間働いて消費した電気の量。 電力1ワットが1時間働いた電力量は1ワット時である。
力率	Pf $\cos\phi$	パーセント（％）		皮相電力の中に含まれる有効分の割合をいう。 $Pf = \dfrac{\text{有効電力}}{\sqrt{(\text{有効電力})^2+(\text{無効電力})^2}} \times 100(\%) = \cos\phi \times 100(\%)$
インピーダンス電圧	V	ボルトパーセント（％）		トランスに定格電流を流したとき，一次及び二次巻線のインピーダンスによる電圧降下をいう。並列運転やしゃ断容量の計算に必要である。 実際には，二次を短絡して一次に定格電流を流したときの一次側端子間に加えた電流をいう。 50kVA以下ではボルト(V)で，75kVA以上では定格電圧に対する％で表す。

付表1·1　電気術語と単位（つづき）

術　語	記号	実用単位	単位の倍数量・分数量	定　義　お　よ　び　式
周波数	f	ヘルツ(Hz)	1kHz＝1,000Hz 1MHz＝1,000,000Hz 　　　＝1,000kHz （1周期・T(秒)の波形図）	1秒間に交流が正または負になる回数。 $f = \dfrac{1}{T(秒)}$　(Hz)
実効値			（正弦波形 A の図）	・正弦波（交流）の場合 実効値＝$\dfrac{A}{\sqrt{2}}$≒0.707Aで表される。 ・通常使用する計器に表示される値は実効値である。
電圧降下	e	ボルト(V)		抵抗やリアクタンスに流れる電流によって降下する電圧量。
電圧変動率		パーセント(％)		$\dfrac{無負荷時の電圧－全負荷時の電圧}{無負荷時の電圧}\times 100\%$
効　率	Ef	パーセント(％)		$\dfrac{出力(W)}{入力(W)}\times 100\% ＝ \dfrac{出力}{出力＋損失(W)}\times 100\%$
需要率	D	パーセント(％)		$\dfrac{最大需要電力(kW)}{全設備容量(kW)}\times 100\%$
負荷率	L	パーセント(％)		$\dfrac{ある期間中の平均電力}{ある期間中の最大需要電力}\times 100\%$
設備利用率		パーセント(％)		$\dfrac{平均電力}{設備容量}\times 100\%$ ＝需要率×負荷率×10^{-2}
照　度	E	ルックス(ℓx)		$\dfrac{面上に入射する光束(ルーメン)}{面上の面積(m^2)}$
光　束	F	ルーメン(ℓm)		光源から出ている光のエネルギー

付録 − 2　電気用語

付表 2・1 電気用語　　　　　　　　　　　［内線規程より］

電気用語	説　明
需　要　場　所	電気使用場所を含み，電気を使用する構内全体をいう。
構　　　　内	へい，さく，堀などによって区切られた地域若しくは施設者及びその関係者以外の者が自由に出入りできない地域又は地形上その他社会通念上これらに準ずる地域とみなしうるところをいう。
乾燥した場所	ふだん湿気又は水気のない場所をいう。
湿気の多い場所	a) 浴室又はそば屋，うどん屋などのかま場のように水蒸気が充満する場所 b) 床　　下 c) 酒，醬油などを醸造し，又は貯蔵する場所 d) その他上記に類する場所
水気のある場所	a) 魚屋，八百屋，クリーニング店の作業場などの水を取り扱う土間，洗車場，洗い場又はこれらの付近の水滴が飛散する場所 b) 簡易な地下室のように常時水が漏出し，又は結露するような場所 c) 沼，池，プール，用水など及びそれらの周辺の場所 d) その他上記に類する場所
高　温　場　所	周囲温度が通常の使用状態において30℃を超える場所をいう。
露　出　場　所 （展開した場所）	屋内の天井下面，壁面その他屋側のような場所をいう。
点検できるいんぺい場所	点検口のある天井裏，戸だな又は押入れのような場所をいう。
人が容易に触れるおそれがある場所	例えば屋内において床面などから1.8 m以下，屋外において地表面などから2 m以下の場所をいい，その他階段の中途，窓，物干台などから手を延ばして容易にとどく範囲をいう。
人が触れるおそれがある場所	例えば屋内においては床面などから低圧の場合は1.8 mを超え2.3 m以下（高圧の場合は1.8 mを超え2.5 m以下），屋外においては地表面などから2 mを超え2.5 m以下の場所をいい，その他階段の中途，窓，物干台などから手を延ばして容易にとどく範囲をいう。
電　線　路	発電所，変電所，開閉所及びこれらに類する場所並びに電気使用場所相互間の電線（電車線，小勢力回路及び出退表示灯回路の電線を除く。）並びにこれを支持し，又は保蔵する工作物をいう。
電　　　　線	強電流電気の伝送に使用する裸線，絶縁電線，多心型電線，コード，ケーブルなどをいう。
屋　内　配　線	屋内の電気使用場所に施設する配線をいう。
屋　側　配　線	屋側の電気使用場所に施設する配線をいう。
屋　外　配　線	屋外の電気使用場所に施設する配線（屋側配線を除く。）をいう。
移　動　電　線	電気使用場所に施設する電線のうち，造営材に固定しないで，移動用の機械器具に至る電線をいう。電球線，電気使用機械器具内の電線，ケーブルのころがし配線などは含まない。

付表 2·1　電気用語（つづき）

電気用語	説　明
対地電圧	接地式電路では，電線と大地との間の電圧をいい，また，非接地式電路では，電線とその電路中の任意の他の電線との間の電圧をいう。
接触電圧	地絡を生じている電気機械器具の金属製外箱などに人畜が触れたとき，生体に加わる電圧をいう。
架空引込線	架空電線路の支持物から他の支持物を経ないで需要場所の引込線取付点に至る架空電線をいう。
引込線取付点	需要場所の造営物又は補助支持物（腕木，がいし取付用わく組など）に架空引込線又は連接引込線を取り付ける電線取付点のうち，最も電源に近い箇所をいう。また，需要場所の構内に専用の支持物を設ける場合は，電源に最も近い支持物上の電線取付点をいう。
構内電線路	需要場所の構内に施設した電線路をいう。
幹線	引込口から分岐過電流遮断器に至る配線のうち，分岐回路の分岐点から電源側の部分をいう。
分岐回路	幹線から分岐し，分岐過電流遮断器を経て負荷に至る間の配線をいう。
主開閉器	幹線に取り付ける開閉器（開閉器を兼ねる配線用遮断器を含む。）のうちで引込口装置以外のものをいう。
分岐開閉器	幹線と分岐回路との分岐点から負荷側に取り付ける電源側からみて最初の開閉器（開閉器を兼ねる配線用遮断器を含む。）をいう。
接地側電線	低圧電路において，技術上の必要により設置された中性線又は接地された一線をいう。
電圧側電線	低圧電路において，接地側電線以外の電線をいう。
過電流遮断器	配線用遮断器，ヒューズ，気中遮断器のように過負荷電流及び短絡電流を自動遮断する機能をもった器具をいう。
過負荷電流	機械に対してはその定格電流，電線に対してはその許容電流をある程度超過し，その継続時間をあわせ考えたとき，機器又は電線の損傷防止上自動遮断を必要とする電流をいう。
短絡電流	電路の線間がインピーダンスの少ない状態で接触を生じたことにより，その部分を通じて流れる大きな電流をいう。
地絡電流	地絡によって電路の外部へ流出し，火災又は人畜の感電若しくは電路，機器の損傷などの事故を引き起こすおそれのある電流をいう。
漏電遮断装置	電路に地絡を生じたとき，負荷機器，金属製外箱などに発生する故障電圧又は地絡電流を検出する部分と遮断器部分とを組み合わせたものにより，自動的に電路を遮断するものをいう。
連接引込線	1需要場所の引込線取付点から分岐して，支持物を経ないで他の需要場所の引込線取付点に至る電線をいう。
絶縁電線	600Vビニル絶縁電線，600Vポリエチレン絶縁電線，600Vふっ素樹脂絶縁電線，高圧絶縁電線及び引下げ用高圧絶縁電線などをいう。
ケーブル	通信用ケーブル以外のケーブル及びキャブタイヤケーブルをいう。

付録 – 3　シーケンス制御記号

付表 3・1　シーケンス制御記号　[JISC 0401-1982より抜粋]

分類	文字記号	用　　語	文字記号に対応する外国語
回転機	EX	励磁機	Exciter
	FC	周波数変換器	Frequency Changer, Frequency Converter
	G	発電機	Generator
	IM	誘導電動機	Induction Motor
	M	電動機	Motor
	MG	電動発電機	Motor-generator
	OPM	操作用電動機	Operating Motor
	TG	回転速度計発電機	Tachometer Generator
変圧器および整流器類	BCT	ブッシング変流器	Bushing Current Transformer
	CLX	限流リアクトル	Current-limiting Reactor
	CT	変流器	Current Transformer
	GT	接地変圧器	Grounding Transformer
	VCT	計器用変圧変流器	Combined Voltage and Current Transformer
	VT	計器用変圧器	Voltage Transformer
	T	変圧器	Transformer
	RF	整流器	Rectifier
	ZCT	零相変流器	Zero-phase-sequence Current Transformer
しゃ断器およびスイッチ類	ABB	空気しゃ断器	Airblast Circuit Breaker
	ACB	気中しゃ断器	Air Circuit Breaker
	AS	電流計切換スイッチ	Ammeter Change-over Switch
	BS	ボタンスイッチ	Button Switch
	CB	しゃ断器	Circuit Breaker
	COS	切換スイッチ	Change-over Switch
	CS	制御スイッチ	Control Switch
	DS	断路器	Disconnecting Switch
	EMS	非常スイッチ	Emergency Switch

付表 3・1 シーケンス制御記号（つづき）

分類	文字記号	用語	文字記号に対応する外国語
しゃ断器およびスイッチ類	F	ヒューズ	Fuse
	FLTS	フロートスイッチ	Float Switch
	FTS	足踏スイッチ	Foot Switch
	GCB	ガスしゃ断器	Gas Circuit Breaker
	KS	ナイフスイッチ	Knife Switch
	LS	リミットスイッチ	Limit Switch
	LVS	レベルスイッチ	Level Switch
	MBB	磁気しゃ断器	Magnetic Blow-out Circuit Breaker
	MC	電磁接触器	Electromagnetic Contactor
	MCCB (NFB)	配線用しゃ断器	Molded Case Circuit Breaker メーカ形式名　三菱:NFB
	OCB	油しゃ断器	Oil Circuit Breaker
	PF	電力ヒューズ	Power Fuse
	PRS	圧力スイッチ	Pressure Switch
	RS	ロータリースイッチ	Rotary Switch
	S	スイッチ，開閉器	Switch
	TS	タンブラスイッチ	Tumbler Switch
	VCB	真空しゃ断器	Vacuum Circuit Breaker
	VS	電圧計切換スイッチ	Voltmeter Change-over Switch
	CTR	制御器	Controller
	MCTR	主幹制御器	Master Controller
	STT	始動器	Starter
	YDS	スターデルタ始動器	Star-dalta Starter
抵抗器	CLR	限流抵抗器	Current-limiting Resistor
	DR	放電抵抗器	Discharging Resistor
	FRH	界磁調整器	Field Regulator, Field Rheostat
	R	抵抗器	Resistor
	STR	始動抵抗器	Starting Resistor

付表3·1 シーケンス制御記号（つづき）

分類	文字記号	用語	文字記号に対応する外国語
継電器	CLR	限流継電器	Current Limiting Relay
	CR	電流継電器	Current Relay
	FCR	フリッカ継電器	Flicker Relay
	FLR	流れ継電器	Flow Relay
	GR	地絡継電器	Ground Relay
	KR	キープ継電器	Keep Relay
	OCR	過電流継電器	Overcurrent Relay
	OSR	過速度継電器	Over-speed Relay
	OPR	欠相継電器	Open-phase Relay
	OVR	過電圧継電器	Overvoltage Relay
	PLR	極性継電器	Polarity Relay
	PR	逆転防止継電器（プラッキング継電器）	Plugging Relay
	POR	位置継電器	Position Relay
	PRR	圧力継電器	Pressure Relay
	R	継電器	Relay
	RCR	再閉路継電器	Reclosing Relay
	TDR	時延継電器	Time Delay Relay
	TFR	自由引外し継電器	Trip-free Relay
	THR	熱動継電器	Thermal Relay
	TLR	限時継電器	Time-lag Relay
	TR	温度継電器	Temperature Relay
	UVR	不足電圧継電器	Under-voltage Relay
	VR	電圧継電器	Voltage Relay
計器	A	電流計	Ammeter
	F	周波数計	Frequency Meter
	HRM	時間計	Hour Meter

付表3・1 シーケンス制御記号（つづき）

分類	文字記号	用語	文字記号に対応する外国語
計器	MDW	最大需要電力計	Maximum Demand Wattmeter
	N	回転速度計	Tachometer
	PI	位置指示計	Position Indicator
	PF	力率計	Power-factor Meter
	PG	圧力計	Pressure Gauge
	SH	分流計	Shunt
	SY	同期検定器	Synchronoscope, Synchronism Indicator
	TH	温度計	Thermometer
	V	電圧計	Voltmeter
	VAR	無効電力計	Var Meter, Reactive Power Meter
	W	電力計	Wattmeter
	WH	電力量計	Watt-hour Meter
	WLI	水位計	Water Level Indicator
その他	AN	アナンシェータ	Annunciator
	B	電池	Battery
	BC	充電器	Battery Charger
	BL	ベル	Bell
	BZ	ブザー	Buzzer
	C	コンデンサ	Condenser, Capacitor
	GC*	接地用コンデンサ	Grouding Capacitor
	CC	閉路コイル	Closing Coil
	CH	ケーブルヘッド	Cable Head
	EL	地路表示灯	Earth Lamp
	IL	照明灯	Illuminating Lamp
	LA*	避雷器	Lightning Arresterr
	PS*	柱上開閉器	Pole Switch

* JIS には記載されていない。

付表 3·1 シーケンス制御記号（つづき）

分類	文字記号	用　　語	文字記号に対応する外国語
その他	LBS*	高圧交流負荷開閉器	AC Load Break Switch
	PC*	高圧カットアウトスイッチ	Primary Cut-Out
	CKS*	カバー付ナイフスイッチ	Covered Knife Switch
	(ELB)*	漏電しゃ断器	Earth Leakage Circuit Breaker
	MOF*	計器用変圧変流器	Metering Outfit
	ET	接地端子	Earth Terminal
	FI	故障表示器	Fault Indicator
	FLT	フィルタ	Filter
	H	ヒータ	Heater
	HC	保持コイル	Holding Coil
	MB	電磁ブレーキ	Electromagnetic Brake
	MCL	電磁クラッチ	Electromagnetic Clutch
	MCT	電磁カウンタ	Magnetic Counter
	MOV	電動弁	Motor-operated Valve
	OPC	動作コイル	Operating Coil
	OTC	過電流引外しコイル	Overcurrent Trip Coil
	RSTC	復帰コイル	Reset Coil
	SL	表示灯	Signal Lamp, Pilot Lamp
	SV	電磁弁	Solenoid Valve
	TB	端子台，端子板	Terminal Block, Terminal Board
	TC	引外しコイル	Trip Coil
	TT	試験端子	Testing Terminal
	UVC	不足電圧引外しコイル	Under-voltage Release Coil Under-voltage Trip Coil
機能	AUT	自動	Automatic
	AUX	補助	Auxiliary
	B	制動	Braking

* JIS には記載されていない。

付表3・1 シーケンス制御記号（つづき）

分類	文字記号	用語	文字記号に対応する外国語
機能	BW	後	Backward
	C	制御	Control
	CO	切換	Change-over
	D	下降・下	Down, Lower
	DB	発電制動	Dynamic Braking
	EM	非常	Emergency
	F	正	Forward
	FW	前	Forward
	H	高	High
	INS	瞬時	Instant
	L	左	Left
	L	低	Low
	MA	手動	Manual
	R	記録	Recording
	R	逆	Reverse
	R	右	Right
	RST	復帰	Reset
	STP	停止	Stop
	U	上昇・上	Raise, Up

付録-4　電圧種別

付表4・1　電圧種別

交直流別　電圧種別	直流	交流
低圧	750V以下	600V以下
高圧	750Vを超え7,000V以下	600Vを超え7,000V以下
特別高圧	7,000V超過	

付録 - 5　電気の契約種別

電力会社に申し込める契約種別は**付表5・1**のとおりである。
契約種別の概要を**付表5・2**に示す。

付表5・1　契約種別

需要区分	契約種別		電力会社									
			北海道	東北	東京	中部	北陸	関西	中国	四国	九州	沖縄
電灯需要	定額電灯		○	○	○	○	○	○	○	○	○	○
	従量電灯	A	○	○	○	○	○	○	○	○	○	○
		B	○	○	○	○	○	○	○	○	○	○
		C	○	○	○	○	○	—	○	—	○	
	臨時電灯	A	○	○	○	○	○	○	○	○	○	○
		B	○	○	○	○	○	○	○	○	○	○
		C	○	○	○	○	○	○	○	○	○	○
	公衆街路灯	A	○	○	○	○	○	○	○	○	○	○
		B	○	○	○	○	○	○	○	○	○	○
		C	—	—	—	—	—	○	○	○	—	○
	農業用電灯		—	—	—	○	—	—	○	—	○	—
電灯電力併用需要	業務用電力		○	○	○	○	○	○	○	○	○	○
電力需要	低圧電力		○	○	○	○	○	○	○	○	○	○
	高圧電力	A	○	○	○	○	○	○	○	○	○	○
		B	○	○	○	○	○	○	○	○	○	○
	特別高圧電力		○	○	○	○	○	○	○	○	○	○
	臨時電力		○	○	○	○	○	○	○	○	○	○
	深夜電力	A	○	○	○	○	○	○	○	○	○	—
		B	○	○	○	○	○	○	○	○	○	—
		C	○	—	—	○	—	—	—	—	—	—
	農業用電力	A		○			○		○		○	
		B	○	○		○		○		○		
		C				—			○		—	
	自家発補給電力		○	○	○	○	○	○	○	○	○	○
	予備電力		○	○	○	○	○	○	○	○	○	○
	融雪用電力		○	○	—	—	○	—	—	—	—	—

付表 5・2　契約種別

需要区分	契約種別		適用範囲	供給電気方式	供給電圧	周波数
電灯需要	定額電灯		電灯または小型機器を使用する需要で、その総容量(入力)が400VA以下	交流単相2線式	100V	60Hz
	従量電灯	A	電灯または小型機器を使用する需要で、最大需要容量が6kVA未満	交流単相2線式 交流単相3線式	100V 100/200V	60Hz
		B	電灯または小型機器を使用する需要で、契約容量が6kVA以上50kW未満	交流単相3線式	100/200V	60Hz
	臨時電灯	A	電灯または小型機器を使用する需要で、契約使用期間が1年未満で、その総容量(入力)が3kVA以下	交流単相2線式 交流単相3線式	100V 100/200V	60Hz
		B	電灯または小型機器を使用する需要で、契約使用期間が1年未満で、その最大需要容量が6kVA未満	従量電灯Aに準ずる		
		C	電灯または小型機器を使用する需要で、契約使用期間が1年未満で、契約容量が6kVA以上50kW未満	従量電灯Bに準ずる		
	公衆街路灯	A	公衆のため、一般道路、橋、公園等に設置された電灯または小型機器でその総容量(入力)が1kVA未満	定額電灯に準ずる		
		B	公衆のため、一般道路、橋、公園等に設置された電灯または小型機器でその容量(入力)が6kVA未満	従量電灯Aに準ずる		
		C	公衆のため、一般道路、橋、公園等に設置された電灯または小型機器でその容量(入力)が6kVA以上50kVA未満	従量電灯Bに準ずる		
電灯電力併用需要	業務用電力		電灯もしくは小型機器、または電灯もしくは小型機器と動力とをあわせて使用する需要で契約電力50kW以上	交流三相3線式	特高または高圧	60Hz
電力需要	低圧電力		低圧で電気の供給を受けて動力を使用する需要で、契約電力50kW未満	交流三相3線式	200V	60Hz
	高圧電力	A	高圧で電気の供給を受けて動力を使用する需要で、契約電力が50kW以上であり、かつ500kW未満	交流三相3線式	6,000V	60Hz
		B	高圧で電気の供給を受けて動力を使用する需要で、契約電力が500kW以上であり、かつ原則として2,000kW未満	交流三相3線式	6,000V	60Hz
	特別高圧電力		特別高圧で電気の供給を受けて、動力を使用する需要で契約電力が原則として2,000kW以上	交流三相3線式	契約電力に応じて	60Hz
	臨時電力		契約使用期間が1年未満の需要で、次のいずれかに該当するもの イ. 動力を使用するもの ロ. 高圧または特別高圧で電気の供給を受けて、電灯もしくは小型機器と動力とをあわせて使用するもの	業務用電力, 低圧電力, 高圧電力または特別高圧電力に準ずる		
	深夜電力	A	毎日午後11時〜翌日の午前7時までの時間に限り温水のために動力を使用する需要で、その総入力が0.5kW以下	交流単相2線式 交流単相3線式	100Vまたは200V 100/200V	60Hz
		B	毎日午後11時〜翌日の午前7時までの時間に限り動力を使用する需要	低圧電力, 高圧電力または特別高圧電力に準ずる		

一覧表　　　　　　　　　　　　　　　　　　　　　　　　　　　　　［電気供給約款(関西電力)より抜粋］

料　　金		備　　考
需要家料金＋電灯料金＋小型機器料金	1月につき	
最低料金＋電力量料金	1月につき	
基本料金＋電力量料金	1月につき	契約容量算出方法あり
総容量に対する定額料金	1日につき	臨時工事費が必要
最低料金＋電力量料金	1月につき	臨時工事費が必要
基本料金＋電力量料金	1月につき	臨時工事費が必要
需要家料金＋電灯料金＋小型機器料金	1月につき	
最低料金＋電力量料金	1月につき	
基本料金＋電力量料金	1月につき	契約容量＝総容量(入力)
基本料金＋電力量料金	1月につき	事務所, 官庁, 学校, 病院, アパート, 旅館など 契約電力　500 kW 未満：過去1年間の最大需要電力の最大値 　　　　　500 kW 以上：電力会社と協議
基本料金＋電力量料金	1月につき	付帯電灯を認めない。但し, 動力の使用に直接必要なものは認める。 契約電力算出方法あり
基本料金＋電力量料金	1月につき	付帯電灯を含む 契約電力は過去1年間の最大需要電力の最大値
基本料金＋電力量料金	1月につき	付帯電灯を含む 契約電力は電力会社との協議による
基本料金＋電力量料金	1月につき	付帯電灯を含む 契約電力は電力会社との協議による
契約電力 5 kW（定額制）	1日につき	
契約電力 5 kW 超過（従量制）業務用電力, 低圧電力, 高圧電力または特別高圧電力の該当料金の20％を割増ししたもの(特別料金)	1月につき	臨時工事費が必要
定額	1月につき	
基本料金＋電力量料金	1月につき	深夜電力に限り、小型機器は動力とみなす 契約電力は電力会社との協議による

付表 5・2 契約種別

需要区分	契約種別		適　用　範　囲	供給電気方式	供給電圧	周波数
電力需要	農業用電力		農業用のかんがい排水のために動力を使用する需要	低圧電力, 高圧電力または特別高圧電力に準ずる		
	自家発補給電力	A	高圧または特別高圧で電気の供給をうけて電灯もしくは小型機器と動力を使用する需要で、自家用発電設備の検査, 補修または事故により生じた不足電力の補給	業務用電力に準ずる		
		B	高圧または特別高圧で電気の供給をうけて動力を使用する需要で、自家用発電設備の検査, 補修または事故により生じた不足電力の補給	高圧電力または特別高圧電力に準ずる		
	予備電力		業務用電力, 高圧電力または特別高圧電力の需要家が常時供給設備等の補修または事故により生じた不足電力の補給にあてるため、次の設備により電気の供給を受ける場合 ・予備線 　常時供給変電所から常時供給電圧と同位の電圧で供給を受ける場合 ・予備電源 　常時供給変電所以外から供給を受ける場合または常時供給変電所から常時供給電圧と異なった電圧で供給を受ける場合	業務用電力, 高圧電力または特別高圧電力に準ずる		

(注) 1. 言葉の定義
　　低　　　　圧：　標準電圧 100 V 又は 200 V
　　高　　　　圧：　標準電圧 6,000 V
　　特 別 高 圧：　標準電圧 20,000 V　30,000 V 又は 70,000 V
　　電　　　　灯：　白熱電球, けい光灯, ネオン管灯, 水銀灯等の照明用電気機器（付属装置を含む）
　　小 型 機 器：　主として住宅, 店舗, 事務所等において単相で使用される電灯以外の低圧の電気機器
　　動　　　　力：　電灯および小型機器以外の電気機器
　　付 帯 電 灯：　動力を使用するために直接必要な作業用の電灯その他これに準ずるもの
　　契約負荷設備：　契約上使用できる負荷設備
　　契約受電設備：　契約上使用できる受電設備
　　契 約 容 量：　契約上使用できる最大容量 (kVA)
　　契 約 電 力：　契約上使用できる最大電力 (kW)
　　最大需要電力：　需要電力の最大値であって、30分最大需要電力計により計量される値
　　夏　　　　季：　毎年7月1日から9月30日までの期間
　　そ の 他 季：　毎年10月1日から翌年の6月30日までの期間
　　消費税相当額：　消費税法の規程により課される消費税および地方税法の規程により課される地方消費税に相当する金額

一覧表（つづき）　　　　　　　　　　　　　　　　　　［電気供給約款(関西電力)より抜粋］

料　　　金		備　　　考
基本料金＋電力量料金 （契約使用期間のみ）	1月に つき	
基本料金＋電力量料金定期検査または定期補修による場合は、業務用電力の該当料金の10%を割増ししたもの	1月に つき	契約電力は電力会社との協議による
基本料金＋電力量料金 定期検査または定期補修による場合は、高圧電力または特別高圧電力の該当料金の10%を割増ししたもの	1月に つき	付帯電灯を含む 契約電力は電力会社との協議による
基本料金＋電力量料金 基本料金は電気の使用の有無にかかわらず ・予備線 　常時供給分の該当料金の5% ・予備電源 　常時供給分の該当料金の10%	1月に つき	契約電力は電力会社との協議による

付録 – 6　入力換算率 ［電気供給約款(関西電力)より抜粋］

負荷設備の出力は，下表に基づき入力に換算する。

(1) 照明器具類

① 蛍光灯……蛍光灯（付属装置を含む）の換算容量は，管灯の定格消費電力（W）に次の換算率を乗じたものとする。

熱陰極蛍光灯	換　算　率	
	入力(VA)を算定する場合	入力(W)を算定する場合
高力率型 (コンデンサのある場合)	150 ％	125 ％
低力率型 (コンデンサのない場合)	200 ％	

注）フリッカレス型は高力率型とする。

② 水銀灯

ランプ出力（W）	換　算　容　量		
	入　力　（VA）		入　力（W）
	高力率型	低力率型	
40　以　下	60	130	50
60　〃	80	170	70
80　〃	100	190	90
100　〃	150	200	130
125　〃	160	290	145
200　〃	250	400	230
250　〃	300	500	270
300　〃	350	550	325
400　〃	500	750	435
700　〃	800	1,200	735
1,000　〃	1,200	1,750	1,005

(2) 単相誘導電動機

定格出力（W）	換算容量		入力（W）
	入力（VA）		
	コンデンサのある場合	コンデンサのない場合	
35 以下	——	160	出力（W）×133％
45 〃	——	180	
65 〃	——	230	
100 〃	250	350	
200 〃	400	550	
400 〃	600	850	
550 〃	900	1,200	
750 〃	1,000	1,400	

注） 2個以上の電動機を含む応用機器の容量は、原則として各換算容量の合計値とする。ただし、切替装置を有する場合は同時負荷の最大容量とする。

(3) 三相誘導電動機

　三相誘導電動機の換算容量は、銘板記載の出力表示容量に次の換算率を乗じたものとする。

契約負荷設備		換算率
三相低圧誘導電動機	出力が馬力表示のもの	93.3パーセント
	出力がキロワット表示のもの	125.0パーセント
三相高圧誘導電動機	出力が馬力表示のもの	87.8パーセント
	出力がキロワット表示のもの	117.6パーセント

(4) 電気溶接機

　電気溶接機の換算容量は、原則として次により決定する。
　① 日本工業規格に適合した機器（コンデンサ内蔵型を除く）の場合
　　　　入力（kW）＝銘板記載の最大定格1次入力（kVA）×70％
　② 上記以外の機器の場合
　　　　入力（kW）＝実測による1次入力（kVA）×70％

付録 - 7　契約電力(容量)の算定　[電気供給約款(関西電力)より抜粋]

契約電力（容量）とは，契約上使用できる最大電力（容量）をいう。工事用でよく使われる契約種別では，次の契約種別に契約電力（容量）がある（従量電灯Aなどは，最低料金制度を設けている）。

　　　従量電灯　B
　　　臨時電灯　C
　　　低圧電力
　　　臨時電力

契約電力（容量）の算出方法を以下に示す。

(1)　従量電灯　B

契約負荷設備の総容量（入力）に，次の係数を乗じて得た値。

最初の6キロボルトアンペアにつき	95パーセント
次の14キロボルトアンペアにつき	85パーセント
次の30キロボルトアンペアにつき	75パーセント
50キロボルトアンペアを超える部分につき	65パーセント

(2)　臨時電灯　C

従量電灯Bに準じる。

(3)　低圧電力

契約負荷設備の各入力について，それぞれ次の①の係数を乗じて得た値の合計に②の係数を乗じて得た値。

①　契約負荷設備のうち

最大の入力のものから	最初の2台の入力につき	100パーセント
	次の2台の入力につき	95パーセント
	上記以外のものの入力につき	90パーセント

②　①によって得た値の合計のうち

最初の6キロワットにつき	100パーセント
次の14キロワットにつき	90パーセント
次の30キロワットにつき	80パーセント
50キロワットを超える部分につき	70パーセント

(4) 臨時電力

低圧の場合は，低圧電力に準じる。

高圧の場合は，以下による。

契約電力は，次の(a)によって得た値と(b)によって得た値のうち，いずれか小さいものとする。

(a) 契約負荷設備の各入力について，それぞれ次の①の係数を乗じて得た値の合計に②の係数を乗じて得た値。

① 契約負荷設備のうち

最大の入力のものから	最初の2台の入力につき	100パーセント
	次の2台の入力につき	95パーセント
	上記以外のものの入力につき	90パーセント

ただし，電灯または小型機器は，その全部を1台の契約負荷設備とみなす。

② ①によって得た値の合計のうち

最初の6キロワットにつき	100パーセント
次の14キロワットにつき	90パーセント
次の30キロワットにつき	80パーセント
次の100キロワットにつき	70パーセント
次の150キロワットにつき	60パーセント
次の200キロワットにつき	50パーセント
500キロワットを超える部分につき	30パーセント

(b) 契約受電設備の総容量と，受電電圧と同位の電圧で使用する契約負荷設備の総入力合計に，次の係数を乗じて得た値。

最初の50キロワットにつき	80パーセント
次の50キロワットにつき	70パーセント
次の200キロワットにつき	60パーセント
次の300キロワットにつき	50パーセント
600キロワットを超える部分につき	40パーセント

付録 - 8　臨時電力(高圧)の契約電力早見表

付表8·1　臨時電力(高圧)の受電設備容量と契約電力の関係

受電設備容量 (kVA)	契約電力 (kW)	受電設備容量 (kVA)	契約電力 (kW)	受電設備容量 (kVA)	契約電力 (kW)
63.572 ~ 64.999	50	140.834 ~142.499	100	224.167 ~225.833	150
65.000 ~ 66.428	51	142.500 ~144.166	101	225.834 ~227.499	151
66.429 ~ 67.857	52	144.167 ~145.833	102	227.500 ~229.166	152
67.858 ~ 69.285	53	145.834 ~147.499	103	229.167 ~230.833	153
69.286 ~ 70.714	54	147.500 ~149.166	104	230.834 ~232.499	154
70.715 ~ 72.142	55	149.167 ~150.833	105	232.500 ~234.166	155
72.143 ~ 73.571	56	150.834 ~152.499	106	234.167 ~235.833	156
73.572 ~ 74.999	57	152.500 ~154.166	107	235.834 ~237.499	157
75.000 ~ 76.428	58	154.167 ~155.833	108	237.500 ~239.166	158
76.429 ~ 77.857	59	155.834 ~157.499	109	239.167 ~240.833	159
77.858 ~ 79.285	60	157.500 ~159.166	110	240.834 ~242.499	160
79.286 ~ 80.714	61	159.167 ~160.833	111	242.500 ~244.166	161
80.715 ~ 82.142	62	160.834 ~162.499	112	244.167 ~245.833	162
82.143 ~ 83.571	63	162.500 ~164.166	113	245.834 ~247.499	163
83.572 ~ 84.999	64	164.167 ~165.833	114	247.500 ~249.166	164
85.000 ~ 86.428	65	165.834 ~167.499	115	249.167 ~250.833	165
86.429 ~ 87.857	66	167.500 ~169.166	116	250.834 ~252.499	166
87.858 ~ 89.285	67	169.167 ~170.833	117	252.500 ~254.166	167
89.286 ~ 90.714	68	170.834 ~172.499	118	254.167 ~255.833	168
90.715 ~ 92.142	69	172.500 ~174.166	119	255.834 ~257.499	169
92.143 ~ 93.571	70	174.167 ~175.833	120	257.500 ~259.166	170
93.572 ~ 94.999	71	175.834 ~177.499	121	259.167 ~260.833	171
95.000 ~ 96.428	72	177.500 ~179.166	122	260.834 ~262.499	172
96.429 ~ 97.857	73	179.167 ~180.833	123	262.500 ~264.166	173
97.858 ~ 99.285	74	180.834 ~182.499	124	264.167 ~265.833	174
99.286 ~100.833	75	182.500 ~184.166	125	265.834 ~267.499	175
100.834 ~102.499	76	184.167 ~185.833	126	267.500 ~269.166	176
102.500 ~104.166	77	185.834 ~187.499	127	269.167 ~270.833	177
104.167 ~105.833	78	187.500 ~189.166	128	270.834 ~272.499	178
105.834 ~107.499	79	189.167 ~190.833	129	272.500 ~274.166	179
107.500 ~109.166	80	190.834 ~192.499	130	274.167 ~275.833	180
109.167 ~110.833	81	192.500 ~194.166	131	275.834 ~277.499	181
110.834 ~112.499	82	194.167 ~195.833	132	277.500 ~279.166	182
112.500 ~114.166	83	195.834 ~197.499	133	279.167 ~280.833	183
114.167 ~115.833	84	197.500 ~199.166	134	280.834 ~282.499	184
115.834 ~117.499	85	199.167 ~200.833	135	282.500 ~284.166	185
117.500 ~119.166	86	200.834 ~202.499	136	284.167 ~285.833	186
119.167 ~120.833	87	202.500 ~204.166	137	285.834 ~287.499	187
120.834 ~122.499	88	204.167 ~205.833	138	287.500 ~289.166	188
122.500 ~124.166	89	205.834 ~207.499	139	289.167 ~290.833	189
124.167 ~125.833	90	207.500 ~209.166	140	290.834 ~292.499	190
125.834 ~127.499	91	209.167 ~210.833	141	292.500 ~294.166	191
127.500 ~129.166	92	210.834 ~212.499	142	294.167 ~295.833	192
129.167 ~130.833	93	212.500 ~214.166	143	295.834 ~297.499	193
130.834 ~132.499	94	214.167 ~215.833	144	297.500 ~299.166	194
132.500 ~134.166	95	215.834 ~217.499	145	299.167 ~300.999	195
134.167 ~135.833	96	217.500 ~219.166	146	301.000 ~302.999	196
135.834 ~137.499	97	219.167 ~220.833	147	303.000 ~304.999	197
137.500 ~139.166	98	220.834 ~222.499	148	305.000 ~306.999	198
139.167 ~140.833	99	222.500 ~224.166	149	307.000 ~308.999	199

付表8・1 臨時電力(高圧)の受電設備容量と契約電力の関係（つづき）

受電設備容量 (kVA)	契約電力 (kW)	受電設備容量 (kVA)	契約電力 (kW)	受電設備容量 (kVA)	契約電力 (kW)
309.000 ~310.999	200	409.000 ~410.999	250	509.000 ~510.999	300
311.000 ~312.999	201	411.000 ~412.999	251	511.000 ~512.999	301
313.000 ~314.999	202	413.000 ~414.999	252	513.000 ~514.999	302
315.000 ~316.999	203	415.000 ~416.999	253	515.000 ~516.999	303
317.000 ~318.999	204	417.000 ~418.999	254	517.000 ~518.999	304
319.000 ~320.999	205	419.000 ~420.999	255	519.000 ~520.999	305
321.000 ~322.999	206	421.000 ~422.999	256	521.000 ~522.999	306
323.000 ~324.999	207	423.000 ~424.999	257	523.000 ~524.999	307
325.000 ~326.999	208	425.000 ~426.999	258	525.000 ~526.999	308
327.000 ~328.999	209	427.000 ~428.999	259	527.000 ~528.999	309
329.000 ~330.999	210	429.000 ~430.999	260	529.000 ~530.999	310
331.000 ~332.999	211	431.000 ~432.999	261	531.000 ~532.999	311
333.000 ~334.999	212	433.000 ~434.999	262	533.000 ~534.999	312
335.000 ~336.999	213	435.000 ~436.999	263	535.000 ~536.999	313
337.000 ~338.999	214	437.000 ~438.999	264	537.000 ~538.999	314
339.000 ~340.999	215	439.000 ~440.999	265	539.000 ~540.999	315
341.000 ~342.999	216	441.000 ~442.999	266	541.000 ~542.999	316
343.000 ~344.999	217	443.000 ~444.999	267	543.000 ~544.999	317
345.000 ~346.999	218	445.000 ~446.999	268	545.000 ~546.999	318
347.000 ~348.999	219	447.000 ~448.999	269	547.000 ~548.999	319
349.000 ~350.999	220	449.000 ~450.999	270	549.000 ~550.999	320
351.000 ~352.999	221	451.000 ~452.999	271	551.000 ~552.999	321
353.000 ~354.999	222	453.000 ~454.999	272	553.000 ~554.999	322
355.000 ~356.999	223	455.000 ~456.999	273	555.000 ~556.999	323
357.000 ~358.999	224	457.000 ~458.999	274	557.000 ~558.999	324
359.000 ~360.999	225	459.000 ~460.999	275	559.000 ~560.999	325
361.000 ~362.999	226	461.000 ~462.999	276	561.000 ~562.999	326
363.000 ~364.999	227	463.000 ~464.999	277	563.000 ~564.999	327
365.000 ~366.999	228	465.000 ~466.999	278	565.000 ~566.999	328
367.000 ~368.999	229	467.000 ~468.999	279	567.000 ~568.999	329
369.000 ~370.999	230	469.000 ~470.999	280	569.000 ~570.999	330
371.000 ~372.999	231	471.000 ~472.999	281	571.000 ~572.999	331
373.000 ~374.999	232	473.000 ~474.999	282	573.000 ~574.999	332
375.000 ~376.999	233	475.000 ~476.999	283	575.000 ~576.999	333
377.000 ~378.999	234	477.000 ~478.999	284	577.000 ~578.999	334
379.000 ~380.999	235	479.000 ~480.999	285	579.000 ~580.999	335
381.000 ~382.999	236	481.000 ~482.999	286	581.000 ~582.999	336
383.000 ~384.999	237	483.000 ~484.999	287	583.000 ~584.999	337
385.000 ~386.999	238	485.000 ~486.999	288	585.000 ~586.999	338
387.000 ~388.999	239	487.000 ~488.999	289	587.000 ~588.999	339
389.000 ~390.999	240	489.000 ~490.999	290	589.000 ~590.999	340
391.000 ~392.999	241	491.000 ~492.999	291	591.000 ~592.999	341
393.000 ~394.999	242	493.000 ~494.999	292	593.000 ~594.999	342
395.000 ~396.999	243	495.000 ~496.999	293	595.000 ~596.999	343
397.000 ~398.999	244	497.000 ~498.999	294	597.000 ~598.999	344
399.000 ~400.999	245	499.000 ~500.999	295	599.000 ~601.249	345
401.000 ~402.999	246	501.000 ~502.999	296	601.250 ~603.749	346
403.000 ~404.999	247	503.000 ~504.999	297	603.750 ~606.249	347
405.000 ~406.999	248	505.000 ~506.999	298	606.250 ~608.749	348
407.000 ~408.999	249	507.000 ~508.999	299	608.750 ~611.249	349

付表8·1 臨時電力(高圧)の受電設備容量と契約電力の関係（つづき）

受電設備容量 (kVA)	契約電力 (kW)	受電設備容量 (kVA)	契約電力 (kW)	受電設備容量 (kVA)	契約電力 (kW)
611.250 ~613.749	350	736.250 ~738.749	400	861.250 ~863.749	450
613.750 ~616.249	351	738.750 ~741.249	401	863.750 ~866.249	451
616.250 ~618.749	352	741.250 ~743.749	402	866.250 ~868.749	452
618.750 ~621.249	353	743.750 ~746.249	403	868.750 ~871.249	453
621.250 ~623.749	354	746.250 ~748.749	404	871.250 ~873.749	454
623.750 ~626.249	355	748.750 ~751.249	405	873.750 ~876.249	455
626.250 ~628.749	356	751.250 ~753.749	406	876.250 ~878.749	456
628.750 ~631.249	357	753.750 ~756.249	407	878.750 ~881.249	457
631.250 ~633.749	358	756.250 ~758.749	408	881.250 ~883.749	458
633.750 ~636.249	359	758.750 ~761.249	409	883.750 ~886.249	459
636.250 ~638.749	360	761.250 ~763.749	410	886.250 ~888.749	460
638.750 ~641.249	361	763.750 ~766.249	411	888.750 ~891.249	461
641.250 ~643.749	362	766.250 ~768.749	412	891.250 ~893.749	462
643.750 ~646.249	363	768.750 ~771.249	413	893.750 ~896.249	463
646.250 ~648.749	364	771.250 ~773.749	414	896.250 ~898.749	464
648.750 ~651.249	365	773.750 ~776.249	415	898.750 ~901.249	465
651.250 ~653.749	366	776.250 ~778.749	416	901.250 ~903.749	466
653.750 ~656.249	367	778.750 ~781.249	417	903.750 ~906.249	467
656.250 ~658.749	368	781.250 ~783.749	418	906.250 ~908.749	468
658.750 ~661.249	369	783.750 ~786.249	419	908.750 ~911.249	469
661.250 ~663.749	370	786.250 ~788.749	420	911.250 ~913.749	470
663.750 ~666.249	371	788.750 ~791.249	421	913.750 ~916.249	471
666.250 ~668.749	372	791.250 ~793.749	422	916.250 ~918.749	472
668.750 ~671.249	373	793.750 ~796.249	423	918.750 ~921.249	473
671.250 ~673.749	374	796.250 ~798.749	424	921.250 ~923.749	474
673.750 ~676.249	375	798.750 ~801.249	425	923.750 ~926.249	475
676.250 ~678.749	376	801.250 ~803.749	426	926.250 ~928.749	476
678.750 ~681.249	377	803.750 ~806.249	427	928.750 ~931.249	477
681.250 ~683.749	378	806.250 ~808.749	428	931.250 ~933.749	478
683.750 ~686.249	379	808.750 ~811.249	429	933.750 ~936.249	479
686.250 ~688.749	380	811.250 ~813.749	430	936.250 ~938.749	480
688.750 ~691.249	381	813.750 ~816.249	431	938.750 ~941.249	481
691.250 ~693.749	382	816.250 ~818.749	432	941.250 ~943.749	482
693.750 ~696.249	383	818.750 ~821.249	433	943.750 ~946.249	483
696.250 ~698.749	384	821.250 ~823.749	434	946.250 ~948.749	484
698.750 ~701.249	385	823.750 ~826.249	435	948.750 ~951.249	485
701.250 ~703.749	386	826.250 ~828.749	436	951.250 ~953.749	486
703.750 ~706.249	387	828.750 ~831.249	437	953.750 ~956.249	487
706.250 ~708.749	388	831.250 ~833.749	438	956.250 ~958.749	488
708.750 ~711.249	389	833.750 ~836.249	439	958.750 ~961.249	489
711.250 ~713.749	390	736.250 ~838.749	440	961.250 ~963.749	490
713.750 ~716.249	391	738.750 ~841.249	441	963.750 ~966.249	491
716.250 ~718.749	392	841.250 ~843.749	442	966.250 ~968.749	492
718.750 ~721.249	393	843.750 ~846.249	443	968.750 ~971.249	493
721.250 ~723.749	394	846.250 ~848.749	444	971.250 ~973.749	494
723.750 ~726.249	395	848.750 ~851.249	445	973.750 ~976.249	495
726.250 ~728.749	396	851.250 ~853.749	446	976.250 ~978.749	496
728.750 ~731.249	397	853.750 ~856.249	447	978.750 ~981.249	497
731.250 ~733.749	398	856.250 ~858.749	448	981.250 ~983.749	498
733.750 ~736.249	399	858.750 ~861.249	449	983.750 ~986.249	499
				986.250 ~988.749	500

付録 – 9　電気料金　[電気供給約款(関西電力)より抜粋]

電気料金は，基本料金と電力量料金とで構成され（一部異なるものもある），その料金を**付表 9・1** に示す。料金は次式で算出される。

基本料金（円）＝契約電力(kW)×単価(円/kW・月)
$$\times(1+\alpha)\times(1+\beta)\times 月数(月)$$

電力量料金（円）＝電力量(kWh)×単価(円/kWh)×$(1+\alpha)$×$(1+\beta)$

ここで，α：係数
　　　　供用期間 1 年以上（常時）は 0，1 年未満（臨時）は 0.2
　　　β：消費税（最終段階で一括計上）

注意…下図では斜線部分が臨時，白色部分が常時となる。

① 需給契約を廃止する場合

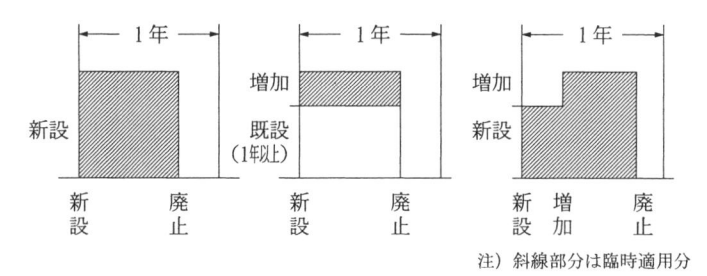

② 契約容量または契約電力を減少する場合

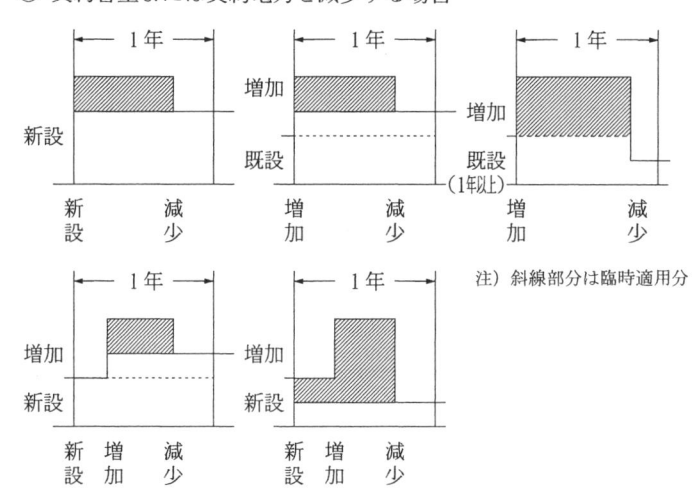

注）斜線部分は臨時適用分

付表 9・1 電気料金一覧表

(単位：円)

契約種別 等			北海道電力	東北電力	東京電力	中部電力	北陸電力	関西電力	中国電力	四国電力	九州電力	沖縄電力
臨時電灯	A	総容量が 50VA までの場合	6.89	6.83	7.67	6.38	5.74	6.79	7.40	6.72	5.88	8.68
		総容量が 50VA を超え 100VA までの場合	13.79	13.68	15.32	12.76	11.47	13.59	14.81	13.44	11.76	17.37
		総容量が 100VA を超え 500VA までの場合 100VA までごとに	13.79	13.68	15.32	12.76	11.47	13.59	14.81	13.44	11.76	17.37
		総容量が 500VA を超え 1kVA までの場合 1kVA までごとに	137.82	136.94	153.21	127.58	114.67	135.87	148.05	134.40	117.60	173.25
		総容量が 1kVA を超え 3kVA までの場合 1kVA までごとに	137.82	136.94	153.21	127.58	114.67	135.87	148.05	134.40	117.60	173.25
	B	[基本料金] 契約電流 10A につき	358.05	346.50	300.30	299.25	252.00	別表参照	別表参照	別表参照	315.00	別表参照
		[電力量料金] 1kWH につき	27.79	26.49	32.00	24.78	24.46	別表参照	別表参照	別表参照	24.40	別表参照
	C	[基本料金] 契約容量 1kVA につき	358.05	346.50	300.30	299.25	252.00	420.00	430.50	393.75	315.00	―
		[電力量料金] 1kWH につき	27.79	26.49	32.00	24.78	24.46	22.74	27.15	24.76	24.40	―
低圧電力		[基本料金] 契約電力 1kW につき	1,228.50	1,207.50	1,071.00	1,092.00	1,113.00	1,029.00	1,060.50	1,065.75	966.00	1,270.50
		[電力量料金] 1kWH につき【夏季】	―	12.79	16.50	12.27	11.48	12.41	14.16	13.46	13.65	15.24
		[電力量料金] 1kWH につき【その他季】	11.61	11.74	14.99	11.16	10.47	11.33	12.94	12.23	12.41	13.91
高圧電力(注)	A	[基本料金] 契約電力 1kW につき	1,963.50	1,890.00	―	1,591.00	1,249.50	1,685.25	1,186.50	1,235.00	―	1,543.50
		[電力量料金] 1kWH につき【夏季】	―	11.65	―	11.77	11.41	12.08	14.04	13.66	―	14.49
		[電力量料金] 1kWH につき【その他季】	10.59	10.70	―	10.81	10.40	11.06	12.82	12.42	―	13.23
	B	[基本料金] 契約電力 1kW につき	―	―	―	1,780.00	1,512.00	1,323.00	1,653.75	―	―	1,926.75
		[電力量料金] 1kWH につき【夏季】	―	―	―	10.92	10.18	12.59	11.98	―	―	13.55
		[電力量料金] 1kWH につき【その他季】	―	―	―	10.03	9.29	11.53	10.94	―	―	12.37
臨時電力		契約電力が 1kW 1日につき【5kW 以下】	171.82	163.59	180.42	198.50	129.49	158.34	186.90	143.85	168.00	190.05
		低圧電力、高圧電力に準ずる【5kW 超過】	→　常時該当料金の 20%増し　←									

(注) 高圧電力については部分自由化

		北海道電力	東北電力	東京電力	中部電力	北陸電力	関西電力	中国電力	四国電力	九州電力	沖縄電力
臨時電灯	B	[最低料金] 1契約につき最初の 15kWH (四国電力 11kWH、沖縄電力 10kWH) まで						550.20	488.25	525.00		499.80
		[電力量料金] 上記を超える 1kWH につき						28.09	30.86	29.19		31.80

平成 24 年 7 月 現在

付録-10　工事費の負担　［電気供給約款（関西電力）より抜粋］

　新たに電気を使用，または契約電力等を増加する場合，電力会社が新たに施設する配電設備の工事費を需要者が負担する必要がある。この費用を臨時工事費（臨時の場合），または工事費負担金（常時の場合）といい，電力会社が積算し需要者に請求する。

(1)　臨時工事費（低圧または高圧）

　臨時工事費は，新たに施設する供給設備の工事費に，その設備を撤去する場合の諸工費を加えた額（次に算定式を示す）に，消費税相当額を加えた額となる。

$$新設材料費（変圧器，開閉器等の機器を除く）\times 50\% \\ ＋新設工費＋撤去工費＋変圧器損耗料$$

(2)　工事費負担金（低圧または高圧）

　新たに施設される配電設備の工事こう長が，架空の場合で 1,000 m，地中の場合で 150 m を超える場合は，その超過こう長に次の金額を乗じて得た金額に，消費税相当額を加えた金額が工事費負担金となる。

　なお，張替えまたは添架を行う場合は，架空配電設備については工事こう長の 60 %，地中配電設備については工事こう長の 20 % を新たに施設する配電設備の工事こう長とみなす。

区分	単位	北海道	東北	東京	中部	北陸	関西	中国	四国	九州	沖縄
架空配電設備の場合	超過こう長1mにつき	3,200	3,100	3,200	3,100	3,100	3,100	3,200	3,100	3,100	3,100
地中配電設備の場合	超過こう長1mにつき	24,700	25,200	25,300	25,000	24,500	24,400	25,500	24,800	24,700	24,700

付録 - 11 電線の記号と許容電流

(1) 主な電線の種類と略記号

付表 11・1 電線略記号表　　［電設工業会記号表より抜粋］

名　称	略　号	用　途
軟銅線	A	絶縁電線, ケーブルの導体
軟アルミ線	A-Aℓ	絶縁電線, ケーブルの導体　Aℓ : Aluminium
鋼心アルミより線	ACSR	架空線用
アルミ導体ビニル絶縁電線	Aℓ-IV	一般屋内配線用
アルミ導体ビニル絶縁ビニルシースケーブル	Aℓ-VV	VV-F　一般屋内配線……VAともいう。 VV-R　低圧引込口配線…SVケーブルともいう。
バインド用ビニル銅線	BCV	一般バインド線　Fu のものもある。
ブチルゴム絶縁ポリエチレンシースケーブル	BE	電力ケーブル　B : Butyle rubber 　　　　　　　E : Polyethylene
ブチルゴム絶縁クロロプレンシースケーブル	BN	屋内配線, 引込口配線, 地中ケーブル等に使用 600V, 3.3kV, 6.6kV, 11kV
ブチルゴム絶縁クロロプレンキャブタイヤケーブル	BNCT	移動機械用電線で高圧機器に使用する場合が多い。 　CT : Cabtyre 　BN : Butyle rubber Chloroprene
ブチルゴム絶縁ビニルシースケーブル	BV	BNと同じ。
架橋ポリエチレン絶縁ポリエチレンシースケーブル	CE	600V, 3.3kV, 6.6kV　E : Polyethylene 架空ケーブル、地中ケーブル及び移動ケーブルとして一般的に使用される。
キャブタイヤケーブル	CT	1種から4種迄あり（1CT 2CT 3CT 4CT） 建設現場で普通2CT以上を移動電線として使用する。
架橋ポリエチレン絶縁ビニルシースケーブル	CV	C : Crosslinked Polyethylene V : PVC 600V, 3.3kV, 6.6kV, 11kV, 22kV 一般的に架空ケーブル、地中ケーブル等の電力ケーブルとして使用される。
制御用ビニル絶縁ビニルシースケーブル	CVV	制御用ケーブル　C : Control　　V : PVC絶縁 V : PVCシース

付表 11·1　電線略記号表（つづき）

名　称	略　号	用　途
引込用ビニル絶縁電線	DV	低圧架空引込用電線，D：Drop-Wire 丸形(DVR)，平形(DVF)がある。
ゴム絶縁袋打コード	FF	家庭器具等に使用される。
接地用ビニル電線	GV	接地用　　G：Ground
硬　銅　線	H	硬銅線　　H：Hard
硬アルミ線	H－Aℓ	硬アルミ線
600V二種ビニル絶縁電線	HIV	高温場所に使用　H：Heat-resistant
600Vビニル絶縁電線	IV	一般屋内配線用　I：In-Door　V：PVC
屋外用ビニル絶縁電線	OW	一般的に架空線として使用される。 O：Out-Door　W：Weather proof
屋外用架橋ポリエチレン電線	OC	高圧架空電線路 O：Out-Door　C：架橋ポリエチレン
屋外用ポリエチレン電線	OE	OCと同様 E：ポリエチレン
高圧引下用電線 　A）架橋ポリエチレン電線 　B）ポリエチレン電線 　C）ビニル電線	 PDC PDE PDV	変圧器の1次側の引下線 P：Pole transformer D：Drop wire
600Vゴム絶縁電線	RB	一般屋内配線用
ゴム絶縁クロロプレンシースケーブル	RN	BNと同様
ゴム絶縁クロロプレンキャブタイヤケーブル	RNCT	移動用電気機器用2種，3種(甲) 3種(乙) 4種(甲) 4種(乙)がある。耐候性，耐久性あり。
屋内2個よりコード	TF	FFと同じ。
ビニルキャブタイヤケーブル	VCT	移動用電気機器用，ゴムキャブタイヤケーブルの1種，2種相当品。
ビニルキャブタイヤコード	VCTF	
ビニル絶縁ビニルシース丸形ケーブル	VVR	低圧引込口の配線　R：Round 別称：SVケーブル

付表11・1 電線略記号表（つづき）

名　称	略　号	用　途
ビニル絶縁ビニルシース平形ケーブル	VVF	一般屋内配線　F：Flat 別称：Fケーブル，VA線
溶接機導線用キャプタイヤケーブル	WCT	W：溶接用　（Welder）
溶接機ホルダ用キャプタイヤケーブル	WRCT	R：帰路
市内CCPケーブル	CCP-P CCP-P-SS	・星形カッド構成 ・市内電話線路用の全線心着色識別のポリエチレン(PE)絶縁PEシースケーブル。 ・CCP-P-SS：自己支持形 　　　SS：Self-Supporting
市内対ポリエチレン絶縁ビニルシースケーブル	CPEV CPEV-SS	・対より構成 ・市内電話線路用，PBX構内線，保安通信用構内電話線
市内対ポリエチレン絶縁ポリエチレンシースケーブル	CPEE	・対より構成 ・PBX構内線，保安通信用
ポリエチレン絶縁自己支持形通信ケーブル	CQEV-SS	・星形カッド構成
構内ケーブル		・星形カッド構成 ・PBX構内用，一般宅内用の全心線着色識別のケーブル
有線用RDワイヤ	RD	ポリエチレンまたはビニルを被覆した心線を対よりし，これを支持線の周囲に集合したもので1〜10対程度の回線に用いる。
SDワイヤ	SD	・対より構成 ・PE絶縁PVCシースのワイヤ ・1〜6対
通信用屋外ビニル電線	TOV	1.2mm（硬銅線白1黒1の2対線）
通信用屋外ビニル電線（自己支持形）	TOV-SS	・支持線（銅心）　1.2mm　1.4mm ・導体　　　　　 0.65mm　0.8mm ・別称：ドロップワイヤ

(2) 主なケーブルの許容電流

付表 11・2　600Vビニル絶縁ビニル外装ケーブル(VV)の許容電流値 （単位:A）

布設条件	空中, 暗きょ布設			直接埋設布設			管路引入れ布設					
	単心	2心	3心	単心	2心	3心	単心	2心		3心		3心
公称断面積	3条布設 S=2d	1条布設	1条布設	3条布設 S=2d	1条布設	1条布設	4孔3条布設	4孔4条布設		4孔4条布設		6孔6条布設
mm												
1.0	11	10	8	17	17	14	—	11		9		—
1.2	14	12	11	21	20	17	—	14		11		13
1.6	20	18	15	29	28	24	—	19		16		19
2.0	26	23	20	37	37	31	—	24		20		24
2.6	36	32	27	49	50	42	—	33		28		33
3.2	47	42	36	62	63	53	—	42		35		43
mm²												
2	20	18	15	28	28	24	—	19		16		—
3.5	28	25	21	39	40	33	—	26		22		—
5.5	37	33	28	50	51	43	—	34		28		34
8	47	42	36	61	63	53	—	42		35		42
14	66	59	50	83	85	72	—	57		48		61
22	88	78	66	105	110	92	—	74		62		80
38	120	110	93	140	150	125	—	100		84		113
60	165	145	120	185	195	160	—	130		105		150
100	230	200	165	245	260	215	235	170		140	205	202
150	295	255	220	305	325	270	300	215		175	260	269
200	350	310	260	355	375	315	350	250		210	300	318
250	400	355	300	400	425	350	395	280		230	340	367
325	470	420	355	455	485	400	455	320		265	390	435
400	525	—	—	505	—	—	510	—		—	435	—
500	590	—	—	560	—	—	570	—		—	485	—
600	645	—	—	605	—	—	620	—		—	525	—
800	825	—	—	750	—	—	755	—		—	635	—
1,000	940	—	—	830	—	—	845	—		—	710	—
基底温度	40℃			25℃			25℃					30℃
導体温度	60℃			60℃			60℃					60℃

［JCS 168-Dによる］［内線規程］

付表11·3　600 V（架橋）ポリエチレン絶縁ビニル外装ケーブル（CV）の許容電流値

(単位：A)

布設条件 / 公称断面積	空中，暗きょ布設			直接埋設布設			管路引入れ布設			
	単心	2心	3心	単心	2心	3心	単心	2心	3心	単心
	3条布設 S=2d	1条布設	1条布設	3条布設 S=2d	1条布設	1条布設	4孔3条布設	4孔4条布設	4孔4条布設	6孔6条布設
mm²										
2	31	28	23	38	39	32	—	25	21	—
3.5	44	39	33	52	54	45	—	35	29	—
5.5	58	52	44	66	69	58	—	45	37	—
8	72	65	54	81	85	71	—	55	46	—
14	100	91	76	110	115	97	—	75	63	—
22	130	120	100	140	150	125	—	98	81	—
38	190	170	140	190	205	170	—	130	110	—
60	255	225	190	245	260	215	—	170	140	—
100	355	310	260	325	345	285	310	225	185	270
150	455	400	340	405	435	360	390	285	235	340
200	545	485	410	470	505	420	460	330	275	395
250	620	560	470	525	570	470	520	370	305	445
325	725	660	555	605	650	540	600	425	350	510
400	815	—	—	670	—	—	670	—	—	570
500	920	—	—	745	—	—	750	—	—	635
600	1,005	—	—	805	—	—	820	—	—	695
800	1,285	—	—	990	—	—	990	—	—	835
1,000	1,465	—	—	1,095	—	—	1,115	—	—	930
基底温度	40℃			25℃			25℃			
導体温度	90℃			90℃			90℃			

［JCS 168-D による］

付表11・4　6,600 V(架橋)ポリエチレン絶縁ビニル外装ケーブル(CV)の許容電流値

(単位：A)

布設条件	空中，暗きょ布設			直接埋設布設			管路引入れ布設			
	単心	3心	トリプレックス	単心	3心	トリプレックス	単心	3心	単心	トリプレックス
公称断面積	3条布設 S=2d	1条布設	1条布設	3条布設 S=2d	1条布設	1条布設	4孔3条布設	4孔3条布設	6孔6条布設	4孔3条布設
mm²										
8	78	61	—	82	70	—	76	49	68	—
14	105	83	—	110	90	—	100	66	90	—
22	140	105	120	140	120	135	130	84	115	90
38	195	145	170	190	160	180	180	110	160	120
60	260	195	225	250	210	235	235	140	205	155
100	355	265	310	330	280	310	310	190	270	205
150	455	345	405	415	350	390	390	235	335	255
200	540	410	485	485	405	450	455	275	395	295
250	615	470	560	545	455	510	515	310	440	340
325	720	550	660	630	525	585	595	350	510	390
400	810	—	750	705	—	650	665	—	565	435
500	930	—	855	790	—	725	745	—	635	485
600	1,040	—	950	865	—	785	820	—	695	525
800	1,295	—	—	1,045	—	—	990	—	830	—
1,000	1,480	—	—	1,170	—	—	1,105	—	925	—
基底温度	40℃			25℃			25℃			
導体温度	90℃			90℃			90℃			

［JCS 168-D による］

付表 11·5　絶縁物がブチルゴム混合物およびエチレンプロピレンゴム混合物のキャブタイヤケーブルの許容電流

〔絶縁物の最高許容温度80℃〕　　　　　　　　　　　〔周囲温度30℃以下〕

導体公称断面積 (mm²)	許容電流（A）			
	単心	2心	3心	4心及び5心
0.75	18	15	13	11
1.25	24	20	18	16
2	32	28	24	22
3.5	47	41	36	32
5.5	63	53	46	41
8	80	65	56	50
14	113	91	80	71
22	148	122	107	95
30	180	142	126	115
38	213	167	142	129
50	251	193	161	148
60	290	219	193	174
80	348	—	—	—
100	406	—	—	—

備考）1. この表は、キャブタイヤケーブルを通常の配線として用いる場合のもので、ドラム巻きなどで使用する場合は、製造業者などの指定する電流減少係数を用いる必要がある。
　　　2. この表において、中性線、接地線及び制御回路用の電線は、心線数に数えない。すなわち、単相3線式に使用する3心キャブタイヤケーブルは、うち1心が中性線であるので、2心に対する許容電流を適用し、三相3線式電動機に接続する4心のキャブタイヤケーブルのうち1心をその電動機の接地線として使用する場合は、3心に対する許容電流を適用する。

付録 - 12　電圧降下

電圧降下率100％の場合に、下記の簡易式で算出した必要ケーブルサイズの早見表を示す。ただし、許容電流による計算は別途必要である。

必要サイズ計算式（簡易式）

$$A = \frac{K \times L \times I}{1,000 \times e}$$

ここで、e：電圧降下　　200（V）×10（％）＝20（V）
　　　　　　　　　　　　100（V）×10（％）＝10（V）

　　　　L：電線の長さ（m）

　　　　I：電流（A）

　　　　A：電線の断面積（mm²）

K：係数　三相3線式の場合 30.8
　　　　　単相3線式の場合 17.8
　　　　　単相2線式の場合 35.6

付表 12・1　電圧降下比較率 10％の必要ケーブルサイズ（三相3線式）

		距離 L (m)										
		10	20	30	40	50	60	70	100	200	300	400	500
電流 I (A)	10	3.5	3.5	3.5	3.5	3.5	3.5	3.5	3.5	3.5	5.5	8	8
	20	3.5	3.5	3.5	3.5	3.5	3.5	3.5	3.5	8	14	14	22
	30	3.5	3.5	3.5	3.5	3.5	5.5	3.5	5.5	14	14	22	38
	40	3.5	3.5	3.5	3.5	3.5	5.5	5.5	8	14	22	38	38
	50	3.5	3.5	3.5	3.5	5.5	5.5	5.5	8	22	38	38	60
	60	3.5	3.5	3.5	5.5	5.5	8	8	14	22	38	38	60
	70	3.5	3.5	3.5	5.5	5.5	8	8	14	22	38	60	60
	80	3.5	3.5	5.5	5.5	8	8	14	14	38	38	60	100
	90	3.5	3.5	5.5	8	8	14	14	14	38	60	60	100
	100	3.5	3.5	5.5	8	8	14	14	22	38	60	100	100
	150	3.5	5.5	8	14	14	14	22	38	60	100	100	150
	200	3.5	8	14	14	22	22	22	38	100	100	150	200

付表 12・2　電圧降下比較率 10％の必要ケーブルサイズ（単相3線式）

		距離 L (m)										
		10	20	30	40	50	60	70	100	200	300	400	500
電流 I (A)	10	3.5	3.5	3.5	3.5	3.5	3.5	3.5	3.5	5.5	5.5	8	14
	20	3.5	3.5	3.5	3.5	3.5	3.5	3.5	5.5	8	14	22	22
	30	3.5	3.5	3.5	3.5	3.5	3.5	5.5	5.5	14	22	22	38
	40	3.5	3.5	3.5	3.5	5.5	5.5	5.5	8	22	22	38	38
	50	3.5	3.5	3.5	5.5	5.5	5.5	8	14	22	38	38	60
	60	3.5	3.5	3.5	5.5	5.5	8	8	14	22	38	60	60
	70	3.5	3.5	5.5	5.5	8	8	14	14	38	38	60	100
	80	3.5	3.5	5.5	8	8	14	14	22	38	60	60	100
	90	3.5	3.5	5.5	8	14	14	14	22	38	60	100	100
	100	3.5	5.5	5.5	8	14	14	14	22	38	60	100	100
	150	3.5	5.5	14	14	14	22	22	38	60	100	150	150
	200	5.5	22	14	22	22	22	38	38	100	150	150	200

付録 – 13　電動機の出力，馬力換算

付表 13・1　電動機の出力，馬力換算表

kW	HP	kW	HP	kW	HP	kW	HP
※0.18	—	※11	15	※75	100	260	350
※0.2	1/4	※15	20	※90	—	300	400
※0.37	—	※18.5	—	95	125	370	500
※0.4	1/2	※19	25	※110	150		
※0.55	—	※22	30	※132	—		
※0.75	1	26	35	※150	200		
※1.1	1.5	※30	40	※160	—		
※1.5	2	33	45	※185	—		
※2.2	3	※37	50	※190	250		
※3.7	5	45	60	※200	—		
※5.5	7.5	※55	75	※220	300		
※7.5	10	60	80	※250	—		

注）※：JEM1188 によって推奨されているモータの標準出力

付録 - 14　建設現場の主要機器

付表14·1　主要建設機器

機　　械	仕　　　　様				電動機容量(kW)	備　考
電動ウインチ トーヨーコーケン		ロープ張力	ロープ速度	ロープ巻取量		
	MA-400L	130kg	14m/min	5mmφ×60m	0.4	
	MA-650S	150	23	5 × 60	0.65	
	MA-1	180	14	6 × 60	0.87	
	MA-2	250	27	6 × 120	1.5	
	MA-3	400	30	8 × 120	2.5	
	MA-5	650	33	10 × 150	3.9	
	MA-7	1,000	35	12 × 150	6.1	
	MA-10	1,300	37	14 × 160	8.1	
	MA-20	1,500	40	16 × 180	15	
	MA-25	2,000	48	16 × 220	18.5	
	MA-35	2,500	50	18 × 160	25	
	MA-40	3,000	50	18 × 250	28	
	MA-50	4,000	52	20 × 190	37	
	MA-75	5,300	50	22.4× 250	47	
グラウトミキサ 利　　根		攪拌容量		吐出管径		
	MCE-100A	100ℓ		50mmφ	1.5	
	MCE-200A	200		63.5	2.2	
	MCE-600B	600		63.5	5.5	
	MC-400	200×2		50	2.2	
	MCG-200B	200×2		50	5.5	
	MCG-300	300×2		50	7.5	
	MCG-600B	600×2		63.5	11	
	MCK-250	200		50	7.5	
	MCK-500	500		63.5	7.5×2	
グラウトポンプ 鉱 研 工 業		吐出量		管径		
	MG-5AFV	7~70 ℓ/min		32×38mmφ	3.7	
	MG-10FV	12~120		32×50	7.5	
	MG-15HFV	16~210		50×65	11	
	MG-25EV	45~400		65×100	22	
	MG-30EV	50~460		65×100	30	
	MG-40EV	70~720		65×100	37	
	MG-50W	1,000、1,200		75×150	55	
	MG-75A	440~1470		75×150	55、75	
	MG-300B	660~1440		75×150	300	
	FG-20H	0~440		──	15	エアモルタル用
	FG-15H	0~310		──	11	〃
	HPW-3TV	5.2~54		12×19	2.2	
	PGW-40TV	(33~3)×2		19×32	30	2液型超高圧
	PGW-60TV	(54~4)×2		25×38	45	〃
	PG-75HV	152~32		25×50	55	超高圧
	PG-75SB	135~49		19×50	55	〃
	PG-100A	178~104		25×50	75	〃

付表14・1　主要建設機器（つづき）

機械	仕様			電動機容量 (kW)	備考
グラウトポンプ 矢丸工業	MBSA703 MBSA1002 BSA1406 BSA1407 BSA1409 MBSA1414	吐出量 30m³/h 24 60 90 120 170	吐出圧力 63kgf/cm² 85 70 100 75 60	口径 180mmφ 120 200 200 230 280	30 30 75 90 110 110	
コンクリートミキサ 石川島建機	DAM 60 DAM 100 HyDAM 1000 HyDAM 1500 HyDAM 2000 HyDAM 2500 HyDAM 3000 HyDAM 4500 HyDAM 6000 HyDAM 1500D HyDAM 2000D HyDAM 2250D HyDAM 2500D HyDAM 3000D HyDAM 4500D 28 S-1 B 36 S-1 B 56 S-1 B 72 S-1 B 84 S-1 B 90 S-1 B 112 S-1 B AE 1000-Ⅱ AE 1500-Ⅱ AE 1750-Ⅱ AE 2250-Ⅱ AE 3000-Ⅱ	0.06m³ 0.1 1.0 1.5 2.0 2.5 3.0 4.5 6.0 1.5 2.0 2.25 2.5 3.0 4.5 0.75 1.0 1.5 2.0 2.25 2.5 3.0 1.0 1.5 1.75 2.25 3.0		40mmφ 40 60 80 80 120 120 120 120 150 150 150 150 150 150 150 150 150 150 150 150 150 80 80 80 80 80	2.2 5.5 22 37 45 55 75 55×2 75×2 55 75 75 45×2 55×2 75×2 7.5 11 15 22 30 30 37 30 37 45 55 75	 油圧モータ式 〃 〃 〃 〃 〃 〃 〃 ダム用 〃 〃 〃 〃 〃 〃 〃 〃 〃 〃
工事用 水中ポンプ 荏原製作所	EQS EY EAH EAM EAH EAM ESM ESH EAM EAL	25mmφ 50 50 50 80 80 80 80 100 100	6.5m 8 20 15 28 22 20 30 18 13	0.05m³/min 0.1 0.1 0.2 0.2 0.6 0.5 0.5 0.5 1.0	0.4 0.4 1.5 1.5 3.7 5.5 3.7 5.5 3.7 5.5	周波数 50Hz

付表14·1 主要建設機器（つづき）

機械	仕様			電動機容量 (kW)	備考
工事用 　水中ポンプ 荏原製作所	EAL ESL ESM ESH ESH ESL ESL ESL ESH ESH	100mmφ 100 100 100 100 150 150 150 150 200	20m 12 13 25 37 7 11 18 37 18	1.0m³/min 1.0 1.0 1.0 1.0 2.0 2.0 2.0 2.0 4.0	7.5 3.7 5.5 7.5 11 5.5 7.5 11 22 22	周波数 50Hz
工事用 　水中ポンプ 　（サンドポンプ） 荏原製作所	ENZ2 ENZ2 ENZ2 ENZ2 ENZ2 ENZ2	80mmφ 80 100 100 100 150	17m 22.5 19 22 27 19	0.5m³/min 0.5 1.0 1.0 1.0 2.0	3.7 5.5 5.5 7.5 11 11	
送風機 　軸流ファン イズミ送風機	250mmφ 300 400 400 400 500 600 600 800 900 1,000 1,100 1,200 1,200 1,300 300-600 400-900	30m³/min 50 70 100 150 300 400 500 550 700 1,000 1,200 1,500 1,500 2,000 47-300 60-680	160/200mmAq 225/300 340/400 380/500 250 400 300 500 300 350 300 400 350 500 500 35-120 10-60		0.75+1.5 1.5+3.7 3.7+5.5 5.5+7.5 5.5+5.5 15+15 15+15 30+30 22+22 30+30 37+37 55+55 55+55 80+80 110+110 0.55～11 0.4 ～15	
送風機 　ターボブロワ 三井三池 　　製作所	250mmφ 300 350 400 450 250 350 400 450	45m³/min 60 80 115 140 30 80 110 135	1,000mmAq 1,000 1,000 1,000 1,000 1,500 1,500 1,500 1,500		15 18.5 22 30 37 22 37 45 55	

付表14·1　主要建設機器（つづき）

機　　械	仕　　　様	電動機容量 (kW)	備　考
ボーリングマシン 利　　根	TDC-1　　　　　150～190m THC-1　　　　　150～300 THS-88　　　　　220～380 TOM-3　　　　　340～1,000 TBM-88　　　　　800～1,300 TL-2000　　　1,200～2,600 RESORT-21　　1,500～3,000 TSL-HD　　　　2,000～3,000	5.5 7.5 11 15 18.5 22-30 30-45 (200PS)	
エレベータ 菱野金属工業	HSL-1200D ロングスパン 1.2t　　10m/min HSL-600　 ロングスパン 0.6　 8.3/10 HSL-750E　ミニラック　0.75　　10 HCE-500D　ユニラック　0.5　　30/36 HCE-2000　ユニラック　2.0　　50/60 HCE-1000A ユニラック　1.0　　33.4/40	3.7×2 1.5×2 3.7 5.5×2 5.5×3 8×2	
リバースサーキュレーションドリル 日　立　建　機	S320　　　　200mmφ S400H　　　 200 S450　　　　250 S480H　　　 250 S500R　　　 230 S600　　　　300	75 110 55+75 55+75 (57+187PS) 75+110 (128+179PS)	
アースオーガ 三　和　機　工	SKC-30VF　　　　450mmφ　　20.0m SKC-50VF　　　　700　　　　40.0 SKC-60VF　　　　800　　　　50.0 SKC-80VF　　　1,000　　　　55.0 SKC-100A　　　1,100　　　　55.0 SKC-120VA　　 1,200　　　　60.0 SKC-150VA　　 1,200　　　　60.0 SKC-200VA　　 1,200　　　　60.0 SKC-240VA　　 1,800　　　　70.0 SKC-60VW　　　　700　　　　30.0 SKC-80VW　　　　700　　　　30.0 SKC-100W　　　　700　　　　30.0 SKC-120VW　　　 800　　　　35.0 SKC-150VW　　 1,200　　　　30.0 SKC-200VW　　 1,200　　　　30.0 SKC-240VW　　 1,800　　　　30.0 SKH-50P　　　　 318　　　　10.0 SKH-60P　　　　 318　　　　15.0 SPS-60VA　　　　318　　　　19.0	22 37 45 60 37×2 45×2 55×2 75×2 90×2 22×2 30×2 37×2 45×2 55×2 75×2 90×2 P=210kg/cm² Q=134ℓ/min P=210kg/cm² Q=184ℓ/min 22×2	

付表14・1 主要建設機器（つづき）

機械	仕様			電動機容量(kW)	備考
コンプレッサ 北越工業	SAS 3P	8.5kgf/cm²	0.26m³/min	2.2	
	SAS 4P	8.5	0.44	3.7	
	SAS 6P	8.5〜6.5	0.72	5.5	
	SAS 8P	8.5〜6.5	1.1	7.5	
	SAS11P	8.5〜6.5	1.6	11	
	SAS15P	8.5〜6.5	2.0	15	
	SAS22P	7.0	3.7	22	
	SAS37P	7.0	5.9	37	
	SAS55P	7.0	8.9	55	
	SAS75P	7.0	12.3	75	
	SWS22P	7.0	3.7	22	
	SWS37P	7.0	5.9	37	
	SWS55P	7.0	8.9	55	
	SWS75P	7.0	12.3	75	
	SAW11P	7.0	1.4	11	
	SAW15P	7.0	2.1	15	
	SAW22P	7.0	3.1	22	
	SAW37P	7.0	5.5	37	
	SAD15P	7.0	1.8	15	
	SAD22P	7.0	2.8	22	
	SAD37P	7.0	4.1	37	
	SAD45P	7.0	5.0	45	
	SAD55P	7.0	6.3	55	
	SWD75P	7.0	12.5	75	
	SWD90P	7.0	15.2	90	
	SWD110P	7.0	17.3	110	
	SWD132P	7.0	20.6	132	
	SWD160P	7.0	24.5	160	

機械	仕様			巻上	起伏・横行	旋回	クライミング
タワークレーン 石川島輸送機	JCC-75T	75t•m	100m	25	2.2	4.5	5.5
	JCC-100	100	70(200)	40	8.5	2.5	5.5
	JCC-120N	120	150	40	25	4.5	5.5
	JCC-180	180	100	40	25	8.5	15
	JCC-200	200	200	55 30	25	8.5	15
	JCC-200H	200	250	90	33	8.5	22
	JCC-200U	200	100	55×2			
	JCC-400H	400	250	110	33	13	—
	JCC-600	600	100	50	33	8.5	22
	JCC-900H	900	250	150	63	25	—
タワークレーン 日立建機	C5	5t•m	40m	3.7	1.2	0.2	—
	C10	10	50	7.5	2.5	0.4	—
	C20	20	60	10	2.5	0.75	—
	CT10	10	95	4.3/0.7	2.5/0.8	0.5	3.7
	CT36	36	147	12/1.6	6/3	1.5/0.75	5.5
	CT45	45	174	15/3.5	10/1.2	1.5/0.75	12

付録 – 15　漏電しゃ断器

　低圧電路に地絡が生じたとき，人畜の感電事故，火災事故，および電路，機器，その他の損傷等を防止するための保護手段としては次の方法がある。
- 保護接地方式
- 過電流しゃ断方式
- 漏電しゃ断方式
- 漏電警報方式
- 絶縁変圧器方式

　上記の保護方式は，地絡を生じている機器の鉄台や外箱に加わる大地間電圧を抑制すること，あるいはこの電圧が一定値に達すると警報または電路をしゃ断し，事故を防止する方法である。

　これらの方式の中で**付表 15・1** に示すすべての接触状態で効果のある方式は，漏電しゃ断方式である。

　漏電しゃ断器の設置は，電気設備技術基準によって低圧の機器，400 V 電路に対して義務づけられている。

　また，可搬式，移動式電動工具に対しては，労働安全衛生規則によって設置が義務づけられている。

　漏電しゃ断器によって地絡保護を行う場合には，装置の適正な選定，設置および保守が必要である。

漏電しゃ断器の動作

　電流動作形漏電しゃ断器の基本原理は，**付図 15・1** に示すように各相導体を一括して零相変流器を貫通させ，この零相変流器に巻いた二次コイルを主開閉部の引外しコイルに接続したものである。

　常時は各相電流のベクトル和が零であり零相変流器には磁束が存在しないが，主回路に地絡電流が流れると，それにより，零相変流器に磁束を生じ零相変圧器二次コイルに電圧が誘起され，引外しコイルを励磁し，しゃ断動作が行われる。

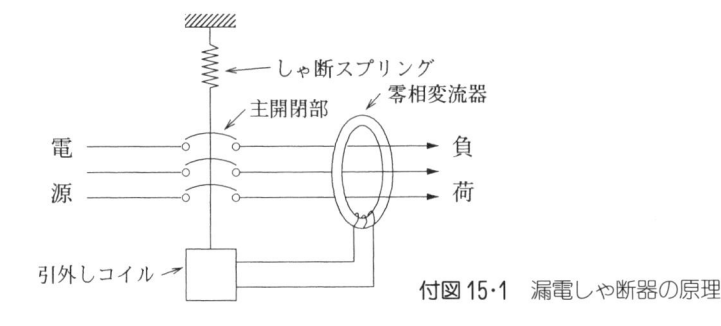

付図 15・1　漏電しゃ断器の原理

付表15·1　接触状態と安全電圧

[低圧電路地絡保護指針（JEAG 8101）より]

項目＼接触状態	第 1 種	第 2 種	第 3 種	第 4 種
接触状態	・人体の大部分が水中にある状態	・人体が著しくぬれた状態 ・金属性の電気機械器具に人体の一部が常時触れている状態	・第1，2種以外の場合で，通常の人体状態において接触電圧が加わると危険性が高い場合	・左記の状態において，接触電圧が加わっても危険性の低い場合 ・接触電圧が加わるおそれのない場合
対象電路	・浴槽，水泳プールまたは人が立ち入るおそれのある水槽，池，沼田等の内部に施設する電路	・左記の周辺，トンネル工事現場等湿気や水気が著しく存在する場所の電路 ・金属製の電気機械器具や構造物に常時触れて取扱う場所の電路	・人が触れるおそれのある場所の電路（たとえば，住宅，工場，事務所等の一般場所において，人が直接触れて取扱う電気工作物）	・人が触れるおそれのない場所の電路 ・保護接地を要しない電路（たとえば，住宅，工場，事務所等の一般場所のいんぺい場所または高所に施設する電気工作物）
総合危険度	最も高い	非常に高い	高い	低い
基本的な考え方	・接触電圧の加わる環境がきびしいので接触電圧とか人体通過電流とかの個別要素だけで規定することは，不適当であり（電流）×（時間）積で考えなければならない。 ・また，環境が水中であるため電撃による2次的災害を招くおそれがあること，また環境から容易に脱出できないことから電路を高速で自動しゃ断する方法で対処しなければならない。	・接触電圧が加わった場合の危険度は，人体抵抗が第1種と同等とみなしているので，左記と同じである。 ・第1種と相違する点は，まず影響を受ける範囲において第1種が面的であるのに対し，第2種は点的である。 　次に，環境において第1種が水中で，容易に離脱できないのに対し，第2種は空中で容易に離脱できる。	・接触電圧が加わった場合の危険度は，幅が広く，場合によっては，第2種に近い場合も考えられる。 ・第1，2種と相違する点は，絶縁破壊が発生してもその電路に常時人が触れていないことである。 ・また，人体が通常の状態であるので人体抵抗は比較的高い。 　よって，一般に接触電圧は50V以下でよく，また絶縁破壊の時に警報を発するものや回路を自動しゃ断するものでもよい。	・低圧電路に人が触れるおそれがなく，また触れても危険性の低いものであれば，第1次的には保護は不要のように考えられるが，火災防止の見地から，現行，第3種接地工事程度のものは，必要である。
安全電圧	2.5V以下	25V以下	50V以下	制限なし

注）接触電圧とは地絡が生じている機器に触れた時，人体に加わる電圧をいう。

付録-16 標準工事歩掛

工事用電気設備の積算における主要職種と，その歩掛を示す。本書では電工に統一した歩掛とした。

(1) 普通作業員

普通の技能および高度の肉体的条件を有し，主として次に掲げる作業を行うものである。
① 人力による土砂の掘削・積込み・運搬等の作業
② 保安および交通整理等
③ その他各作業について必要とされる補助的作業

(2) 電　工

電気工事について相当程度の技能を有し，主として次に掲げる作業について主体的業務を行うものである。
① 各種材料の現地加工作業
② 配線・配管作業
③ 工場派遣作業員の補助的作業

(3) 工場派遣作業員

製作会社等（専門据付会社を含む）から派遣された専門知識および経験を有し，主として**付表16·1**に掲げる作業について主体的業務を行うものである。

付表16·1　工場派遣作業員の業務範囲

工種	機器名	標準歩掛で行う作業			別途積算で行う作業	
		据付け作業調整及び指導等	配管，配線，点検	単体試験シーケンス	組合せ試験	総合試運転
据付け工	受変電機器 配電盤 監視制御設備 特殊電源設備 工業計器	○ ○ ○ ○ ○	○ ○ ○ ○ ○	○ ○ ○ ○ ○	○ ○ ○ ○ ○	○ ○ ○ ○ ○
配線工	電線ケーブル	−	−	−	−	−
	線　路	−	−	−	−	−
接地工	接地装置	−	−	−	−	−

付表16・2　工事用電気設備歩掛表

工事名称	仕様		単位	工数	備考
建柱工事	木柱	6m	本	1.6	標準堀，5本以下を標準とし
		8m	〃	2.0	場内小運搬を含む
		10m	〃	3.0	5本超過の場合は85%
		12m	〃	3.6	
	コンクリート柱	10m	〃	5.2	
		12m	〃	5.8	
		14m	〃	7.8	
支線工事	38mm² 以下		本	1.0	Y支線は50%増し
	55mm² 以上		〃	1.4	
装柱工事	腕金 1200〜1800		本	0.5	碍子, アームタイ, バンド取付を含む
	Aタイプ		〃	1.4	
	Bタイプ		〃	0.5	
	Cタイプ		〃	0.5	
気中開閉器	200A以下		台	1.4	リレー配線含む
	300A		〃	1.8	
柱上避雷器取付	8.4kV		組	0.90	3台1組，接地別途
プライマリーカットアウト取付工事	PC-6, PC-7		組	0.90	3台1組，柱上取付
接地工事	第1種，第2種，特別第3種		箇所	3.50	材工共
	第3種		〃	0.60	
キュービクル据付工事	100kVA以下		基	3.00	運搬，クレーン，基礎，フェンス別
	300kVA未満		〃	4.00	
	300kVA以上		〃	5.00	トランス組込み以外の配線含む
	トランス盤連結		〃	4.00	
トランス組込み工事	PF-S型	50kVA 2台	基	3.00	
	PF-S型	50kVA 4台	〃	4.00	
	CB型	100kVA 4台	〃	5.00	
	トランス盤	50kVA 2台	〃	4.00	

付表16・2　工事用電気設備歩掛表（つづき）

工事名称	仕様	単位	工数	備考
分電盤取付工事	動力分電盤	面	0.80	接地工事は別途
	動力電灯兼用分電盤	〃	1.10	一次側ケーブルの接続を含む
	電灯分電盤	〃	0.70	
漏電しゃ断器盤取付工事	600A	面	1.00	接地工事は別途
	400A	〃	0.80	一次側ケーブルの接続を含む
	250A	〃	0.40	
	100A以下	〃	0.30	
メーターボックス		面	0.20	
試験費用	PF-S型	基	6.00	絶縁抵抗，接地抵抗，
	CB型	〃	7.00	絶縁耐力，リレーテスト
電力会社手続費	低圧受電手続き	件	1.50	申込み，変更，廃止ごとに手
	高圧受電手続き	〃	2.00	続きをする
受変電所基礎		m³	5.68	材工共，設置＋撤去
H型鋼		m	0.50	〃　，　〃
受変電所フェンス		m	0.60	〃　，　〃
月例点検	受変電所	箇所	1.50	月当り
	分電盤	台	0.10	
年次点検	受変電所	箇所	2.50	年当り
	分電盤	台	0.25	

付表 16・2 工事用電気設備歩掛表（つづき）

工事名称	仕様		単位	工数	備考
ケーブル立下げ工事 （電源引込）	高圧CV, CVT	22mm²-3C以下	箇所	0.96	保護管取付含む
		38mm²-3C	〃	1.40	標準長20m以内
		60mm²-3C	〃	1.72	
		100mm²-3C	〃	2.06	
	低圧CV, VV	38mm²-3C以下	箇所	0.90	保護管取付含む
		60mm²-3C以上	〃	1.20	ケーブル長15m標準
指定業者ケーブル工事	6 kV	38mm²-3C以下	箇所	25.0	材工共，ケーブル長30m標準 （引込柱を建てずに電力会 社柱設置の気中開閉器に 直接接続する場合に指定 業者施工となる）
		60mm²-3C以上	〃	30.0	
架空ケーブル工事 （メッセンジャー吊り）	高圧CV, CVT	22mm²-3C以下	m	0.05	メッセンジャー，ケーブルハンガー取付を含む柱上施工
		38mm²-3C	〃	0.07	
		60mm²-3C	〃	0.08	高圧は1径間30m標準，低圧
		100mm²-3C	〃	0.13	は径間30mで5径間標準
	低圧CV, VV	14mm²～22mm²-3C	m	0.040	標準超過は85％
		38mm²～60mm²-3C	〃	0.060	仮囲い塀に施工の場合は80％
		100mm²-3C	〃	0.120	
		150mm²-3C	〃	0.160	
		200mm²-3C	〃	0.200	
架線工事	IV, OW, OE, OC	3.2mm 以下	m	0.006	径間30mで5径間標準
		4mm ～ 5mm	〃	0.008	5径間超過は85％
		14mm² ～ 22mm²	〃	0.010	
		38mm²	〃	0.012	
		60mm²	〃	0.016	
		100mm²	〃	0.020	
		150mm²	〃	0.036	
屋内幹線立上工事	低圧CV, VV	14mm²～22mm²-3C	m	0.036	建築工事の垂直部分の配線
		38mm²～60mm²-3C	〃	0.060	
		100mm²-3C	〃	0.090	

付表16・2　工事用電気設備歩掛表（つづき）

工事名称	仕様			単位	工数	備考
屋内幹線立上工事	CV,VV		150mm²-3C	m	0.120	建築工事の垂直部分の配線
			200mm²-3C	〃	0.146	
仮囲い塀配線工事	CV,VV		22mm²-3C以下	m	0.024	塀の単管にバインド掛け
			38mm²〜60mm²-3C	〃	0.040	150m標準，超過は85％
			100mm²-3C	〃	0.060	
			150mm²-3C	〃	0.080	
			200mm²-3C	〃	0.100	
端末処理工事（直線接続）	6kV CV,CVT 普通端末		22mm²-3C以下	箇所	0.65	直線接続は100％増し
			38mm²-3C	〃	0.85	
			60mm²-3C以上	〃	1.10	
	6kV CV,CVT 耐塩端末		22mm²-3C以下	〃	1.00	
			38mm²-3C	〃	1.28	
			60mm²-3C以上	〃	1.65	
	6kV CV,CVT 重耐塩処理		22mm²-3C以下	箇所	1.50	
			38mm²-3C	〃	1.92	
			60mm²-3C以上	〃	2.48	
	3kV CV 普通端末		8mm²-3C以下	〃	0.40	
			14〜22mm²-3C	〃	0.50	
			38mm²-3C以上	〃	0.65	
ケーブルラック工事	鋼製		幅 300 mm 以下	m	0.26	仮囲い単管ブラケット取付
			幅 400 mm	〃	0.33	
			〃 500 〃	〃	0.37	
			〃 600 〃	〃	0.40	
			〃 700 〃	〃	0.50	
			〃 800 〃	〃	0.60	
			〃 900 〃	〃	0.67	
			〃 1000 〃	〃	0.74	

付表16·2 工事用電気設備歩掛表（つづき）

工事名称	仕様	単位	工数	備考
柱上照明器具取付工事	投光器，ハロゲン灯	台	0.30	組立，安定器配線含む
	水銀灯，ナトリウム灯	〃	0.60	取付高2.0m以下は80%
	蛍光灯	〃	0.23	
	自動点滅器	〃	0.15	
照明ケーブル工事	分岐ケーブル3.5mm²-3C	m	0.30	
	2CT-2.0mm²-3C	〃	0.01	
	VVF-2.0mm²-3C	〃	0.01	
	1.6mm²-3C	〃	0.01	
軀体埋込ケーブル工事	VVF-1.6mm²-2C　スラブ埋設	m	0.024	型枠，デッキプレート穴あけ含む
	2.0mm²-2C　　〃	〃	0.032	5,000m以上　70%
	1.6mm²-3C　　〃	〃	0.032	10,000m以上　50%
	2.0mm²-3C　　〃	〃	0.048	
	2.6mm²-3C　　〃	〃	0.056	
	照明器具取付　100W以下	灯	0.228	
	〃　　　　150W以下	〃	0.456	
	防水コネクター取付	ケ	0.200	ケーブル付既製品
通信設備工事	インターホン取付	台	0.30	
	アダプター取付組込み	組	1.00	
	インターホンケーブル配線	m	0.018	
	カメラ	台	5.00	
	モニターテレビ	〃	1.00	
	ブースター	〃	1.00	
	同軸ケーブル	m	0.01	
	アンプ取付，配線	台	1.60	
	スピーカー（5W〜15W）	ケ	0.30	
	ページング	台	1.00	
	中継コネクター取付	〃	0.26	
	スピーカー線配線	m	0.01	

付表16・2　工事用電気設備歩掛表（つづき）

工事名称		仕様	単位	工数		備考
				600深	1200深	
地中埋設工事	ヒューム管	150φ	m	0.33	0.76	機械掘削
		200φ	〃	0.34	0.75	掘削埋戻し含む
	トラフ	1号 500× 75×75	m	0.30	0.66	
		2号 500×120×75	〃	0.32	0.704	
		3号 500×150×100	〃	0.40	0.88	
		4号 500×200×170	〃	0.45	0.99	
		5号 500×250×170	〃	0.50	1.10	
	電線管 ガス管	54φ	m	0.27	0.59	
		70φ	〃	0.27	0.59	
		82φ	〃	0.27	0.59	
		100φ	〃	0.30	0.66	
		125φ	〃	0.44	0.97	
	波付硬質ポリエチレン管	50φ	m	0.25	0.55	
		80φ	〃	0.25	0.55	
		100φ	〃	0.25	0.55	
		150φ	〃	0.30	0.66	
		200φ	〃	0.35	0.77	
				埋込	露出	
配管工事	硬質塩化ビニル管工事	16φ〜22φ	m	0.052	0.066	BOX取付含まず
		28φ	〃	0.066	0.084	
		36φ	〃	0.086	0.108	
		42φ	〃	0.108	0.156	
		54φ	〃	0.156	0.204	
		70φ	〃	0.192	0.276	
		82φ	〃	0.240	0.324	

付表16・2 工事用電気設備歩掛表（つづき）

工事名称		仕様	単位	工数		備考
				埋込	露出	
配管工事	厚鋼電線管工事	16φ	m	0.048	0.060	アースボンド BOX取付含まず
		22φ	〃	0.060	0.072	
		28φ	〃	0.084	0.112	
		36φ	〃	0.096	0.120	
		42φ	〃	0.108	0.132	
		54φ	〃	0.228	0.240	
		70φ	〃	0.252	0.276	
		82φ	〃	0.360	0.408	
	波付硬質ポリエチレン管	50φ	m	——	0.027	
		80φ	〃	——	0.040	
		100φ	〃	——	0.044	
		150φ	〃	——	0.080	
				管路	ピット	
入線工事		CV, VV 14mm²-3C以下	m	0.032	0.026	
		22mm²～38mm²-3C	〃	0.058	0.046	
		60mm²-3C	〃	0.090	0.072	
		100mm²～150mm²-3C	〃	0.136	0.110	
仮設建物工事	事務所	250m²未満	m²	0.42		材工共 電灯，空調用電源の引込み含む 空調機は別途
		250m²以上	〃	0.38		
	宿舎		〃	0.33		
	器具	蛍光灯 FL-40W-1	台	0.32		VVFケーブルの配線を含む
		〃 FL-40W-2	〃	0.40		
		〃 FL-20W-1	〃	0.24		
		露出コンセント	ケ	0.20		
		露出スイッチ	〃	0.20		

付録 – 17 償却率

材料の積算時には，回収を考慮する必要がある。償却率とは，ある材料が工事期間中にどれだけ消耗（償却）されるかを表した数値である。全償却の場合は1であり，償却率が低いほど回収額が高いということになる。

一般に償却率は次式で表される。

$$償却率 = \left(1 - \frac{推定残存価格}{積算単価} \times \frac{推定回収量}{積算数量}\right) \times 100\%$$

付表17・1 適用表

区分	品名、規格	受変電・変電設備	高低圧幹線設備	動力設備	照明設備	通信設備
電線	8 mm² 以下	F	B	F	F	F
	14mm² ～38mm²	G	E	C	F	
	50mm² 以上	G	E	C		
	高圧ケーブル	G	C	G		
	キャブタイヤケーブル 8 mm² ～38mm²	F	C	B	B	B
	キャブタイヤケーブル 5.5mm² 以下	F	B	H	F	F
	電話ケーブル					B
外線材料	電　　　柱	A	A	B	B	A
	装 柱 材 料	B	B	B	B	B
機器	進相コンデンサ 柱上油入開閉器	E	E	E		
	電　話　器 交　換　器 拡　声　器					D
	断　路　器 避　雷　器 大 型 投 光 器 1 kW以上	C	C	C	C	
	電磁開閉器 蛍 光 灯 具 小 型 投 光 器 1 kW未満	B		B	B	
	分　電　盤	A		A	A	

各記号分類に類する品名例

　　A：計器工具類，分電盤
　　B：キャブタイヤケーブル，電話ケーブル，装柱材料等
　　C：高圧ケーブル，断路器
　　D：IV 150 mm² 以上，交換器等
　　E：進相コンデンサ，柱上負荷開閉器等

付表 17・2　償却率記号分類表　　　　　（単位：%）

記号	使用期間（年）					適用要素
	以内 0.5	以内 1	以内 1.5	以内 2	以内 3	
A	30	50	70	90	100	初期の回収はよいが期間と共に数量残存価値とも急減するもの。
B	60	70	80	90	100	破損しやすいもの品質判定しにくいもの。回収量の少ないもの。
C	50	60	70	80	90	余り破損しない転用可能なもの。
D	40	50	60	70	80	殆ど破損しない転用可能なもの。
E	30	40	50	60	70	〃　　　転用の多いもの。
F	100	100	100	100	100	残存価値の殆どない場合。
G	90	90	90	90	90	スクラップ残存価値がある場合。
H	70	100	100	100	100	初期のみ残存価値がある場合。

付録 - 18　補充率

　計画図面により，材料の数量は算出することはできるが，その材料の消耗が激しい場合，使用期間，使用条件に応じて補充数量を見込まなければならない。この率のことを補助率（γ）という。図面上の数量をn_0とすると，工事期間全体の数量Nは

$$N = n_0 \times (1+\gamma)$$

となる。
　補助率の算出方法は以下のとおりである。
　ある材料の寿命をX年とし，一定の割合で消耗するものとすれば，消耗率αは

$$\alpha = 100/X \quad （\%/年）$$

工事期間をT（年）とすると，この材料の必要総数Nは

$$N = n_0 + n_0 \times \alpha \times T = n_0 \times (1+\alpha \times T)$$

これより

$$\gamma = \alpha \times T = 100 \times T/X$$

となる。積算の際には，補充のことを考慮して数量を算出する必要がある。

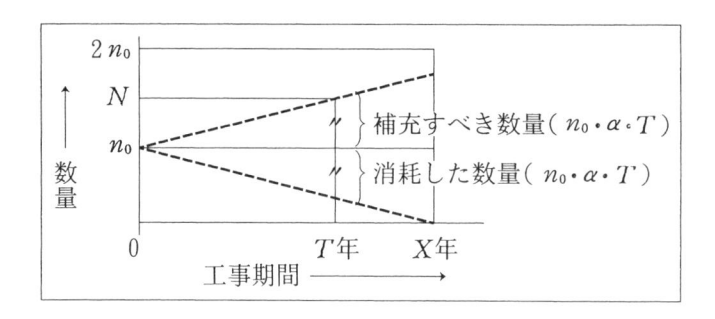

ここで，n_0：設計数（図面上の数量）
　　　　N：必要総数（補充を見込んだ数量）
　　　　α：消耗率（$\%$/年）
　　　　T：工事期間（年）
　　　　X：材料の寿命（年）
　　　　γ：補充率

　補充率は，現場の使用状態と工事期間とに起因するので，使用状態を，a（過酷な条件），b（普通），c（良い条件）の3ランクに分け，各工事期間（0.5年，1年，1.5年，2年，3年）ごとの補充率を**付表18・1**に示す。

付表 18·1 補充率 (単位:%)

材料		期間(年)	a (過酷な条件)					b (普通)					c (良い条件)					備考
			0.5	1.0	1.5	2.0	3.0	0.5	1.0	1.5	2.0	3.0	0.5	1.0	1.5	2.0	3.0	
キャブタイヤケーブル	2mm² 〜 5.5mm²	2CT	50	100	150	200	300	30	60	90	120	180	15	30	45	60	90	
		3CT	30	60	90	120	180	20	40	60	80	120	5	10	15	20	30	
		VCT	45	90	135	180	270	25	50	75	100	150	10	20	30	40	60	
	8mm² 〜 14mm²	2CT	40	80	120	160	240	20	40	60	80	120	10	20	30	40	60	
		3CT	20	40	60	80	120	10	20	30	40	60	0	0	0	0	0	
		VCT	35	70	105	140	210	15	30	45	60	90	5	10	15	20	30	
	22mm² 〜 38mm²	2CT	35	70	105	140	210	15	30	45	60	90	5	10	15	20	30	
		3CT	15	30	45	60	90	5	10	15	20	30	0	0	0	0	0	
		VCT	30	60	90	120	180	10	20	30	40	60	3	5	7	10	20	
	60mm² 〜 100mm²	2CT	30	60	90	120	180	10	20	30	40	60	0	0	0	0	0	
		3CT	10	20	30	40	60	3	5	7	10	15	0	0	0	0	0	
		VCT	25	50	70	100	150	5	10	15	20	30	0	0	0	0	0	

注) SV, CV は VCT に準ずる。

			0.5	1.0	1.5	2.0	3.0	0.5	1.0	1.5	2.0	3.0	0.5	1.0	1.5	2.0	3.0	備考
分電盤設備			15	30	45	60	90	7	15	22	30	45	0	0	0	0	0	
手元開閉器		0.75〜5.5kW	20	40	60	80	120	10	20	30	40	60	0	0	0	0	0	
		7.5 kW	20	40	60	80	120	10	20	30	40	60	0	0	0	0	0	
		11〜15kW	20	40	60	80	120	10	20	30	40	60	0	0	0	0	0	
標準スイッチボックス			25	50	75	100	150	10	20	30	40	60	0	0	0	0	0	ELB・NFB含む
材料別	CKS	3P 15〜30A	40	80	120	160	240	15	30	45	60	90	5	10	15	20	30	
		3P 60〜100A	40	80	120	160	240	15	30	45	60	90	5	10	15	20	30	
		3P 150〜200A	25	50	75	100	150	10	20	30	40	60	0	0	0	0	0	
		3P 300A以上	10	20	30	40	60	5	10	15	20	30	0	0	0	0	0	
	ELB	2P 15〜30A	20	40	60	80	120	10	20	30	40	60	0	0	0	0	0	
		3P 30A以下	20	40	60	80	120	10	20	30	40	60	0	0	0	0	0	
		3P 60〜125A	10	20	30	40	60	5	10	15	20	30	0	0	0	0	0	
		3P 225A以上	5	10	15	20	30	0	0	0	0	0	0	0	0	0	0	
	NFB	3P 30A以下	20	40	60	80	120	5	10	15	20	30	0	0	0	0	0	
		3P 50〜100A	10	20	30	40	60	5	10	15	20	30	0	0	0	0	0	
		3P 225A以上	5	10	15	20	30	0	0	0	0	0	0	0	0	0	0	
	MgS	0.75〜5.5kW	20	40	60	80	120	5	10	15	20	30	0	0	0	0	0	
		7.5〜15kW	10	20	30	40	60	5	10	15	20	30	0	0	0	0	0	
		22kW以上	0	0	0	0	0	0	0	0	0	0	0	0	0	0	0	
	Box	堅牢な物	10	20	30	40	60	3	5	7	10	15	0	0	0	0	0	
		堅牢でない物	20	40	60	80	120	5	10	15	20	30	3	5	7	10	15	
	防水コネクタ	2P-15A-E付	50	100	150	200	300	10	20	30	40	60	0	0	0	0	0	
		3P-20A-E付	50	100	150	200	300	10	20	30	40	60	0	0	0	0	0	
		ベルコン用	50	100	150	200	300	10	20	30	40	60	0	0	0	0	0	

付表 18・1　補充率（つづき）　　　　　　　　　　　（単位：％）

材料			a（過酷な条件）					b（普通）					c（良い条件）					備考
		期間(年)	0.5	1.0	1.5	2.0	3.0	0.5	1.0	1.5	2.0	3.0	0.5	1.0	1.5	2.0	3.0	
照明設備	水銀灯器具	レフ型	20	40	60	80	120	10	20	30	40	60	0	0	0	0	0	
	リフレクタ器具	ホルダ	25	50	75	100	150	10	20	30	40	60	0	0	0	0	0	
		ガード・バイス	50	100	150	200	300	25	50	75	100	150	5	10	15	20	30	
	蛍光灯器具	防水	15	30	45	60	90	5	10	20	30	40	0	0	0	0	0	
		屋内	15	30	45	60	90	5	10	20	30	40	0	0	0	0	0	
	球	水銀灯（レフ型）	50	100	150	200	300	25	50	75	100	150	0	0	0	0	0	
		水銀灯（バラストレス）	75	150	225	300	450	50	100	150	200	300	10	20	30	40	60	
		白熱灯（レフ型）	150	300	450	600	900	75	150	225	300	450	25	50	75	100	150	
		白熱灯（チョウチン用）	150	300	450	600	900	100	200	300	400	600	50	100	150	200	300	
		蛍光灯	50	100	150	200	300	25	50	75	100	150	0	0	0	0	100	
		ナトリウム灯	40	80	120	160	240	25	50	75	100	150	0	0	0	0	0	
		ハロゲン	150	300	450	600	900	75	150	225	300	450	25	50	75	100	150	
	チョウチン器具	防水ソケット	50	100	150	200	300	25	50	75	100	150	10	20	30	40	60	
		ガード	50	100	150	200	300	25	50	75	100	150	10	20	30	40	60	

注）この表中の材料およびこれに準ずる材料以外の材料（例：電柱，碍子，高圧機器等）は原則として補充を考えないものとする。

付録 – 19　工事実績

シールド・トンネル・ダム・地下鉄（開削工法）・建築の工事実績を示す。

記載内容

① 用途・延長・工法・延べ床面積・階高など……工事の概要を示す。

② 工期（月）……工事期間を示す。

③ 負荷設備電力（kW）……工期中の負荷設備を月単位に集計したものの最大値を示す。

④ 需要率（％）……工期中の需要率を月単位に集計したものの最大値を示す。

$$需要率 = \frac{最大需要電力}{負荷設備電力} \times 100$$

⑤ 負荷率（％）……工期中の負荷率を月単位に集計したものの最大値を示す。

$$負荷率 = \frac{ある期間中の平均電力}{同期間中の最大電力} \times 100$$

$$ただし，平均電力 = \frac{ある期間中の使用電力量}{同期間中の総時間}$$

⑥ 設備利用率（％）……工期中の設備利用率を月単位に集計したものの最大値を示す。

$$設備利用率 = \frac{平均電力}{負荷設備電力} \times 100 = 需要率 \times 負荷率 / 100$$

⑦ 工事用電気設備費率（％）……全体工事費に対する工事用電気設備費の比率を示す。

$$工事用電気設備費率 = \frac{工事用電気設備費}{全体工事費} \times 100$$

⑧ 電気料金率（％）……全体工事費に対する電気料金の比率を示す。

$$電気料金率 = \frac{電気料金}{全体工事費} \times 100$$

注）③，④，⑤，⑥は，各工事の毎月の実績から工期中の最大値を抽出したものであり，同一月の値ではない。見積り時に把握できない負荷がある場合，これらの率をそのまま適用するのは危険であり，十分注意する必要がある。

付表19・1 シールド工事実績

用途	外径	延長	工法	工期	負荷設備電力	需要率	負荷率	設備利用率	工事用電気設備費率	電気料金率
	mm	m		月	kW	%	%	%	%	%
地下鉄	9800	1070	泥水加圧	38	3795	37	58	17	1.48	1.26
地下鉄	7450	1425＋1425	泥水加圧	39	4040	47	40	16	0.85	1.38
地下鉄	7450	884＋884	泥漿	46	2945	51	56	18	1.36	1.12
地下鉄	7100	733＋751	泥漿	45	3794	50	44	32	1.44	1.73
共同溝	5800	1108	泥漿	43	609	60	44	25	1.31	1.21
共同溝	5390	989	泥水加圧	9	924	47	30	14	1.66	0.49
電力	5280 5062	1535 850	土圧バランス	54	2292	61	65	23	2.15	支給
下水	4800	626	泥水加圧	18	958	73	30	14	2.92	1.42
下水	4050	374	土圧バランス	18	499	60	40	24	2.14	1.28
石油	4000	720	泥水加圧	29	1024	79	45	25	1.16	0.44
雨水	3813	605	セミ機械式	17	637	—	—	29	2.68	1.63
下水	3500	844	泥水加圧	33	852	60	51	25	2.30	2.07
下水	3482	1121	泥漿	32	1081	65	70	41	1.24	0.95
下水	3480	702	土圧バランス	33	500	—	—	13	1.25	1.18
石油	3300	606＋849	泥水加圧	39	2477	61	73	55	1.61	1.71
下水	3280	1033	泥水加圧	11	723	58	50	19	2.67	1.68
ガス	3150	1050	泥水加圧	45	1731	61	51	19	1.22	支給
下水	3100	925	泥水加圧	27	554	36	65	22	2.42	1.55
下水	3074	724	泥水加圧	15	475	63	37	58	1.89	1.45
電力	2950	671	土圧バランス	38	522	—	—	34	1.04	支給
下水	2680	1062	泥漿	32	387	63	57	13	1.80	0.75
下水	2650	588	圧気手掘式	20	371	—	—	38	2.84	2.14
下水	2280	1266	土圧バランス	16	489	—	—	36	1.94	2.35
雨水	2244	481	圧気手掘式	16	378	72	54	31	1.02	1.58
下水	2150	893	泥水加圧	20	734	51	38	18	0.91	0.58

注）1．需要率・負荷率の項で，「－」は率を把握していない工事である。
　　2．電気料金率の項で，「支給」は発注者より電気が支給されたので，料金の支出がなかった工事である。
　　3．シールドのみの工事，立坑築造その他が含まれている工事等があり，工事条件は異なる。

付表 19·2 トンネル工事実績

用途	断面	延長	工期	負荷設備電力	需要率	負荷率	設備利用率	工事用電気設備費率	電気料金率
	mm	m	月	kW	%	%	%	%	%
自動車道	103	2474	60	1183	75	67	34	1.03	2.68
一般道	89	1635	46	986	—	—	36	1.92	1.49
自動車道	85	1800	39	673	—	—	56	0.81	2.03
自動車道	84	3340	66	3099	58	65	32	1.82	3.79
自動車道	84	1160	27	751	64	56	34	1.61	1.24
自動車道	83	1018	46	1004	58	65	33	1.45	2.45
一般道	81	850	27	636	63	76	47	1.77	1.98
自動車道	79	855	37	877	—	—	23	1.27	1.01
自動車道	78	1186	35	982	—	—	36	1.69	2.58
自動車道	78	804	35	979	85	65	40	2.80	2.80
自動車道	77	2445	52	991	92	95	73	1.13	2.75
自動車道	75	1460	30	739	—	—	33	1.62	2.40
自動車道	70	548	32	1379	—	—	41	1.08	2.11
自動車道	69	750	21	618	—	—	27	1.61	0.87
鉄道	60	1745	39	876	87	63	37	1.82	1.82
水路	30	1910	35	841	—	—	38	2.24	4.48
鉄道	30	565	27	555	—	—	23	1.86	2.36
水路	18	3906	58	840	47	62	26	2.54	2.67
水路	9	1248	54	1857	75	57	25	2.03	2.76
水路	8	1790	27	512	—	—	30	2.57	2.73

注) 1. 需要率・負荷率の項で,「−」は率を把握していない工事である。
    2. 本トンネルのみの工事,明かり工事や斜坑が含まれている工事等があり,工事条件は異なる。

付表19・3 ダム工事実績

用途	長さ	高さ	その他	工期	負荷設備電力	需要率	負荷率	設備利用率	工事用電気設備費率	電気料金率
	m	m	万m³	月	kW	%	%	%	%	%
ロックフィル	784	69	R 370	99	4005	74	94	64	0.81	2.26
ロックフィル	520	158	R 1300	104	6010	65	90	35	0.82	0.86
コンクリート	442	100	C 116	91	11037	76	96	41	0.60	3.10
ロックフィル	432	120	R 496	63	2800	75	67	37	0.94	2.68
コンクリート(一部ロック)	407	75	C 86 R 10	120	6977	64	81	39	1.53	5.53
ロックフィル	380	62	R 163	96	3840	55	87	26	0.85	1.64
コンクリート	320	140	C 70	99	13264	72	79	37	1.09	4.00
コンクリート	300	70	C 35	72	6761	32	61	19	2.74	2.29
コンクリート	271	70	C 22	82	1809	39	56	25	0.46	1.15
コンクリート	260	84	C 33	75	3228	68	78	35	0.90	3.67
コンクリート	249	59	C 22	63	1562	61	54	31	1.43	2.00
コンクリート	180	70	C 22	63	1010	50	40	17	0.83	2.73

注) 1. その他の項で,「R」はロックを,「C」はコンクリートを示す。
 2. 工事用道路や仮排水トンネル,その他付帯工事が含まれる工事等があり,工事条件は異なる。

付表19・4 地下鉄工事(開削工法)実績

延長	掘削	工期	負荷設備電力	需要率	負荷率	設備利用率	工事用電気設備費率	電気料金率
m	千m³	月	kW	%	%	%	%	%
590	234	39	1202	—	—	37	0.88	0.79
550	121	41	532	85	26	19	1.66	0.59
397	163	63	1162	—	—	51	1.23	1.12
352	102	48	720	61	64	25	1.50	0.99
346	110	37	1049	87	64	24	1.36	0.80
289	166	55	1403	—	—	67	1.14	2.12

注) 1. 需要率・負荷率の項で,「−」は率を把握していない工事である。
 2. 駅部・線路部の違いや,付帯設備工事が含まれている工事等があり,工事条件は異なる。

付表19·5 建築工事実績

用途	延床面積 百m²	階高	工期 月	負荷設備電力 kW	需要率 %	負荷率 %	設備利用率 %	工事用電気設備費率 %	電気料金率 %
店舗・ホール	1852	B3F, 10F, PH2F	27	11462	36	72	18	1.14	1.11
事務所	1451	B4F, 43F, PH1F	38	4704	22	69	22	0.58	0.16
庁舎	1361	B3F, 19F, PH1F	57	3905	54	49	23	1.01	0.67
ホテル・住宅・事務所	1182	25F, PH1F/21F, PH1F/他 2棟	33	2350	—	—	16	0.68	0.26
庁舎・車庫	1059	B3F, 11F/B1F/B1F	34	1057	—	—	30	0.66	0.49
事務所	996	B4F, 18F, PH2F	29	2510	89	55	20	0.63	0.31
事務所	763	B3F, 25F, PH1F	28	2197	51	48	20	1.01	0.27
ホテル	686	B2F, 39F	31	1315	44	47	18	0.93	0.28
事務所	668	B2F, 19F, PH2F	28	2073	43	51	22	0.79	0.23
事務所	592	B4F, 19F, PH2F	29	2162	31	38	25	1.20	0.35
事務所	575	B3F, 20F	36	1575	—	—	17	1.16	0.59
店舗・ホテル	565	B3F, 7F, PH2F/7F, PH1F	29	962	35	73	28	0.69	0.34
ホテル	518	B2F, 37F	30	1161	—	—	32	0.53	0.31
店舗	490	B1F, 9F, PH1F	21	573	—	—	67	0.42	0.33
ホテル	411	B3F, 13F, PH1F	29	2686	—	—	33	0.31	0.17
事務所・劇場	389	B5F, 16F, PH2F	27	1455	35	60	13	0.45	0.33
事務所	370	B2F, 12F, PH2F	24	1880	—	—	21	0.39	0.26
局舎・事務所	359	B1F, 12F, PH1F	25	1616	—	—	16	0.38	0.15
多目的利用施設	357	B1F, 3F	18	1472	—	—	23	0.52	0.42
工場・事務所	350	2F× 5棟	16	715	—	—	21	0.28	0.12
事務所	347	B3F, 15F	28	1263	—	—	65	0.43	0.37
事務所	343	B4F, 15F, PH2F	28	1271	55	47	21	1.15	0.47
展示場・事務所他	323	B1F, 13F	23	684	42	57	20	0.35	0.14
局舎・事務所	297	B2F, 14F, PH2F	25	760	—	—	25	0.39	0.21

注) 1. 需要率・負荷率の項で,「ー」は率を把握していない工事である。
    2. 全体工事には設備工事費（電力・衛生・空調・昇降・防災）が含まれているため，工事用電気設備費率と電気料金率は，土木工事よりも一般的に小さい。

付表19·5 建築工事実績(つづき)

用途	延床面積 百m²	階高	工期 月	負荷設備電力 kW	需要率 %	負荷率 %	設備利用率 %	工事用電気設備費率 %	電気料金率 %
事務所	288	B4F, 12F, PH2F	29	1147	—	—	35	0.76	0.50
庁舎	281	B4F, 14F	33	768	—	—	60	0.75	0.30
病院	280	B1F, 8F, PH1F/5F	21	642	—	—	21	0.57	0.19
テナント・住宅	276	B3F, 17F, PH2F	27	752	—	—	16	0.43	0.17
事務所	238	B2F, 11F, PH2F	32	560	40	44	17	0.72	0.31
寺院	238	3F	19	810	—	—	19	0.35	0.08
ホテル	218	B2F, 20F, PH2F	25	667	70	60	25	0.19	0.23
事務所	204	B2F, 11F, PH2F	16	784	65	66	26	0.70	0.37
事務所	184	B3F, 14F, PH2F/B3F 3F, PH1F	24	1197	—	—	36	0.27	0.18
事務所・電算	174	B2F, 8F, PH1F/B2F, 5F	21	577	—	—	20	1.07	0.54
事務所	111	B2F, 11F, PH1F	19	350	—	—	13	0.83	0.32
事務所	77	B1F, 8F, PH1F	19	296	—	—	16	0.72	0.34

注) 1. 需要率・負荷率の項で,「－」は率を把握していない工事である。
　 2. 全体工事には設備工事費(電力・衛生・空調・昇降・防災)が含まれているため,工事用電気設備費率と電気料金率は,土木工事よりも一般的に小さい。

① シールド工事　n＝20件

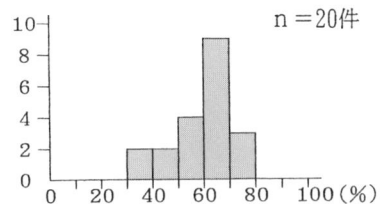

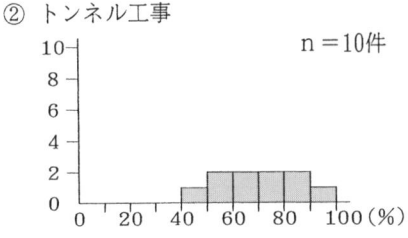

② トンネル工事　n＝10件

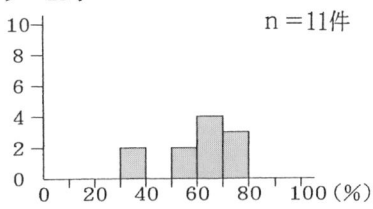

③ ダム工事　n＝11件

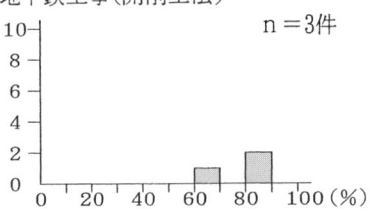

④ 地下鉄工事（開削工法）　n＝3件

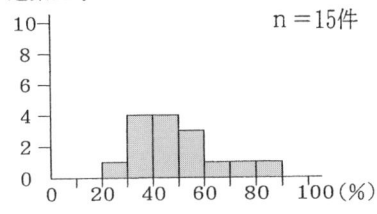

⑤ 建築工事　n＝15件

付図 19・1　最大需要率実績

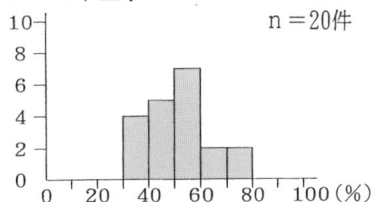

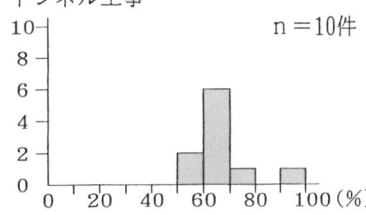

① シールド工事　n＝20件

② トンネル工事　n＝10件

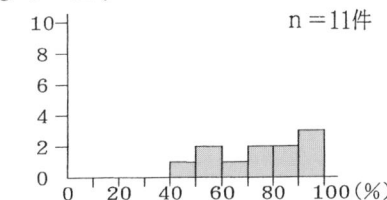

③ ダム工事　n＝11件

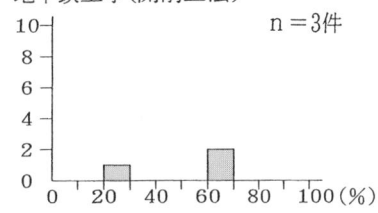

④ 地下鉄工事（開削工法）　n＝3件

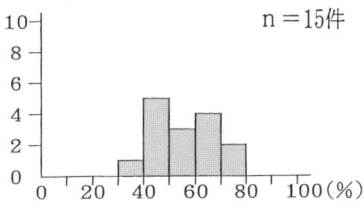

⑤ 建築工事　n＝15件

付図 19・2　最大負荷率実績

① シールド工事　n=25件

② トンネル工事　n=20件

③ ダム工事　n=12件

④ 地下鉄工事（開削工法）　n=6件

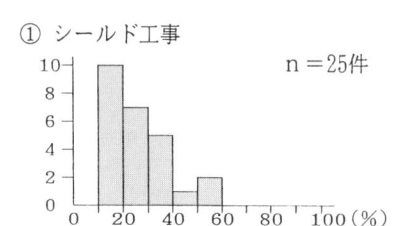

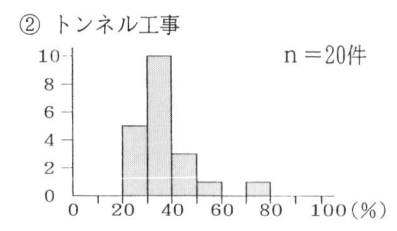

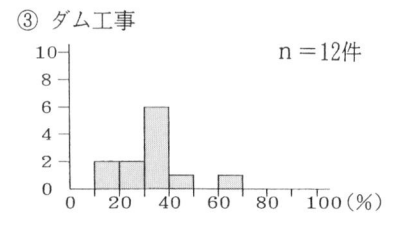

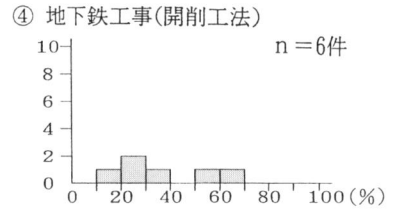

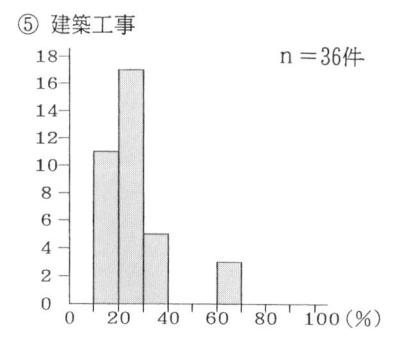

⑤ 建築工事　n=36件

付図 19・3　最大設備利用率実績

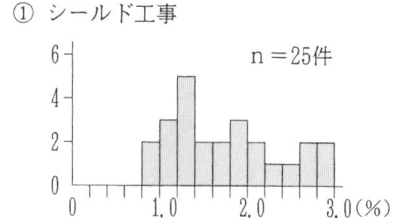

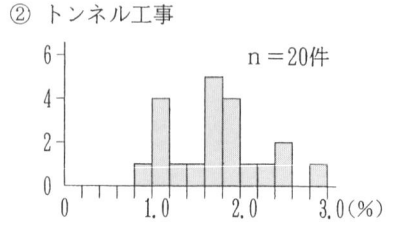

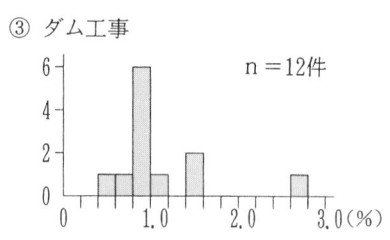

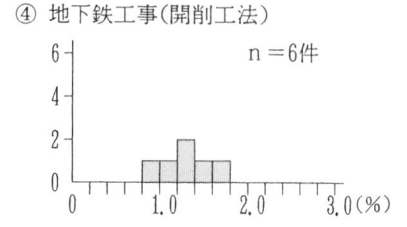

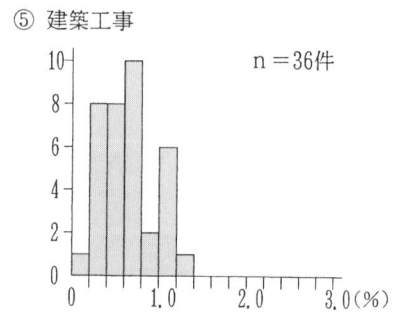

① シールド工事　n=25件

② トンネル工事　n=20件

③ ダム工事　n=12件

④ 地下鉄工事（開削工法）　n=6件

⑤ 建築工事　n=36件

付図 19・4　全体工事費に対する工事用電気設備費の比率実績

① シールド工事　n＝22件

② トンネル工事　n＝20件

③ ダム工事　n＝11件

④ 地下鉄工事（開削工法）　n＝6件

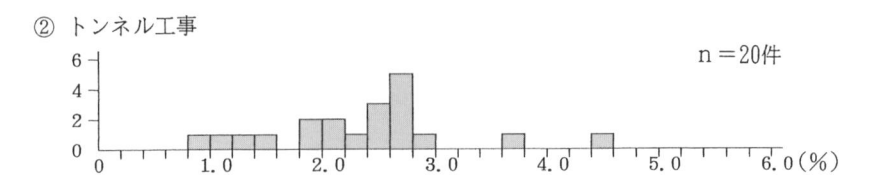

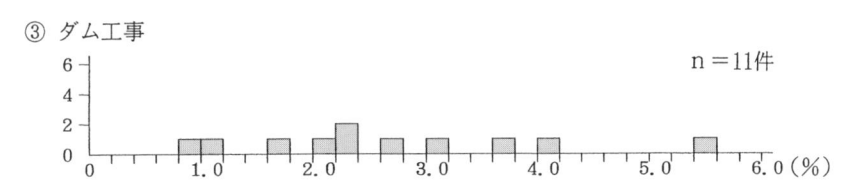

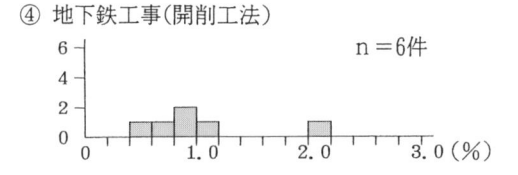

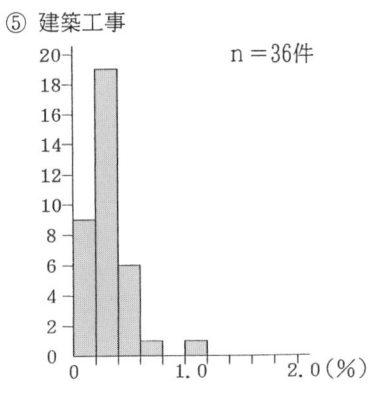

⑤ 建築工事　n＝36件

付図 19・5　全体工事費に対する電気料金の比率実績

付録 - 20　標準数量

電気を供給するのに必要な設計上の数量を算出する。

(1) 機　器

キュービクル，気中開閉器，分電盤等は，設置数量を計上する。

(2) 電線類

布設経路から数量を算出する。両端は，立上がりおよび盤等への接続のために2m以上必要である。

(3) 端末処理材，直線接続材

1回路の両端は，端末処理材で処理する（ただし，機器付属ケーブルの場合には片方のみ計上する）。

また，布設延長が長い場合，ケーブルは300m単位なので，300mごとに直線接続材を計上する。増設などでケーブルを接続する場合にも直線接続材を計上する。

(4) その他の資機材等

その他の資機材の標準数量を**付表20・1**に示す。

付表20・1　標準数量一覧表

No.	項　目	内　容	高圧受電		低圧受電	
			表	図	表	図
1	引込柱	コンクリート柱, 装柱材	付表20・2	付図20・1	付表20・3	付図20・2
2	キュービクル	キュービクル, 基礎, フェンス	付表20・4	付図20・3	—	—
3	接地	接地銅板, 棒, 接地線	付表20・5	付図20・4	付表20・5	付図20・4
4	架空線（絶縁電線）		付表20・6	付図20・5	付表20・6	付図20・5
5	架空線（ケーブル）	電柱, 装柱材	付表20・7	付図20・6	付表20・7	付図20・6

L	コンクリート柱(m)	7	10	11	12	13	14	15	16
L1	標準根入深さ(m)	1.2	1.7	2.0	2.0	2.2	2.4	2.5	2.7
L2	地上高さ　　(m)	5.8	8.3	9.0	10.0	10.8	11.6	12.5	13.3

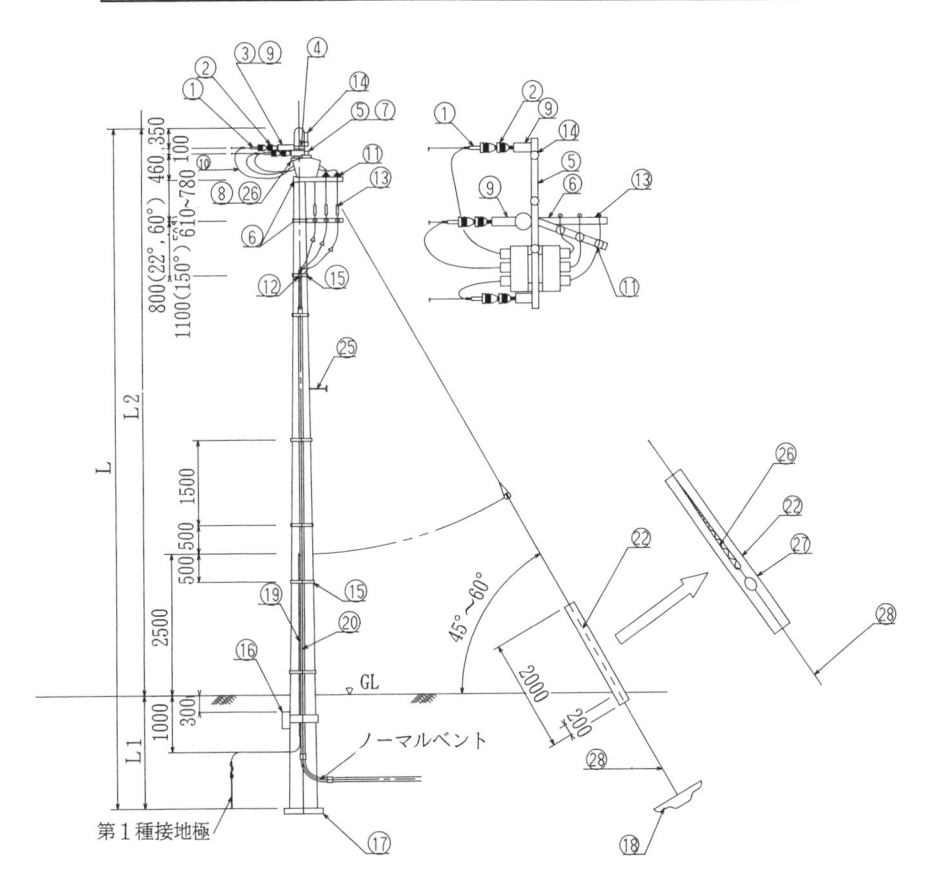

付図20・1　高圧引込標準図

付表20·2 高圧引込標準数量表

No.	名称	型式	コンクリート柱 (m)							
			7	10	11	12	13	14	15	16
①	高圧耐張碍子用引留金物	HSI	3	3	3	3	3	3	3	3
②	高圧耐張碍子		6	6	6	6	6	6	6	6
③	中線引留金物	MWH-C	1	1	1	1	1	1	1	1
④	中線引留バンド	TBAC	1	1	1	1	1	1	1	1
⑤	腕金	1.8 ㊥	1	1	1	1	1	1	1	1
⑥	機器終端支持金具	L-1050	2	2	2	2	2	2	2	2
⑦	可変型Uバンド		1	1	1	1	1	1	1	1
⑧	強力バンド 支線取付	TBAO-L	1	1	1	1	1	1	1	1
⑨	耐張ストラップ	TSTP	3組	3組	3組	3組	3組	3組	3組	3組
⑩	PDP線									
⑪	高圧ピン碍子		3	3	3	3	3	3	3	3
⑫	ケーブル支持金具		1	1	1	1	1	1	1	1
⑬	端末本体		3	3	3	3	3	3	3	3
⑭	避雷器		3	3	3	3	3	3	3	3
⑮	自在バンド	ICBT	5	7	7	8	9	9	10	11
⑯	コンクリート根枷(Uボルト付)		A	B	B	B	C	C	C	C
⑰	コンクリート底板		1号	1号	2号	2号	3号	3号	3号	3号
⑱	ステーブロック		1号	1号	2号	2号	3号	3号	3号	3号
⑲	硬質ビニール電線管(半割)		1	1	1	1	1	1	1	1
⑳	厚鋼電線管		1	1	1	1	1	1	1	1
㉑	玉碍子		1	1	1	1	1	1	1	1
㉒	ビニール支線ガード		1	1	1	1	1	1	1	1
㉓	巻付用グリップ		2	2	2	2	2	2	2	2
㉔	亜鉛メッキ鋼より線									
㉕	足場ボルト	4BF								
㉖	シンブル用巻付グリップ		2	2	2	2	2	2	2	2
㉗	丸形シンブル		1	1	1	1	1	1	1	1
㉘	ステーブロックロッド		16φ	16φ	16φ	16φ	16φ	16φ	16φ	16φ

注）型式は岩淵金属工業製

No.	名称	6kV CVT 22mm²	6kV CVT 38mm²	6kV CVT 60mm²	6kV CVT 100mm²	6kV CVT 150mm²
⑩	PDP線 (mm²)	22	22	38	60	80
⑲	硬質ビニール電線管	70	70	82	104	104
⑳	厚鋼電線管	70	70	82	104	104

L	コンクリート柱(m)	7	10	11	12	13	14	15	16
L1	標準根入深さ(m)	1.2	1.7	2.0	2.0	2.2	2.4	2.5	2.7
L2	地上高さ (m)	5.8	8.3	9.0	10.0	10.8	11.6	12.5	13.3

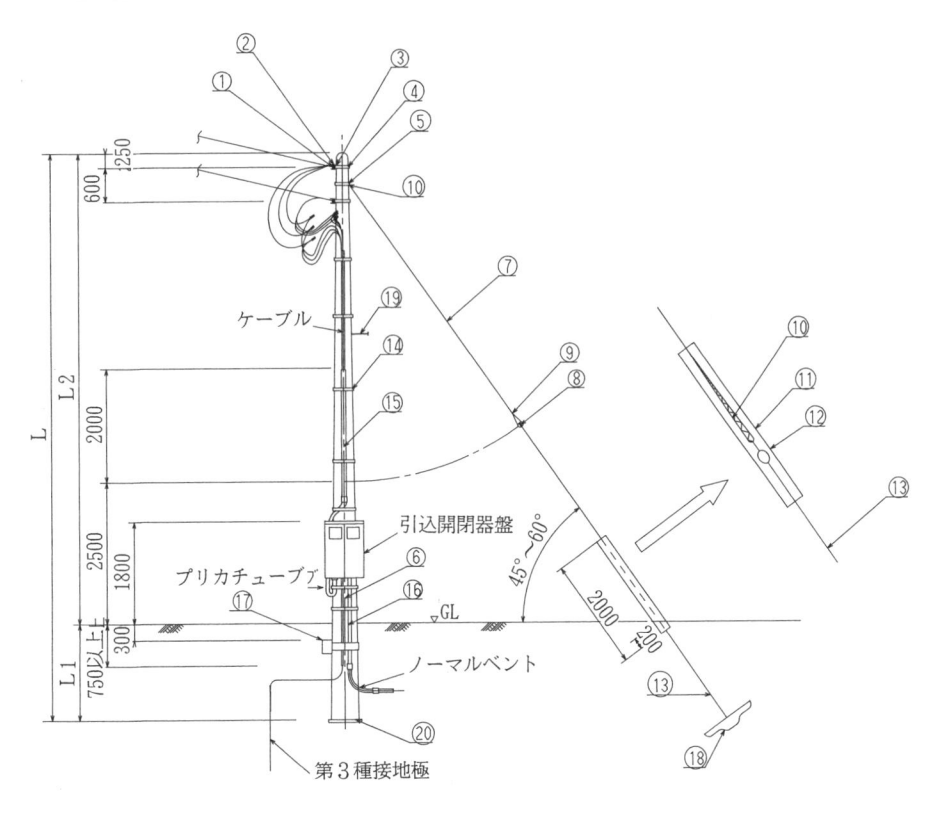

付図20・2　低圧引込標準図

付表20・3 低圧引込標準数量表

No.	名称	型式	コンクリート柱 (m)							
			7	10	11	12	13	14	15	16
①	低圧引留がいし		6	6	6	6	6	6	6	6
②	低圧用ラック	RL-10	6	6	6	6	6	6	6	6
③	軽宛金	1.5 ㋪	2	2	2	2	2	2	2	2
④	アームタイレスバンド	ABM	2	2	2	2	2	2	2	2
⑤	強力バンド 支線取付	TBAO-L	1	1	1	1	1	1	1	1
⑥	硬質ビニール電線管									
⑦	亜鉛メッキ鋼より線									
⑧	玉がいし		1	1	1	1	1	1	1	1
⑨	巻付クリップ		2	2	2	2	2	2	2	2
⑩	シンブル用巻付グリップ		2	2	2	2	2	2	2	2
⑪	ビニール支線ガード									
⑫	丸形シンブル		1	1	1	1	1	1	1	1
⑬	ステーブロックロッド		16φ	16φ	16φ	16φ	19φ	19φ	19φ	19φ
⑭	自在バンド	ICBT	6	6	6	7	7	7	8	8
⑮	厚鋼電線管									
⑯	同上									
⑰	コンクリート根枷(Uボルト付)		A	B	B	B	C	C	C	C
⑱	ステーブロック		1号	1号	2号	2号	3号	3号	3号	3号
⑲	足場ボルト									
⑳	コンクリート底板		1号	1号	2号	2号	3号	3号	3号	3号

注) 型式は岩淵金属工業製

(mm)

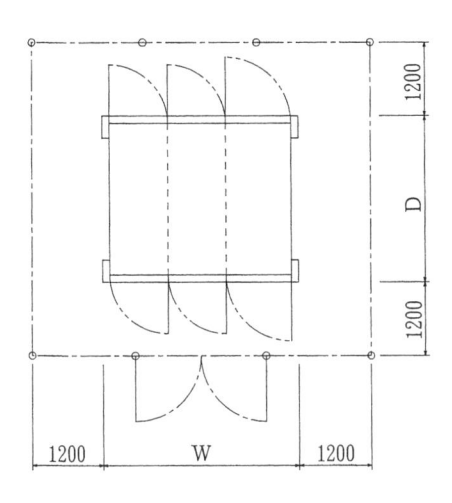

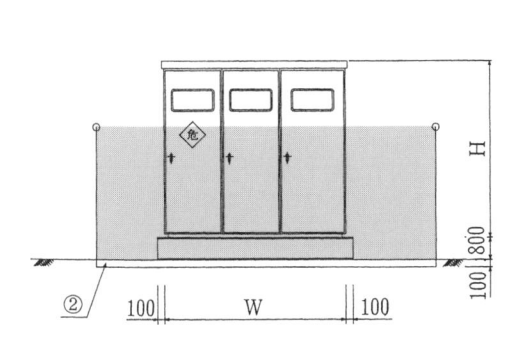

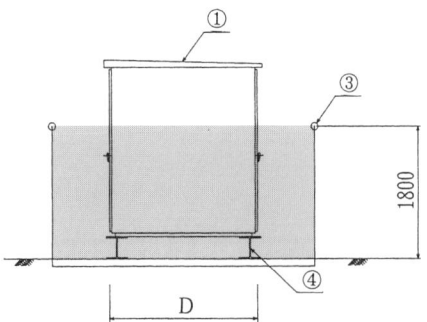

受電設備容量 (kVA)	W	D	H
150以下	2,500 以下	2,000 以下	2,600 以下
150を超過 300以下	4,400 以下	2,200 以下	2,800 以下
300を超過 500以下	6,000 以下	2,400 以下	2,800 以下
500を超過 1000以下	8,400 以下	2,600 以下	2,800 以下

付図 20・3　高圧受変電設備標準図

付表 20・4　高圧受変電設備標準数量表

No.	名称	仕様	受変電設備 (kVA)			
			150以下	150超過 300以下	300超過 500以下	500超過 1000以下
①	キュービクル	150kVA以下	1	1	1	1
②	コンクリート基礎	無筋コンクリート	$4900^W \times 4400^D \times 100^H$	$6800^W \times 4600^D \times 100^H$	$8400^W \times 4800^D \times 100^H$	$10800^W \times 5000^D \times 100^H$
③	フェンス	高さ1.8m 控えなし	18.6m	22.8m	26.4m	31.6m
④	H型鋼	H-300	5.4m	9.2m	12.4m	17.2m

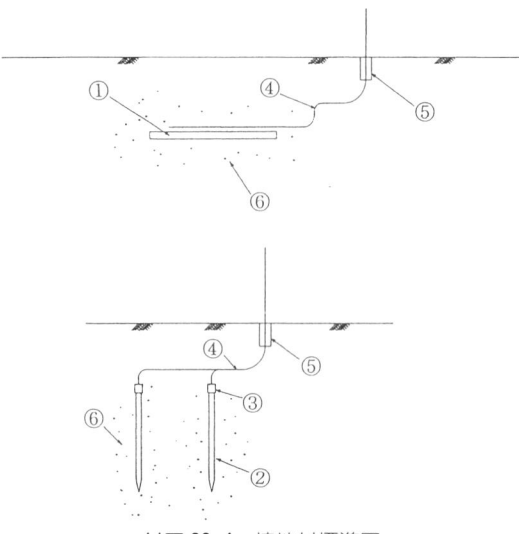

付図 20・4　接地材標準図

付表 20・5　接地材標準数量表

No.	名　　称	仕　　様	接　地　工　事			
			第1種	第2種	第3種	特別第3種
①	接地銅板	900×900 ×1.5 t	(1)	(1)	──	(1)
②	接地棒	16φ×1500 ℓ	5	5	2	5
③	同上用コネクター		5	5	2	5
④	接地線	IV 60 mm^2	10	10	10	10
⑤	塩化ビニール電線管		0.6	0.6	0.6	0.6
⑥	減極剤		1式	1式	1式	1式

注)　1. 接地抵抗値は，土質によって異なるため，建設現場の土質による検討が必要である。
　　 2. 減極剤は，所定の抵抗値になるまで低減できない場合に使用する。

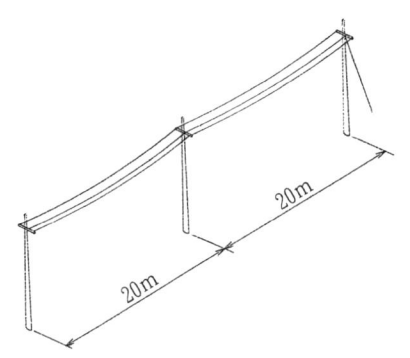

付　録　233

付図 20・5　架空線(絶縁電線)標準図 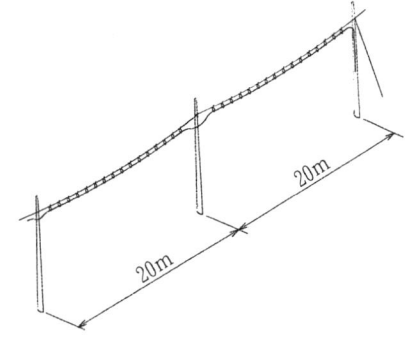　　　付図 20・6　架空線(ケーブル)標準図

付表 20・6　架空線(絶縁電線)標準数量表

No.	名　称	仕　様	電柱高さ (m)			
			10	8	6	5
①	電柱	10m	1	1	1	1
②	軽腕金		1	1	1	1
③	碍子	1.5㋩	3	3	3	3
④	絶縁電線		20m×3	20m×3	20m×3	20m×3
⑤	支線					
⑥	支線ロッド	支線ブロック付	1	1	1	1
⑦	支線バンド		1	1	1	1
⑧	シンブル		1	1	1	1
⑨	巻付用グリップ	シンブル用	1	1	1	1
⑩	玉碍子		1	1	1	1
⑪	支線カバー		1	1	1	1

注) 支線以下は，架空線の末端または折点に使用する。

付表 20・7　架空線(ケーブル)標準数量表

No.	名　称	仕　様	電柱高さ (m)			
			10	8	6	5
①	電柱	10m	1	1	1	1
②	鋼より線	22mm²	20	20	20	20
③	シンブル		2	2	2	2
④	巻付用グリップ	シンブル用	2	2	2	2
⑤	自在バンド		2	2	2	2
⑥	ケーブル		20m	20m	20m	20m
⑦	ハンガー		40ケ	40ケ	40ケ	40ケ
⑧	支線					
⑨	支線ロッド	支線ブロック付	1	1	1	1
⑩	支線バンド		1	1	1	1
⑪	シンブル		1	1	1	1
⑫	巻付用グリップ	シンブル用	1	1	1	1
⑬	玉碍子		1	1	1	1
⑭	支線カバー		1	1	1	1

注) 支線以下は，架空線の末端または折点に使用する。

付録-21 官公庁等への手続き

付表21・1 官公庁等への手続き

提出先	対　象	提　出　図　書	適　用	備　考
所轄消防署	変電設備	変電設備届出書	火災予防条例 57条 同　施行規則 13条 火災予防条例準則44条9	
所轄通産局	自家用・電気工作物	保安規定届出書	電気事業法 42条 同　施行規則 50条	
		主任技術者の選任に関する書類	電気事業法 43条 同　施行規則 52条	
	最大電力1000kW以上	工事計画届出書	電気事業法 47・48条 同　施行規則 63〜65条	
電力会社所轄営業所	受　電	自家用電気使用申込書	電気供給約款	事前協議必要
		自主検査の検査成績書		

参考図書

1) 『絵とき電気設備技術基準早わかり』オーム社，1990 年
2) 『内線規程（JEAC 8001-1990)』(社)日本電気協会，1990 年
3) 『電気供給規程』各電力会社，1989 年
4) 『電気供給規程取扱細則』各電力会社，1989 年
5) 『建築設備設計要領（平成 2 年版)』(財)全国建設研修センター，1990 年
6) 『建設現場の仮設電気，換気，排水，濁水処理計画と実例』近代図書，1991 年
7) 『工事用電気設備ハンドブック』山海堂，1976 年
8) 『建設機械等損料算定表（平成 4 年度版)』(社)日本建設機械化協会，1992 年
9) 『電気工学ハンドブック』(社)電気学会，1985 年
10) 『建設省建築工事積算基準の解説（平成 2 年度版）［平成元年基準］』大成出版社，1990 年
11) 『下水道用設計積算要領 ポンプ場，処理場施設（機械・電気設備）編』(社)日本下水道協会，1991 年
12) 『高圧受電設備指針（改訂版)』(社)日本電気協会，1990 年
13) 『建設工事標準歩掛』(財)建設物価調査会，1987 年
14) 『標準工事歩掛要覧』(財)経済調査会，1992 年
15) 「内線規程（JEAC 8001-1995)」(社)日本電気協会，1996 年
16) 「絵とき電気設備技術基準・解釈早わかり」オーム社，1997 年
17) 「電気供給約款」各電力会社，2000 年（東京電力は 2002 年）
18) 「電気供給約款取扱細則」各電力会社，2000 年（東京電力は 2002 年）
19) 「建設機械等損料算定表（平成 11 年度版)」(社)日本建設機械化協会，1999 年
20) 「月刊建設物価（平成 12 年 4 月号)」(財)建設物価調査会，2000 年

索　引

あ 行

アース　　42, 49
移動用分電盤　　53

か 行

架空　　22
架空配線　　55
仮設工事費　　73
仮設材料費　　75
河川法　　7
火薬類取締法　　7
監視設備　　64
間接工事費　　73
機械費　　76
気中開閉器　　44
基本料金　　81
給電計画　　16
キュービクル　　47, 49
共用接地　　53
局部証明　　61
許容電圧降下　　57
許容電流　　191
軀体埋込みコンセント　　64
蛍光ランプ　　23
経産局　　84
契約種別　　40, 173
契約電力　　19, 20
月例点検　　83
ケーブル　　54
ケーブルサイズ　　56
ケーブルラック　　55
建設工事公衆災害防止対策要綱　　7
現場経費　　74, 79
現場条件　　14
高圧受電設備　　43
高圧ナトリウムランプ　　23
光源　　24
工事実績　　217
工事費負担金　　80, 187
工事用電気設備　　1
坑内照明　　61
効率　　56

5W2H　　3
転がし　　22
転がし配線　　55

さ 行

最大需要電力計　　39
材料単価　　75
三相変圧器　　20
資機材シート　　66
シーケンス制御記号　　167
支線　　41
自然条件　　14
支柱　　41
CVT　　45
社会条件　　14
しゃ断器　　47
需給契約　　19
受電条件　　14
受電設備容量　　45
受電盤　　42
受変電設備　　2, 5
需要場所　　19
需要率　　38, 217
償却率　　212
照度　　61
消防署　　84
消防法　　6
照明設備　　61
進相コンデンサ　　47
水銀ランプ　　23
積算　　73
積算数量　　75
積算体系　　73
積算電力量計　　42
施工条件　　15
絶縁抵抗測定　　82
絶縁電線　　54
設計数量　　75
接地　　42, 49
接地工事　　49
接地抵抗測定　　82
設備利用率　　81, 217

索　引

全体照明　61
その他費用　83
損料　76

た 行
第2種キャブタイヤケーブル　54
単相変圧器　20
端末処理材　46
短絡電流　29
短絡容量　45
地中埋設配線　55
中間柱　43
直接工事費　74
直線接続材　46
通信設備　64
通信線　65
通話設備　64
低圧受電設備　40
撤去歩掛　77
デマンド契約　21
出迎え工事　44
電圧降下　57, 194
電圧種別　172
電気供給約款　6
電気業者経費　79
電気設備技術基準　6
電気通信事業法　7
電気料金　80, 184
電線サイズ　54
電波法　6
電力量料金　81
動作試験　82
導通試験　82
道路法　7

な 行
入力換算　37
入力換算率　37, 177
根入れ　41
年次点検　83

は 行
配線工事　55
配電設備　2, 5, 50
買電方式　16

白熱電球　23
発電機方式　16
ハロゲンランプ　23
引込みケーブル　43
引込設備　2
引込柱　40
非常灯　24
必要照度　22
標準工事歩掛　204
避雷器　44
歩掛　77
負荷契約　21
負荷試験　82
負荷設備　34
負荷電流　56
負荷率　217
付属ケーブル　21
分電盤　51
変圧器　46
変圧器容量　37
変電盤　50
放送設備　64
保護継電器試験　82
補充費　79
補充率　79, 213
保守費　82
補正歩掛　77

ま 行
埋設　22
目視点検　82
持込機器　83

ら 行
力率　49
力率割引　81
臨時工事費　80, 187
臨時割増　82
連続許容電流　56
漏電しゃ断器　202
漏電しゃ断器単体盤　53
労働安全衛生法　6
労務単価　78
労務費　77

あとがき

　本書の前身である『わかりやすい工事用電気設備の設計と積算』（1993年，鹿島出版会）の執筆に際しては，中央復建コンサルタンツ株式会社と鹿島建設株式会社の技術者から構成する「工事用電気設備研究会」において，約2年にわたって熱心な討議を行った。

　研究会では，工事用電気設備の計画・設計・積算を面白くまたわかりやすい内容とし，現場で即応できるように編集することについて多くの時間を費やした。

　当研究会のメンバーで，すべての建設工事の例を網羅することは困難であるため，本書では，各段階での基本事項について説明を加え，例示以外の建設工事でも応用しやすい形にまとめたつもりであるが，不十分な点はご了承願いたい。

　本書を執筆するにあたって終始温かい支援を下さった多くの皆様に厚くお礼を申し上げるとともに，イラストを作成していただいた吉弘浩子さんにも感謝する次第である。

　2002年6月

工事用電気設備研究会

工事用電気設備研究会 (1993年当時，＊印は執筆主査)

　代表　北村　正夫（中央復建コンサルタンツ(株)，元大阪市下水道局建設部長）

中央復建コンサルタンツ(株)	鹿島建設(株)建設総事業本部
第四設計部：直井　義明	機械部：木村　隆一
多田　律夫	山岸　勝也
加尾　　章	大阪支店 機材部：端　正記
梅本　修平	林　幹郎
＊伊藤　　進	＊村上　寿典
春日　光昭	酒井　克已
山田久美子	福田　昌弘
	松田　文代

　イラスト担当：吉弘　浩子

工事用電気設備研究会 (2002年，＊印は執筆主査)

中央復建コンサルタンツ(株)	鹿島建設(株)関西支店
多田　律夫	山岸　勝也
北村　正夫	＊酒井　克已
梅本　修平	武田　正謙

工事用電気設備ハンドブック
計画から設計・積算まで

2002年8月30日　第1刷発行
2021年6月30日　第7刷発行

編　者　　工事用電気設備研究会
発行者　　坪　内　文　生

発行所　　〒104-0028 東京都中央区　鹿島出版会
　　　　　八重洲2丁目5番14号
　　　　　電話 03-6202-5200　振替 00160-2-180883

印刷・製本　　創栄図書印刷
装丁　　　　　高木達樹（しまうまデザイン）

©KOJIYO DENKI SETSUBI KENKYUKAI 2002,
Printed in Japan
ISBN 978-4-306-01141-0 C3052

落丁・乱丁本はお取り替えいたします。
本書の無断複製(コピー)は著作権法上での例外を除き禁じられています。また、代行業者等に依頼してスキャンやデジタル化することは、たとえ個人や家庭内の利用を目的とする場合でも著作権法違反です。

本書の内容に関するご意見・ご感想は下記までお寄せ下さい。
URL: http://www.kajima-publishing.co.jp/
e-mail: info@kajima-publishing.co.jp